Cécile Bedet

Modifications posttraductionnelles de transporteurs de neuromédiateurs

Cécile Bedet

Modifications posttraductionnelles de transporteurs de neuromédiateurs

Etude d'une phosphorylation du transporteur vésiculaire des acides aminés inhibiteurs

Presses Académiques Francophones

Impressum / Mentions légales

Bibliografische Information der Deutschen Nationalbibliothek: Die Deutsche Nationalbibliothek verzeichnet diese Publikation in der Deutschen Nationalbibliografie; detaillierte bibliografische Daten sind im Internet über http://dnb.d-nb.de abrufbar.

Alle in diesem Buch genannten Marken und Produktnamen unterliegen warenzeichen-, marken- oder patentrechtlichem Schutz bzw. sind Warenzeichen oder eingetragene Warenzeichen der jeweiligen Inhaber. Die Wiedergabe von Marken, Produktnamen, Gebrauchsnamen, Handelsnamen, Warenbezeichnungen u.s.w. in diesem Werk berechtigt auch ohne besondere Kennzeichnung nicht zu der Annahme, dass solche Namen im Sinne der Warenzeichen- und Markenschutzgesetzgebung als frei zu betrachten wären und daher von jedermann benutzt werden dürften.

Information bibliographique publiée par la Deutsche Nationalbibliothek: La Deutsche Nationalbibliothek inscrit cette publication à la Deutsche Nationalbibliografie; des données bibliographiques détaillées sont disponibles sur internet à l'adresse http://dnb.d-nb.de.

Toutes marques et noms de produits mentionnés dans ce livre demeurent sous la protection des marques, des marques déposées et des brevets, et sont des marques ou des marques déposées de leurs détenteurs respectifs. L'utilisation des marques, noms de produits, noms communs, noms commerciaux, descriptions de produits, etc, même sans qu'ils soient mentionnés de façon particulière dans ce livre ne signifie en aucune façon que ces noms peuvent être utilisés sans restriction à l'égard de la législation pour la protection des marques et des marques déposées et pourraient donc être utilisés par quiconque.

Coverbild / Photo de couverture: www.ingimage.com

Verlag / Editeur:
Presses Académiques Francophones
ist ein Imprint der / est une marque déposée de
AV Akademikerverlag GmbH & Co. KG
Heinrich-Böcking-Str. 6-8, 66121 Saarbrücken, Deutschland / Allemagne
Email: info@presses-academiques.com

Herstellung: siehe letzte Seite /
Impression: voir la dernière page
ISBN: 978-3-8381-8959-8

REMERCIEMENTS

Je voudrais profiter de cette étape universitaire, pour remercier toutes les personnes que j'ai croisées au cours du (long) chemin conduisant au doctorat, et qui, chacune à leur façon, ont contribué à son pavement.

Merci en premier lieu à Mr F. Legoffic, professeur à l'ENSCP, qui m'a fait découvrir la biochimie et la biologie moléculaire, et m'a incitée à m'aventurer dans le monde des Biologistes.

J'ai eu la chance d'être initiée à ce nouveau monde par Bruno Gasnier, dont l'enthousiasme quotidien et la passion pour la recherche furent contagieuses, et m'ont convaincue de m'embarquer sur la voie du doctorat. Merci, Bruno, de m'avoir proposé un sujet passionnant, à la croisée de plusieurs domaines de la Biologie, et qui m'a permis d'enrichir mon bagage culturel et technique. Merci également pour tes conseils, qui ont su me guider le long de cette route parfois sinueuse, et pour ta disponibilité permanente, à toute heure du jour… et de la nuit !

Je désire exprimer toute ma reconnaissance à Jean-Pierre Henry, qui m'a accueillie dans son laboratoire et a accepté de superviser cette thèse. Je le remercie vivement pour ses conseils scientifiques lors de l'écriture de ce manuscrit.

"Les routiers sont sympas" dit-on; je le confirme pour tous les "transporteurs" que j'ai côtoyés le long de ma route : Corinne, qui m'a montré la voie de transition de l'état d'ingénieur chimiste à celui de docteur biologiste ; Marie, qui maîtrise la grammaire de la biochimie avec autant d'aisance que celle de la langue française (encore mille mercis pour la relecture de ce manuscrit !), aussi puriste quand elle conjugue ses efforts pour purifier VMAT et VIAAT que quand elle déguste du chocolat (80% minimum !) ; Gian-Carlo, dont l'accent italien a apporté une note d'exotisme au laboratoire (cioccolato!), et qui, en 2 ans, est parvenu à dominer l'expression de la langue française et de VGLUT; et tous les autres, dont les séjours furent plus brefs... Merci à tous pour tous les moments que nous avons partagés, les exaltations comme les déconvenues, et qui ont rendu cette aventure si passionnante.

J'ai eu grand plaisir à travailler entourée de personnes compétentes et sympathiques : François, expert ès préparations de cellules chromaffines et de réunions du Club Exoctyse ; Claire, qui cultive les PC12 aussi bien que l'amour du bon vin ; Jean-Sébastien, auquel je décernerais volontiers 'l'électrode d'or' du plus soigneux et du plus ordonné; Anne, pour ses conseils scientifiques et ses révélations sur les secrets de la préparation des synaptosomes ; Patricia, auprès de laquelle je m'excuse pour toutes les fois où j'ai stimulé sa sécrétion d'histamine en apportant des rats au laboratoire ; Nicolas, auquel je souhaite un beau parcours dans la recherche ; Viviane, dont j'ai apprécié, entre autres, les conversations sur mon 'pays natal' franc-comtois ; et enfin Irène, spécialiste de l'art du 'coating' au collagène et du poulet sauce mafé. Merci à tous pour la bonne ambiance qui a toujours régné au sein du laboratoire.

J'aimerais également remercier les autres personnes que j'ai croisées, dans d'autres lieux, au cours de ce périple : les membres du laboratoire d'A. Triller, qui m'ont accueillie chaleureusement alors que je venais coloniser leur pièce de culture ; ainsi que Serge, qui m'a convaincue de la ressemblance manifeste entre l'hippocampe et l'animal marin homonyme.

Je suis également très reconnaissante à l'Association de la Recherche sur le Cancer, qui a financé ma 4ème année de thèse, et m'a permis d'achever mon travail.

Enfin, je tiens à remercier tous les membres de mon jury, qui apporteront la dernière pierre à cet ouvrage : M.J. Besson, qui a accepté de le présider; B. Giros et J.A. Girault, qui ont accepté de rapporter ce travail, ainsi que A. Triller, qui l'a examiné.

Une pensée particulière pour toute ma famille : mes parents, qui m'ont toujours fait confiance, ma sœur et son mari, dont le mariage 'à répétition' m'a permis de faire des pauses au cours de la rédaction, et mes beaux-parents par alliance, pour le prêt du portable. Enfin, merci à Frédéric pour son soutien dans les (quelques) moments difficiles, et auprès duquel je m'excuse pour tout le souci que je lui ai causé au cours de ces derniers mois.

SOMMAIRE

PRINCIPALES ABREVIATIONS
UTILISEEES

LDCV	granules de sécrétion à cœur dense (*Large Dense Core Vesicles*)
VMAT	transporteur vésiculaire des monoamines
VIAAT	transporteur vésiculaire des acides aminés inhibiteurs
ATPase	adénosine triphosphatase
GABA	acide γ-amino-butyrique
VAChT	transporteur vésiculaire d'acétylcholine
VGLUT	transporteur vésiculaire du glutamate
SSP/C	potentiels/courants synaptiques spontanés
E/IPSC	courants postsynaptiques excitateurs/inhibiteurs
CK	caséine kinase
PKC	protéine kinase dépendante du calcium
PKA	protéine kinase A
AMPc	adénosine 5'-monophosphate cyclique
CaM K	protéine kinase dépendante de la calmoduline
Cdk5	protéine kinase dépendante de la cycline 5
GST	glutathion-S-transférase
PP2A	protéine phosphatase de type 2A
PP1	protéine phosphatase de type 1
DIV	jours de cultures *in vitro* (*days in vitro*)
TBZOH	dihydrotétrabénazine
5-HT	sérotonine
Benzyl GalNac	benzyl-N-acétyl-α-galactosamine
kDa	kilodalton (1 Da= $1,67.10^{-24}$g)
SDS/PAGE	électrophorèse sur gel de polyacrylamide en SDS

PREAMBULE

Si Ramon y Cajal découvrit dès 1888 que le passage de l'influx nerveux se produisait au niveau de zones de contacts entre neurones, les synapses (terme proposé par Sherrington en 1897), la compréhension des mécanismes de la transmission synaptique chimique est beaucoup plus récente. Ainsi, le concept de stockage et de libération vésiculaires de neuromédiateurs au cours de cette transmission, date seulement des années 1950, sur la base de travaux électrophysiologiques et morphologiques. D'une part, les études réalisées dans le laboratoire de B. Katz montrèrent qu'une stimulation électrique à la jonction neuromusculaire de grenouille provoquait une libération d'acétylcholine par "paquets" (Del Castillo, 1956). D'autre part, des analyses ultrastructurales identifièrent les organelles responsables du stockage des neuromédiateurs, les vésicules synaptiques (De Robertis et Benett, 1954). Aujourd'hui, le mode de libération des neuromédiateurs, par exocytose de vésicules de sécrétion, est admis de manière consensuelle et a été mis en évidence de manière directe par des approches électrophysiologiques (enregistrement ampérométrique d'événements uniques de sécrétion), biochimiques (isolement des vésicules synaptiques), microscopiques (observation de figures d'exocytose par microscopie électronique, visualisation *in vivo* des événements d'exocytose par microscopie à onde évanescente) et génétiques (suppression, par mutagenèse, de protéines impliquées dans le remplissage ou la fusion des vésicules chez le nématode, la mouche ou la souris).

L'accumulation des neuromédiateurs dans les vésicules de sécrétion du neurone présynaptique peut suivre deux voies différentes, dépendant de la nature du neuromédiateur.

Les neuropeptides, par exemple les enképhalines ou les endorphines, sont synthétisés sous forme de précurseurs protéiques qui suivent la voie de sécrétion régulée décrite dans les cellules endocrines ou exocrines. Les précurseurs sont importés, lors de leur traduction, dans la lumière du réticulum endoplasmique puis passent dans l'appareil de Golgi. Ils sont alors stockés dans les granules de sécrétion à cœur protéique dense (LDCV[1]) qui bourgeonnent à partir du *trans*-Golgi, par coagrégation avec les protéines majoritaires de la matrice intragranulaire (granines). Les granules sont ensuite transportés par flux axonal à la terminaison. Lors de la maturation des LDCV, les précurseurs sont clivés, donnant naissance aux neuropeptides, qui sont alors prêts à être libérés lors de l'exocytose.

L'accumulation des neuromédiateurs non-peptidiques ''classiques'' (principalement des acides aminés ou leurs dérivés) suit une voie totalement différente. Ces neuromédiateurs sont présents dans le cytosol des terminaisons neuronales, soit parce qu'ils y ont été synthétisés, soit parce qu'ils ont été recapturés par le neurone présynaptique, après leur libération par exocytose. Ils sont stockés dans les vésicules synaptiques, à la terminaison nerveuse, par un processus de transport actif, catalysé par l'action conjuguée de deux protéines vésiculaires : une ATPase pompe à protons, qui acidifie et charge positivement l'intérieur des vésicules, et un transporteur vésiculaire, qui échange les protons contre les neuromédiateurs, permettant l'accumulation de ceux-ci à l'intérieur des vésicules, contre leur gradient de concentration.

L'existence de ces deux modes de stockage a d'importantes conséquences physiologiques au niveau du taux de libération des neuromédiateurs, puisque, dans les neurones, les sites de libération peuvent être situés très loin du site de synthèse des protéines (jusqu'à 1 m pour certains motoneurones !). Le stock de LDCV est limité par l'approvisionnement en

---

[1] Large Dense Core Vesicles

nouveaux granules formés dans le *trans*-Golgi. Ceci implique un mode de sécrétion à usage unique de ces granules, qui ne permet pas de libérer de manière soutenue les neuropeptides. Les neuromédiateurs libérés par ce type de vésicules de sécrétion jouent donc souvent un rôle de modulateurs dans le système nerveux central. En revanche, la libération des neuromédiateurs ''classiques'' peut être soutenue, dans la mesure où les vésicules synaptiques sont rapidement recyclées à la terminaison et peuvent être rapidement remplies grâce au transport actif décrit ci-dessus. Grâce à ce système, un nombre relativement faible de vésicules est suffisant pour assurer la transmission du signal de manière répétée.

L'équipe de Bruno Gasnier, dans le laboratoire de Jean-Pierre Henry où j'ai effectué cette thèse, étudie les mécanismes responsables du remplissage vésiculaire, et s'intéresse plus particulièrement aux transporteurs vésiculaires de neuromédiateurs. A l'origine, mon sujet de thèse devait être consacré à l'études des relations structure-fonction du transporteur vésiculaire des monoamines (VMAT[2]), travail initié par Corinne Sagné au cours de son doctorat. Cependant, l'identification moléculaire du transporteur vésiculaire des acides aminés inhibiteurs (VIAAT[3]), par Bruno Gasnier, alors que je finissais mon DEA, a ouvert de nouvelles perspectives. La découverte d'une phosphorylation de ce nouveau transporteur, qui coïncidait, par ailleurs, avec la publication par le laboratoire de R. Edwards d'une étude sur la phosphorylation des VMAT, nous amena à redéfinir le cadre de ma thèse, pour l'orienter vers la recherche de mécanismes potentiels de régulation du remplissage vésiculaire. J'ai donc consacré l'essentiel de mes recherches à cette phosphorylation de VIAAT.

---

[2] Vesicular MonoAmine Transporter
[3] Vesicular Inhibitory Amino Acid Transporter

INTRODUCTION

Substrat	K_M	Bioénergétique	Inhibiteurs spécifiques de haute affinité
catécholamines, sérotonine, histamine	µM (histamine exceptée)	antiport 2H$^+$/NM [1]	réserpine, tétrabénazine [2]
acétylcholine	sub-mM	antiport 2H$^+$/NM [3]	vésamicol [4]
GABA, glycine	mM	antiport H$^+$/NM	inconnu
glutamate	mM	controversé	inconnu (bleu Evans)
ATP	mM	uniport NM	inconnu

(NM=NEUROMEDIATEUR)

Substrat	Transporteur C.elegans	mammifères	Famille de protéines
catécholamines, sérotonine, histamine	CAT-1 [5]	VMAT1, VMAT2 [6]	VMAT/VAChT
acétylcholine	UNC-17 [7]	VAChT [8]	VMAT/VAChT
GABA, glycine	UNC-47 [9]	VGAT [9]= VIAAT [10]	Amino Acid Auxin Permeases
glutamate	EAT-4 [11]	BNPI [12] = VGLUT1 [13] DNPI [14] = VGLUT2 [15]	NaPi type I
ATP	mM	uniport NM	inconnu

[1]Johnson et al., 1981/ Knoth et al., 1981 ; [2] Henry et Scherman 1989 ; [3] Nguyen et al., 1998 ; [4] Bahr et Parsons 1986 ; [5] Duerr et al., 1999 ; [6] Liu et al., 1992/ Erickson et al., 1992 ; [7] Alfonso et al., 1993 ; [8] Varoqui et al., 1994/ Varoqui et Erickson 1996 ; [9] McIntire et al., 1997 ; [10] Sagné et al., 1997 ; [11] Dent et al., 1997/ Lee et al., 1999 ; [12] Ni et al., 1994 ;   [13] Bellochio et al., 2000/ Takamori et al., 2000 ; [14] Aihara et al., 2000 ; [15] Fremeau et al., 2001/ Takamori et al., 2001/ Bellenchi et al 2001.

Tableau 1 Caractéristiques des activités de transports vésiculaires connues

PREMIERE PARTIE :
LES TRANSPORTEURS VESICULAIRES
DE NEUROMEDIATEURS

La libération des neuromédiateurs par les cellules neuronales et endocrines nécessite leur accumulation préalable à l'intérieur des vésicules de sécrétion. Nous avons vu que, dans le cas des neuromédiateurs non-peptidiques, ce processus était assuré par les transporteurs vésiculaires de neuromédiateurs, qui catalysent un transport actif secondaire, c'est-à-dire qu'ils utilisent l'énergie fournie par le pompage de protons par une adénosine triphosphatase (ATPase) (transport primaire) pour accumuler le neuromédiateur contre son gradient électrochimique (transport secondaire).

Le *Tableau 1* récapitule nos connaissances actuelles sur les transports vésiculaires de neuromédiateurs. Grâce à des études *in vitro* sur des préparations de vésicules purifiées à partir de différentes sources (les granules chromaffines de la glande médullo-surrénale bovine, les vésicules cholinergiques de l'organe électrique de poisson torpille ou les vésicules synaptiques de cerveau de rat), cinq activités de transport vésiculaire différentes ont été identifiées à ce jour : une pour toutes les monoamines[4], une pour l'acétylcholine, une pour l'acide γ-amino-butyrique (GABA) et la glycine, une pour le glutamate et enfin, une pour les nucléotides. Au cours des dix dernières années, six transporteurs vésiculaires, appartenant à trois familles distinctes, ont été identifiés au niveau moléculaire, grâce au

---

[4] Les monoamines incluent les catécholamines (dopamine, adrénaline et noradrénaline), la sérotonine et l'histamine.

clonage de molécules d'ADN et aux études génétiques chez *Caenorhabditis elegans* (Reimer *et al.*, 1998 ; Erickson et Varoqui, 2000 ; Gasnier, 2000 ; Otis, 2001).

Ce chapitre a pour objectif de faire le point sur les connaissances actuelles concernant les transporteurs vésiculaires, en commençant par une vue d'ensemble des principes du transport vésiculaire, en poursuivant par les étapes ayant conduit à l'identification des trois familles de transporteurs vésiculaires, et en comparant, pour finir, ces différentes familles sur le plan structural, bioénergétique ou sur leur spécificité de substrats.

I. PRINCIPES DU TRANSPORT VESICULAIRE

L'accumulation vésiculaire consiste à concentrer la substance à sécréter contre son gradient de concentration, à l'intérieur de la vésicule. Ce processus requiert de l'énergie, qui est générée par une H^+- ATPase présente sur la membrane vésiculaire, et qui est ensuite utilisée par le transporteur vésiculaire pour accumuler le neuromédiateur. Le but de cette section est de présenter le principe du couplage entre la H^+-ATPase et le transporteur vésiculaire, et de souligner les conséquences physiologiques engendrées par l'accumulation d'une forte concentration de neuromédiateurs dans un espace vésiculaire restreint.

A. PRINCIPES DU COUPLAGE ENTRE LA H^+-ATPASE ET LE TRANSPORTEUR VESICULAIRE

Le gradient de protons est établi par une H^+-ATPase vésiculaire. Il existe, en fait, trois catégories d'ATPases utilisant un mécanisme de translocation d'ions, qui peuvent être facilement différenciées par leurs caractéristiques fonctionnelles et pharmacologiques (Mellman *et al.*, 1986; Nelson, 1989 ; Nelson, 1992) :

- les ATPases de la membrane plasmique, caractérisées par la formation d'intermédiaires phosphorylés stables et par leur sensibilité à l'orthovanadate. Les pompes spécifiques des cations, telles que la Na^+/K^+-ATPase de la membrane plasmique, la H^+/K^+-ATPase de la muqueuse gastrique, ou la Ca^{2+}-ATPase du réticulum sarcoplasmique chez les animaux, ainsi que des H^+-ATPases chez les végétaux, en sont des exemples.
- les ATPases de type F_1F_0 (ou F-ATPases), présentes dans les membranes des mitochondries, des chloroplastes et des bactéries et qui sont également des ATP-synthétases. Elles sont sensibles à l'oligomycine et, à des concentrations micromolaires, au DCCD (N,N'-dicyclohexylcarbodiimide).
- les ATPases vacuolaires (V-ATPases), présentes sur les membranes des compartiments intracellulaires acides incluant les endosomes, les lysosomes, les vésicules de sécrétion ou l'appareil de Golgi, ainsi que, dans le règne végétal, les vacuoles et les tonoplastes. Elles sont inhibées par l'agent alkylant NEM (N-éthyl-maléimide), à des

concentrations micromolaires, ou par le DCCD, à des concentrations millimolaires ; mais leur inhibiteur le plus spécifique est la bafilomycine A1 (Bowman *et al.*, 1988).

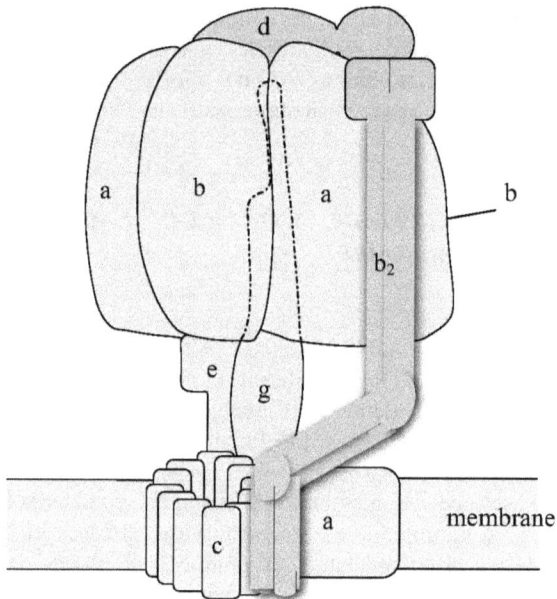

Figure 1: Modèle de la F-ATPase. La sous-unité F_1 est composée des sous-unités α, β, γ, δ et ε. La sous-unité F_0 est composée des sous-unités a, b et c (d'après Dunn *et al.*, 2000).

Les F- et les V-ATPases partagent des homologies structurales et fonctionnelles. Ces enzymes forment un complexe multimérique, constitué d'un domaine catalytique soluble (F_1 ou V_1), et d'un domaine membranaire hydrophobe (F_0 ou V_0), responsable du transport des protons à travers la membrane. Le domaine F_1, dont la résolution atomique de la structure tridimensionnelle fut publiée par le laboratoire de J. Walker en 1994, est constitué de cinq sous-unités, α, β, γ, δ et ε (Abrahams *et al.*, 1994). Le domaine F_0, dont la structure n'a été observée que par microscopie à force atomique ou électronique, est constitué, quant à lui, de trois sous-unités, a, b et c (voir le modèle présenté sur la *Figure 1)*. Des données expérimentales ont montré que la synthèse ou l'hydrolyse de l'ATP était couplée au transfert des protons par un mécanisme de rotation des sous-unités γ-ε-c, faisant de l'ATPase un véritable moteur moléculaire[5] (voir la revue de Futai *et al.*, 2000). Du fait des homologies structurales observées entre les V- et les F-ATPases, on peut penser que les deux enzymes partagent des mécanismes similaires pour l'hydrolyse de l'ATP et le pompage des protons. Cependant, alors que la F-ATPase fonctionne principalement comme une ATP-synthétase, la V-ATPase de la membrane des granules chromaffines est une ATP-synthétase inefficace et fonctionne uniquement comme une H^+-ATPase (Roisin *et al.*, 1980).

Comment la H^+-ATPase vésiculaire fournit-elle de l'énergie au transporteur vésiculaire ? Des études réalisées dans les laboratoires de D. Njus, de R.G. Johnson et de J-P Henry, utilisant le modèle du granule chromaffine bovin, sont à l'origine de notre compréhension des mécanismes bioénergétiques du transport vésiculaire (voir les revues de Henry *et al.*, 1998; Johnson,

---

[5] La rotation d'un filament d'actine attaché à la sous-unité γ du complexe F_1 d'une ATPase bactérienne, visualisée par vidéo, a permis à Noji *et al.* (1997) de démontrer le mécanisme de rotation corrélé à l'hydrolyse de l'ATP.

1988 et Njus *et al.*, 1986). L'énergie fournie par l'hydrolyse de l'ATP est utilisée par la H^+-ATPase pour pomper des protons à l'intérieur de la vésicule, ce qui crée un gradient électrochimique de protons ($\Delta\mu H^+$). Deux composantes contribuent au $\Delta\mu H^+$, dont les prépondérances respectives dépendent de la quantité d'anions perméants présents dans le milieu extracellulaire (Cl⁻ par exemple). Le passage des anions à l'intérieur des vésicules entretient, en effet, le pompage des protons par compensation de charge. De ce fait, l'intérieur de la vésicule s'acidifie, créant un gradient de pH (ΔpH, contribution chimique). En revanche, en absence d'anions, la translocation d'une faible quantité de protons développe rapidement une forte différence de potentiel ($\Delta\Psi$, contribution électrique). Dans les terminaisons nerveuses, la concentration de Cl⁻ est d'environ 2 mM et, par conséquent, les deux composantes ΔpH et $\Delta\Psi$ peuvent *a priori* contribuer au $\Delta\mu H^+$. C'est cette énergie, stockée sous forme de $\Delta\mu H^+$, que le transporteur vésiculaire utilise pour accumuler le neuromédiateur à l'intérieur de la vésicule. Dans un modèle basé sur la théorie chimiosmotique proposée par P. Mitchell (Mitchell, 1961), le transporteur vésiculaire catalyse donc un antiport proton/neuromédiateur (voir *Figure 2*).

Ce couplage entre une force motrice fournie par la pompe H^+-ATPase, commune à tous les neuromédiateurs, et la spécificité d'accumulation de ceux-ci, assurée par le transporteur, est un mécanisme général utilisé par la cellule pour transporter activement toutes sortes de substances : il existe ainsi un nombre très varié de transporteurs (vésiculaires ou plasmiques) pour un faible nombre de pompes (à protons ou à sodium). Ce couplage permet également à la cellule de pouvoir réguler finement des mécanismes de transport spécifiques à chaque substance importée ou exportée, sans modifier la force motrice, ce qui serait plus coûteux en énergie.

Transporteurs
vésiculaires de
neuromédiateurs

 - spécifiques de sous-
populations de
vésicules synaptiques
 - déterminent, souvent
partiellement (avec les
enzymes de synthèse),
la nature du
neuromédiateur
sécrété par le neurone

H$^+$-ATPase de
type V

 - commune à tous
les organites
acides de la voie
de sécrétion
 - fournit l'énergie
du transport actif

découplants: CCCP, FCCP
(G.K. Radda *et al.,* 1975)

ATP

NM

H$^+$

bafilomycine A1

Cl$^-$

réserpine
tétrabénazine } monoamines

vésamicol   acétylcholine

ClC-3

 - Canal Cl$^-$ des
vésicules synaptiques
 - l'entrée d'anions
permet, et régule,
l'acidification par
l'ATPase

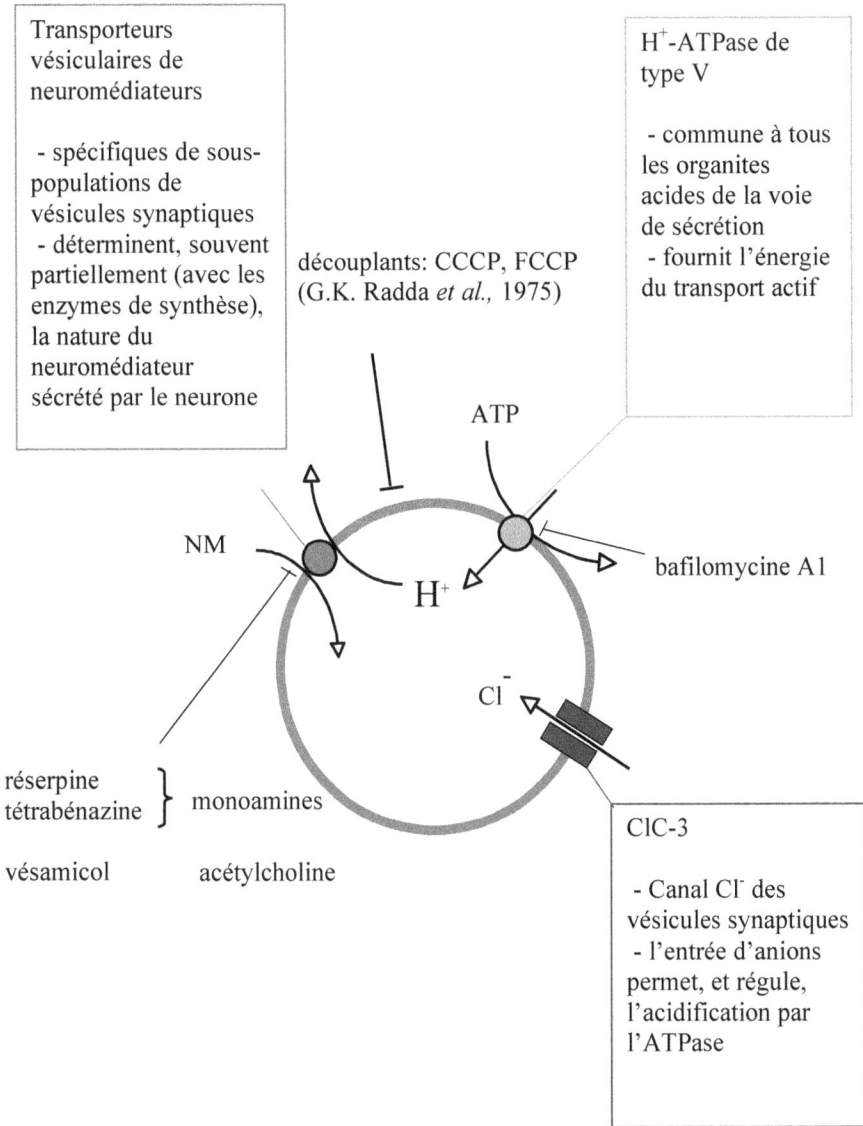

Figure 2: Mécanisme du transport actif vésiculaire

B. L'ACCUMULATION VESICULAIRE DES NEUROMEDIATEURS NECESSITE LA MISE EN PLACE DE MECANISMES COMPENSATOIRES

Le transport des neuromédiateurs à l'intérieur des vésicules de sécrétion nécessite la mise en place de divers mécanismes afin de respecter certaines contraintes physiologiques (voir les revues de Maycox *et al*., 1990 et Njus *et al*., 1986 pour une discussion à ce propos). Tout d'abord, si le cycle de transport est électrogénique, des flux ioniques compensatoires doivent exister pour respecter la balance des charges. Ensuite, le stockage d'une forte concentration de neuromédiateurs, dans un volume vésiculaire restreint, est une menace potentielle pour sa stabilité osmotique. A moins d'utiliser un mécanisme d'inactivation osmotique du neuromédiateur, comme semblent le faire les granules chromaffines pour stocker les catécholamines (Kopell et Westhead, 1982; Videen *et al*., 1992), la vésicule se verra contrainte d'exporter vers le cytosol des molécules ayant une activité osmotique, pour respecter la balance osmotique. En particulier, un mécanisme d'expulsion efficace des anions chlorure, qui ont tendance à s'accumuler dans des organelles acides et chargées positivement, semble être requis pour maintenir l'équilibre osmotique. Un échangeur d'anions, par exemple avec les ions $HCO3^-$, pourrait en être responsable (Njus *et al*., 1986).

Des flux ioniques, probablement assurés par des pompes ou des canaux membranaires, sont donc certainement associés au transport des neuromédiateurs et pourraient contribuer à l'optimisation du remplissage vésiculaire (voir la seconde partie de cette introduction).

II. FAMILLE DES TRANSPORTEURS VESICULAIRES DES MONOAMINES ET DE L'ACETYLCHOLINE

A. VMAT

1. Identification moléculaire

Le transporteur vésiculaire des monoamines, VMAT, fut le premier à avoir été identifié au niveau moléculaire, en 1992, par deux laboratoires américains, par des stratégies de clonage par expression.

L'équipe de J. Erickson a utilisé une stratégie classique, consistant à transfecter des cellules fibroblastiques CV-1, par une banque d'ADNc d'une lignée leucémique de basophiles de rat (cellules RBL), sécrétrice de sérotonine et d'histamine, qui avait été utilisée pour cloner le transporteur de recapture de sérotonine (Hoffman *et al.*, 1991). Les cellules CV-1 ont ensuite été incubées en présence de sérotonine tritiée, pour sélectionner, par autoradiographie, les clones capables d'accumuler celle-ci de manière sensible à la réserpine, un inhibiteur spécifique du transport vésiculaire des monoamines (Scherman et Henry, 1980). Cette sélection a permis d'isoler un ADN codant pour une activité de transport vésiculaire des monoamines (Erickson *et al.*, 1992).

L'équipe de R. Edwards a identifié VMAT par une approche élégante, visant à comprendre les mécanismes d'action d'une neurotoxine, le MPP$^+$ (Liu *et al.*, 1992a; Liu *et al.*, 1992b). L'histoire du MPP$^+$ commence dans les années 1970, en Californie, où plusieurs cas de maladie de Parkinson avaient curieusement été diagnostiqués chez des sujets jeunes. Il s'est avéré qu'ils avaient tous consommé de la drogue contenant une impureté, le MPTP (1-méthyl-4-phényl-1,2,3,6-tétrahydropyridine). Ce composé peut franchir la barrière hémato-encéphalique et être converti en MPP$^+$, par la monoamine oxydase B, dans les cellules gliales. Comme le MPP$^+$ est substrat des transporteurs plasmiques de recapture des monoamines, il peut s'accumuler dans les neurones monoaminergiques où il exerce sa toxicité en inhibant la chaîne respiratoire mitochondriale. Les neurones dopaminergiques de la voie nigro-striée, qui sont ceux touchés par la dégénérescence dans la maladie de Parkinson, semblent plus particulièrement sensibles à cette toxine, ce qui explique les syndromes parkinsoniens provoqués par une administration chronique de MPP$^+$. Cela est dû au fait qu'ils accumulent le MPP$^+$, puisque cette toxine est substrat du transporteur plasmique de la dopamine, DAT (voir la revue de Tipton et Singer, 1993 sur le mécanisme d'action du MPP$^+$)(*Figure 3A*).

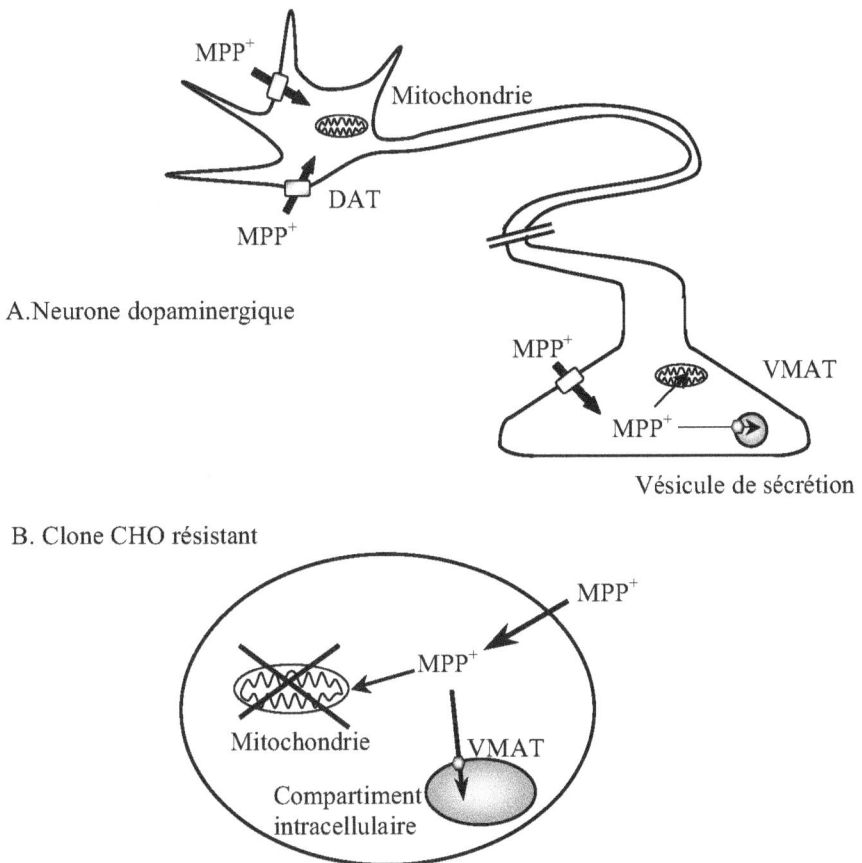

Figure 3: Mécanisme de résistance au MPP$^+$ induite par le transporteur vésiculaire des monoamines. Le MPP$^+$ exerce sa toxicité en inhibant la chaîne respiratoire mitochondriale. Les neurones dopaminergiques sont particulièrement sensibles à cette toxine, car le MPP$^+$ est un substrat du transporteur plasmique de la dopamine, DAT, et, par conséquent, s'accumule dans ces neurones. Dans les cellules CHO, le MPP$^+$ pénètre, à plus forte concentration, de manière non spécifique. Les clones CHO qui expriment VMAT résistent au MPP$^+$, car la toxine, qui est un substrat de VMAT, s'accumule dans un compartiment intracellulaire (endosomes), ce qui la détourne de sa cible mitochondriale.

De manière surprenante, alors que la plupart des lignées cellulaires sont sensibles à de fortes concentrations de MPP^+ *in vitro*, la lignée PC12, dérivée d'un phéochromocytome de rat (tumeur de la médullo-surrénale), n'est sensible qu'à de très fortes concentrations de la toxine, bien qu'elles accumulent le MPP^+ par le transporteur de recapture de la noradrénaline, NET^6. Afin de comprendre les mécanismes responsables de cette résistance, l'équipe de R. Edwards a cherché à identifier le ou les gène(s) impliqué(s). Des cellules fibroblastiques CHO^7, sensibles à des concentrations millimolaires de MPP^+, ont été transfectées par une banque d'ADNc de cellules PC12 puis cultivées en présence de MPP^+, ce qui a permis de sélectionner un clone particulièrement résistant à la toxine. L'hypothèse d'un mécanisme de résistance *via* une compensation au niveau de la chaîne respiratoire ayant été écartée (Liu *et al.*, 1992b), ces auteurs ont examiné l'hypothèse d'une séquestration de la toxine dans un compartiment intracellulaire, à l'écart de sa cible mitochondriale. Comme des études biochimiques avaient montré que le MPP^+ était un substrat de VMAT dans les cellules chromaffines (Daniels et Reinhard, 1988; Darchen *et al.*, 1988), il était raisonnable de penser que VMAT puisse être à l'origine d'un stockage du MPP^+ dans des structures vésiculaires (cf *Figure 3B*). Plusieurs expériences confirmèrent cette hypothèse :

Les clones résistants redeviennent sensibles au MPP^+, en présence de réserpine.

Les clones résistants, analysés par immunofluorescence sur cellules intactes, accumulent la dopamine dans un compartiment intracellulaire, de manière sensible à la réserpine.

---

[6] Les cellules PC12 expriment NET (Bruss *et al.*, 1997) mais pas apparemment pas DAT (Melikian et Buckley, 1999).
[7] Chinese Hamster Ovary

Des membranes, préparées à partir d'homogénats de clones résistants, possèdent une activité de transport de dopamine induite par l'ATP et inhibée par la réserpine.
Ces données démontraient que le seul facteur responsable de la résistance au MPP$^+$ dans les clones transfectés était VMAT (Liu *et al.*, 1992a).

Des sondes d'oligonucléotides, dérivées de la séquence du clone résistant, révélèrent que son ARNm était présent dans la glande surrénale mais absent du cerveau, suggérant qu'il existait un autre gène codant pour un transporteur vésiculaire des monoamines spécifique du cerveau. Par hybridation à faible stringence sur une banque d'ADNc de cerveau, un ADNc homologue à celui identifié auparavant fut isolé ; il s'avéra être identique à celui isolé par l'équipe de J. Erickson. Ces deux isoformes trouvées chez le rat ont été baptisées VMAT1 pour celle présente dans la surrénale de rat, et VMAT2 pour celle présente dans le cerveau. Depuis, VMAT a été cloné chez l'homme (Erickson et Eiden, 1993; Lesch *et al.*, 1993; Surratt *et al.*, 1993) et le bœuf (Howell *et al.*, 1994; Krejci *et al.*, 1993), chez lesquels il existe également deux isoformes qui correspondent, à chaque fois, à deux gènes distincts (par exemple, chez l'homme, les deux gènes sont localisés sur deux chromosomes différents (Peter *et al.*, 1993; Surratt *et al.*, 1993)). Les ADNc de VMAT1 et VMAT2 codent pour des protéines d'environ 520 acides aminés qui possèdent environ 60% d'identité entre elles. Notons que ces deux protéines, ne possédant pas d'homologie avec les transporteurs plasmiques de neuromédiateurs dépendants du sodium, constituaient les premiers membres d'une nouvelle famille de transporteurs chez les cellules eukaryotes (voir les alignements de séquence présentés sur la *Figure 4*).

2. VMAT1, VMAT2 : pourquoi deux gènes ?

L'existence de deux transporteurs pour une même fonction amène naturellement la question du rôle physiologique de cette duplication de gène. Les études pharmacologiques effectuées sur des cellules exprimant l'une ou l'autre des isoformes (Erickson *et al.*, 1996; Peter *et al.*, 1996 et Botton *et al.*, données non publiées) ont révélé que le clone VMAT2 possédait une affinité environ 3 fois plus grande pour les monoamines que le clone VMAT1, à l'exception de l'histamine pour laquelle l'affinité de VMAT2 est plus de 10 fois supérieure à celle de VMAT1. Par ailleurs, si la réserpine inhibe les deux VMAT avec la même efficacité, un autre inhibiteur du transport des monoamines, la tétrabénazine (Scherman *et al.*,

1983) possède une affinité de 10 à 1000 fois plus faible pour VMAT1 que pour VMAT2, chez le bœuf et l'homme, respectivement. Les différences pharmacologiques observées entre les deux isoformes pourraient être apparues au cours de l'évolution, pour répondre à des besoins de transport monoaminergique différents selon le type cellulaire. Dans cette optique, les neurones pourraient requérir spécifiquement les propriétés cinétiques de VMAT2, qui possède une meilleure affinité pour ses substrats physiologiques que VMAT1. De même la meilleure affinité de VMAT2 pour l'histamine expliquerait son expression exclusive dans les cellules histaminergiques (voir § suivant).

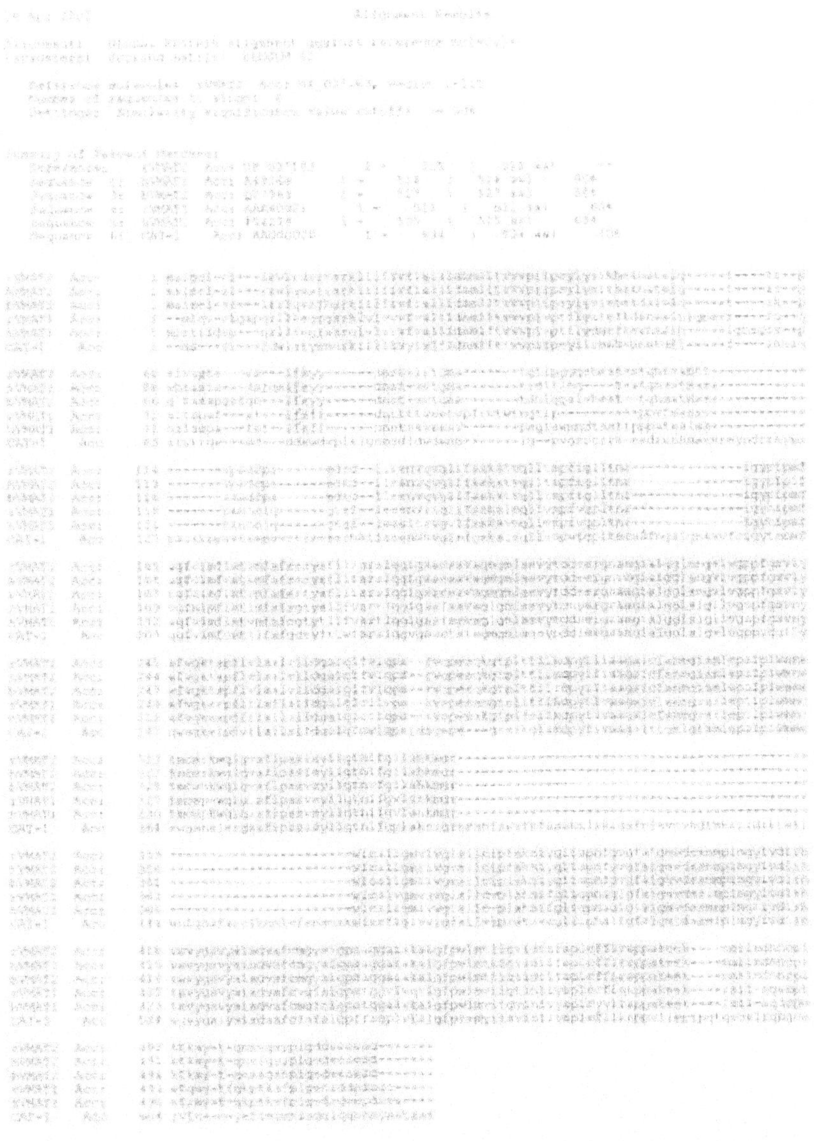

Figure 4: Alignement global des séquences protéiques des VMAT de rat (rVMAT1/rVMAT2), d'homme (hVMAT1/hVMAT2), de bœuf (bVMAT1/bVMAT2) et de *C. elegans* (CAT-1).
Acc: numéro d'accession de la protéine correspondante dans Genbank, sur le site internet NCBI (http://www.ncbi.nlm.nih.gov).

Nous avons vu en préambule que, dans les neurones, deux types de vésicules étaient impliquées dans la sécrétion régulée, à savoir les vésicules synaptiques et les granules à cœur dense (LDCV). L'existence de deux isoformes de VMAT aurait pu être corrélée à l'existence de ces deux classes de vésicules. Les analyses, par microscopie électronique ou fractionnement subcellulaire, de la distribution subcellulaire des VMAT *in vivo*, dans le cerveau ou dans un modèle d'expression recombinant, révèlent que ce n'est pas le cas. Dans le cerveau de rat, VMAT2 est présent à la terminaison sur les deux types de vésicules, et, selon la région examinée, préférentiellement localisé sur les LDCV (par exemple, dans le noyau du faisceau solitaire (Nirenberg *et al.*, 1995)) ou sur les vésicules synaptiques (par exemple, dans le striatum dorsolatéral (Nirenberg *et al.*, 1997)). Il est également détecté dans le compartiment somato-dendritique (par exemple dans le *trans* Golgi ou dans des structures tubulo-vésiculaires, au niveau des dendrites de certains neurones dopaminergiques (Nirenberg *et al.*, 1995)). Dans les cellules PC12, VMAT1, qui semble être la seule isoforme exprimée de manière endogène, est localisé majoritairement dans les LDCV (Varoqui et Erickson, 1998 ; Weihe *et al.*, 1996). Notons que si le VMAT2 recombinant est exprimé de manière stable dans les cellules PC12, il est détecté sur les LDCV et non sur les vésicules synaptiques (Weihe *et al.*, 1996). En revanche, quand VMAT2 est exprimé de manière transitoire dans les cellules CAD, une lignée cellulaire établie par transgenèse à partir de neurones dopaminergiques, il est détecté dans les deux types de populations vésiculaires (Erickson et Varoqui, 2000).

L'existence de deux protéines pourrait aussi refléter une hétérogénéité d'expression tissulaire ou cellulaire. Les analyses immunocytochimiques, réalisées chez le rat au moment du clonage, indiquaient que VMAT1 était exprimé dans la glande médullo-surrénale et VMAT2, dans le cerveau (Liu *et al.*, 1992a), ce qui suggérait l'existence d'une isoforme ''neuronale'' et d'une isoforme ''endocrine''. Cette hypothèse fut rapidement écartée, car l'équipe de J. Erickson clona VMAT2 à partir d'une lignée leucémique de basophiles (Erickson *et al.*, 1992). Les analyses ultérieures de la distribution anatomique de VMAT chez le rat (Peter *et al.*, 1995; Weihe *et al.*, 1996) et chez l'homme (Erickson *et al.*, 1996), révélèrent toutefois que VMAT2 était la seule isoforme exprimée dans les neurones monoaminergiques du système nerveux central et périphérique, et que les cellules endocrines pouvaient exprimer l'une, ou l'autre, et même les deux isoformes. Notons que seul VMAT2 est exprimé par les cellules histaminergiques (les mastocytes par exemple), en accord avec la meilleure affinité de VMAT2 pour l'histamine, observée chez ces deux espèces.

Ces études semblent donc privilégier un rôle de la duplication de gène dans la spécificité d'expression, l'isoforme VMAT1 n'étant pas exprimée dans le système nerveux. D'ailleurs, si l'on s'intéresse à l'homologue de VMAT chez le nématode *C. elegans*, qui ne semble pas posséder de système endocrinien, on s'aperçoit qu'il n'existe qu'un seul gène, *cat-1*, dont la protéine codante possède 47% d'identité avec VMAT1 et 49% avec VMAT2 chez le rat (cf *Figure 4*), et n'est donc ni un VMAT1 ni un VMAT2 (Duerr *et al.*, 1999). L'orthologue de *C. elegans* est associé aux vésicules synaptiques et transporte toutes les monoamines, en particulier l'histamine, ce qui l'apparente, malgré tout, plus à VMAT2 qu'à VMAT1. Sa capacité à transporter l'histamine suggère d'ailleurs que cette propriété n'a pas été acquise par VMAT2 au cours de l'évolution, mais aurait plutôt été perdue par VMAT1 (Duerr *et al.*, 1999). La duplication de gène, probablement apparue lors de la divergence entre les mammifères et les nématodes, pourrait correspondre à des besoins de régulation spécifiques des mammifères. Dans l'hypothèse où des mécanismes génétiques, mutuellement exclusifs, réguleraient l'expression des protéines spécifiquement neuronales ou endocriniennes chez les mammifères, la duplication de gènes permettrait d'exprimer VMAT dans les deux types cellulaires.

B. VACHT

1. Identification moléculaire

L'identification des VMAT et des études génétiques faites chez le nématode furent à l'origine de la découverte du transporteur vésiculaire d'acétylcholine, VAChT[8]. Dans les années 1970, l'équipe de Brenner avait décrit un certain nombre de mutants de *C. elegans* possédant des troubles de la coordination, les mutants *unc* (*uncoordinated*) (Brenner, 1974). Parmi ceux-ci, les mutants *unc-17*, dont la fonction du gène n'est que partiellement perdue (la mutation nulle étant létale), présentent des troubles qui suggèrent un défaut au niveau de la transmission cholinergique : ils possèdent des troubles locomoteurs (mouvements saccadés) et sont résistants à la toxicité induite, chez les souches sauvages, par les inhibiteurs de l'acétylcholine estérase. L'inhibition de cette enzyme qui met fin à la transmission cholinergique, en dégradant l'acétylcholine dans la fente synaptique, provoque une paralysie, voire la mort, des animaux sauvages, car l'excès d'acétylcholine entraîne une contraction généralisée de tous les muscles. Une diminution de la quantité d'acétylcholine libérée lors de la transmission cholinergique pouvait donc expliquer la résistance observée chez les mutants *unc-17*. Et comme ils continuaient à synthétiser l'acétylcholine, la résistance observée était probablement due à des défauts présynaptiques dans la libération du neuromédiateur. L'équipe de J. Rand clona le gène *unc-17* en 1993 (Alfonso *et al.*, 1993) et découvrit qu'il codait pour une protéine d'environ 530 acides aminés, associée aux vésicules synaptiques et possédant environ 40% d'identité avec les VMAT.

---

[8] Vesicular Acetylcholine Transporter

Ces données suggéraient fortement que UNC-17 soit le transporteur vésiculaire d'acétylcholine de *C. elegans*.

La séquence du gène *unc-17* fut alors utilisée pour identifier son homologue chez *Torpedo californica*, à partir d'une banque d'ADNc du lobe électrique de ce poisson, riche en corps cellulaires de neurones cholinergiques (Varoqui *et al.*, 1994). L'ARNm de la protéine clonée était spécifiquement exprimé dans le lobe électrique et la protéine, exprimée dans une lignée fibroblastique, possédait un site de liaison de haute affinité pour le vésamicol, un inhibiteur spécifique du transport vésiculaire d'acétylcholine (Anderson *et al.*, 1983; Prior *et al.*, 1992). La séquence isolée chez le poisson torpille fut, à son tour, utilisée comme sonde pour identifier les homologues chez le rat et chez l'homme, dans des banques de cellules PC12 ou de neuroblastomes (Erickson *et al.*, 1994; Roghani *et al.*, 1994 ; voir également les alignements de séquences protéiques présentés sur la *Figure 5*). Des expériences d'hybridation *in situ* ou de ''northern blot'' montrèrent que l'ARNm de la séquence de rat était exprimé dans des neurones cholinergiques et suivait exactement le patron d'expression de l'acétylcholine estérase (Roghani *et al.*, 1994; Schafer *et al.*, 1994). Enfin, l'expression des orthologues de mammifères de UNC-17 dans des lignées fibroblastiques (Erickson *et al.*, 1994) ou sécrétrices (Varoqui et Erickson, 1996) montra que ces protéines transportaient l'acétylcholine en échange de protons, de manière sensible au vésamicol, ce qui apportait la preuve définitive de l'identité de ces protéines comme transporteurs vésiculaires d'acétylcholine.

Figure 5: Alignement global des séquences protéiques des VAChT de rat (rVAChT), d'homme (hVMAT), de *Torpedo marmorata* (tVAChT), de drosophile (DmVAChT) et de *C. elegans* (UNC-17).

2. Le locus cholinergique

L'identification de *unc-17* comme transporteur vésiculaire d'acétylcholine a permis de révéler un aspect propre à la transmission cholinergique : le gène *unc-17* est inclus dans le premier intron du gène *cha-1*, qui code pour la choline acétyltransférase (ChAT), responsable de la synthèse d'acétylcholine à partir de la choline. De plus, les deux gènes semblent être régulés de manière coordonnée (Alfonso *et al.*, 1994). Un fait remarquable est que cette organisation chromosomique particulière est conservée chez la drosophile et les mammifères (Erickson *et al.*, 1994; Kitamoto *et al.*, 1998). La conservation, au sein de plusieurs espèces, d'un couplage génomique entre la synthèse et le transport d'acétylcholine suggère qu'il soit important pour leur fonction. Notons à ce sujet que les mutants *cha-1* et *unc-17* possèdent des phénotypes identiques (Brenner, 1974; Rand et Russell, 1984), ce qui indique que les deux types d'activité sont nécessaires dans la transmission cholinergique. Dans cette optique, l'organisation particulière du locus cholinergique pourrait être un moyen simple pour la cellule de réguler, à "moindre coût", l'expression des deux gènes.

C. *UNE FAMILLE QUI DESCEND DE TRANSPORTEURS BACTERIENS*

Chez les mammifères, VAChT et les VMAT possèdent environ 40% d'identité (voir les alignements de séquences présentés sur la *Figure 6*). Les transporteurs de cette famille sont des protéines polytopiques d'un peu plus de 500 acides aminés ; le calcul des variations de l'indice d'hydropathie le long de leur séquence primaire (algorithme de Kyte et Doolittle) prédit la présence de 12 segments transmembranaires, avec des extrémités N- et C-terminales cytosoliques, ainsi que la présence d'une grande boucle intraluminale, fortement glycosylée, entre les segments transmembranaires I et II (voir l'exemple de bVMAT2 sur la *Figure 7)*.

Comme indiqué précédemment, cette famille de transporteurs vésiculaires ne possède pas d'homologie de séquence avec les deux familles identifiées de transporteurs de recapture. En revanche, elle possède des homologies, faibles mais significatives, avec certains transporteurs bactériens, qui catalysent eux aussi un antiport proton/substrat et sont responsables de la

---

résistance des bactéries à certaines drogues, telles que la tétracycline (Schuldiner *et al.*, 1995). Il est possible que ces deux familles de transporteurs aient évolué à partir d'ancêtres communs, ayant pour fonction de protéger la cellule contre des agents toxiques ; la résistance au MPP^+, induite par l'expression de VMAT1, serait une réminiscence de cette propriété. N'oublions pas, cependant, que les catécholamines, en particulier la dopamine, sont instables dans le cytosol et génèrent des radicaux libres, toxiques pour la cellule. VMAT pourrait donc avoir deux fonctions dans le système nerveux central : stocker les catécholamines en vue d'une libération régulée et, comme son lointain ancêtre, protéger le neurone des effets toxiques de la dopamine en l'emprisonnant dans les vésicules synaptiques (dans laquelle elle est stabilisée grâce à l'acidité de la lumière vésiculaire).

La découverte de ces deux premiers transporteurs vésiculaires a permis, d'une part, de confirmer les données biochimiques existant déjà sur le transport vésiculaire et, d'autre part, d'en mieux comprendre les mécanismes moléculaires. La mutagenèse dirigée et l'expression de protéines dans un système recombinant fonctionnel sont en effet des outils très puissants pour l'établissement des relations entre leur structure et leur fonction. De nombreux travaux sur les protéines recombinantes VMAT et VAChT ont permis, ainsi, d'identifier un certain nombre de résidus ou de domaines importants dans l'activité de ces transporteurs, et de dessiner un mécanisme commun pour leur fonctionnement (voir la revue de S. Parsons sur ce sujet, 2000)

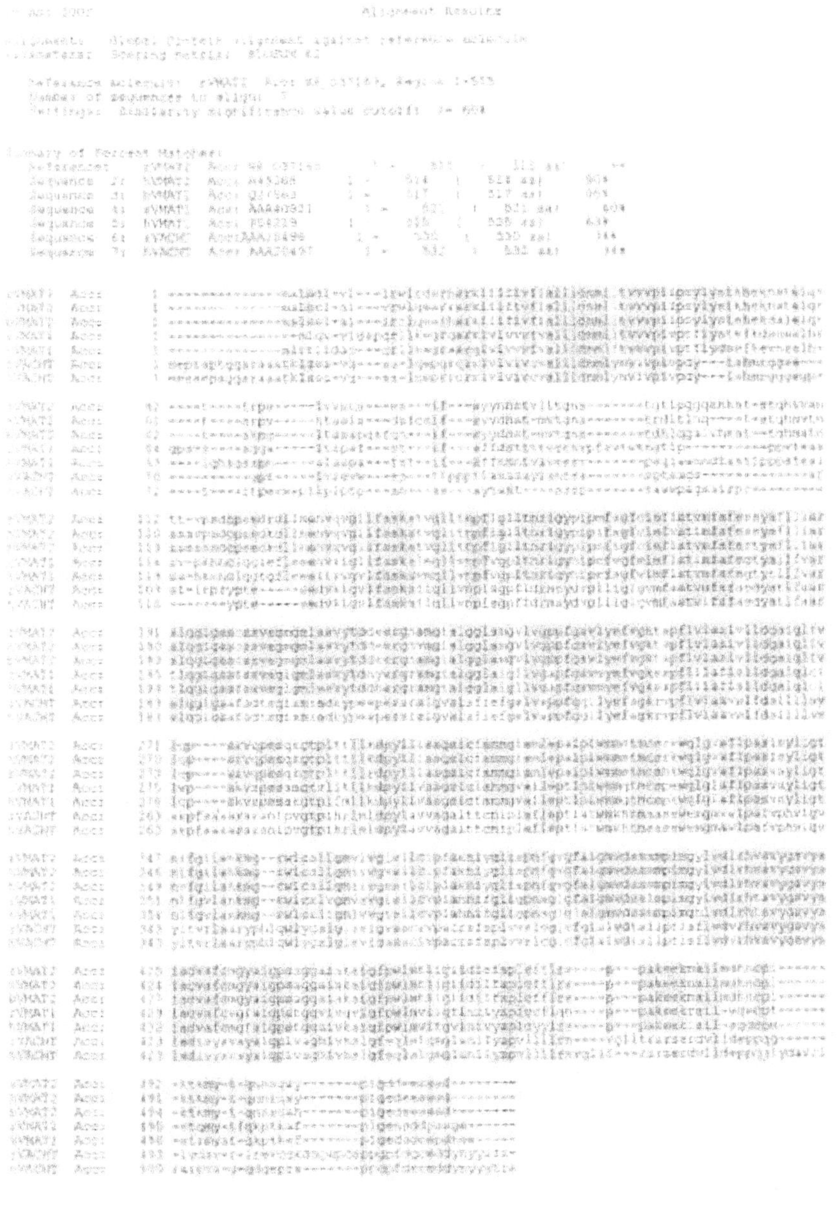

Figure 6: Alignement global des séquences protéiques de la famille VMAT/VAChT chez les mammifères, par rapport au VMAT2 de rat.

MODELE TOPOLOGIQUE DE VMAT

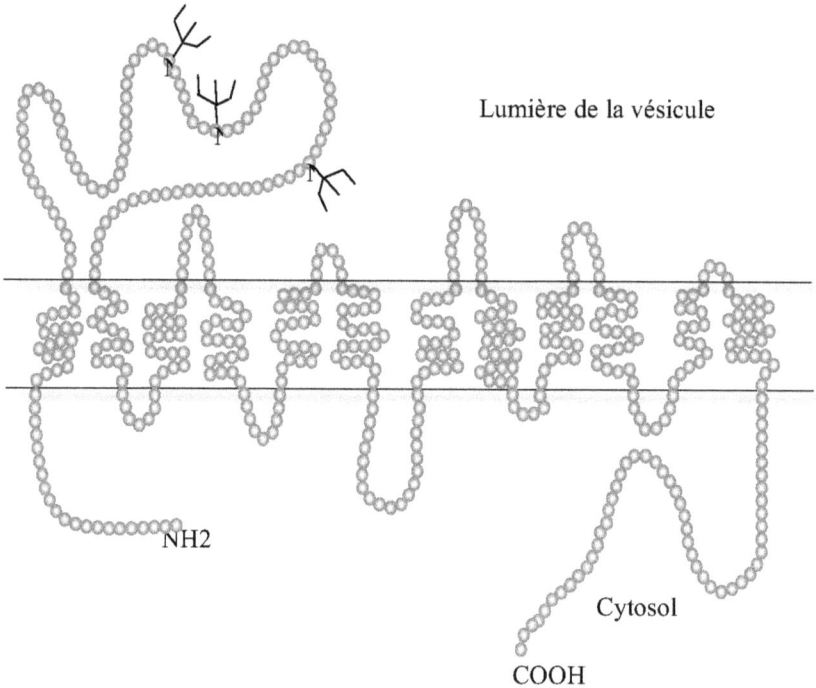

Lumière de la vésicule

NH2

Cytosol

COOH

Figure 7: Topologie prédictive du VMAT2 bovin établie d'après le calcul des variations de l'indice d'hydropathie, selon l'algorithme de Kyte et Doolittle (d'après Liu *et al.*, 1992 et Erickson *et al., 1992*).

III. Famille du transporteur vesiculaire des acides amines inhibiteurs

Si l'identification de la nouvelle famille de transporteurs VMAT/VAChT a permis de mieux comprendre le fonctionnement des transporteurs vésiculaires, elle ne fut d'aucun secours pour l'identification des transporteurs vésiculaires des acides aminés. Les clefs qui permirent leur identification furent données par des études génétiques chez le nématode.

A. *Identification moleculaire de VIAAT*

L'histoire de l'identification du transporteur vésiculaire des acides aminés inhibiteurs commence par la caractérisation de certains mutants de *C. elegans* (McIntire *et al.*, 1993a; McIntire *et al.*, 1993b). Chez cet animal, la destruction sélective des neurones GABAergiques (26 au total), au moyen d'un micro-rayon laser, entraîne un certain nombre de troubles locomoteurs caractéristiques, en particulier le phénotype "*shrinker*" : si l'on contraint l'animal traité à reculer (en touchant son nez à l'aide d'une aiguille), celui-ci se contracte le long de l'axe de son corps, alors qu'un animal "sauvage" reculera par des ondulations de grande amplitude (cf *Figure 8*). Le phénotype "*shrinker*" est dû à la contraction simultanée des muscles locomoteurs dorsaux et ventraux, phénomène qui est normalement rendu impossible grâce à un mécanisme d'inhibition réciproque des muscles opposés par des neurones GABAergiques. Or, certains mutants *unc*, possédant le phénotype "*shrinker*", avaient été décrits par Hodgkin (Hodgkin et Brenner, 1977). L'équipe de McIntire a cherché à mieux caractériser ces mutants. Parmi ceux-ci, *unc-47* faisait apparaître des taux de GABA particulièrement élevés dans les terminaisons présynaptiques, et retrouvait un comportement normal sous l'effet d'agonistes des récepteurs du GABA. Ces données suggéraient que *unc-47* code pour le transporteur vésiculaire du GABA de *C. elegans* (McIntire *et al.*, 1993a; McIntire *et al.*, 1993b).

En 1997, à la suite de ces études, l'équipe de McIntire identifia la protéine UNC-47 par clonage positionnel et montra, par des études génétiques chez

C. elegans, son association aux vésicules synaptiques GABAergiques (McIntire *et al.*, 1997). En collaboration avec l'équipe de R. Edwards, ils clonèrent la protéine de rat orthologue, qu'ils baptisèrent VGAT (*Vesicular GABA Transporter*) sur la base des données suivantes :

La distribution de l'ARNm de l'orthologue de rat, examinée par hybridation *in situ*, est similaire à celles des neurones GABAergiques.

L'orthologue de rat, exprimé dans les cellules PC12, transporte le GABA dans un compartiment intracellulaire, avec des caractéristiques pharmacologiques identiques à celles observées dans les vésicules synaptiques.

A

B sauvage, non traité

C shrinker

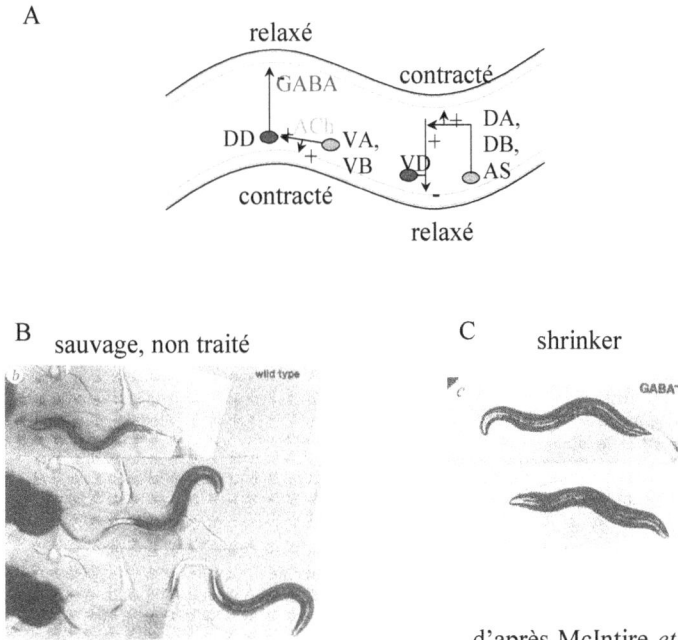

d'après McIntire *et al*,

Figure 8: Le phénotype *shrinker*. A. Connections et rôle des neurones GABAergiques VD et DD chez *C. elegans*. Des motoneurones cholinergiques excitateurs (+) provoquent les contractions musculaires : les neurones VA et VB d'une part, DA et DB d'autre part, induisent la contraction des muscles ventraux et dorsaux, respectivement. Ces neurones excitateurs activent également les neurones GABAergiques inhibiteurs VD et DD (-), responsables du relâchement musculaire des muscles dorsaux et ventraux, respectivement. **B et C. Comportements d'un nématode sauvage (B) ou d'un mutant '*shrinker*' (C), présentant un défaut de**

La même année, dans une étude indépendante, Bruno Gasnier identifia UNC-47 par une stratégie originale de clonage positionnel *in silico* (voir le diagramme présenté sur la *Figure 9*). A partir de la position connue de *unc-47* sur la carte génétique, il encadra sa position sur la carte physique. Cette région était presque totalement séquencée à l'époque et codait une soixantaine de protéines. A partir de critères de sélection simples sur les transporteurs (nombre total d'acides aminés entre 400 et 900 ; nombre de segments transmembranaires supérieur à six), quatre candidats sortirent du lot. Parmi ceux-ci, trois étaient des protéines déjà identifiées, homologues à des transporteurs sodium/phosphate. La quatrième séquence était donc le meilleur candidat pour être le transporteur vésiculaire du GABA chez *C. elegans*. A partir de ce candidat, des recherches par homologies dans les banques de données permirent de trouver trois ESTs de souris qui furent utilisées pour reconstruire le clone complet, par RT-PCR. La caractérisation de l'ADNc identifié révéla que la protéine était un transporteur de GABA et de glycine :

La distribution de l'ARNm de ce clone, examinée par hybridation *in situ*, révélait une expression non seulement dans les régions GABAergiques, mais aussi dans des noyaux glycinergiques du tronc cérébral, en particulier ceux de l'olive supérieure.

La protéine exprimée dans des cellules PC12 ou COS (lignée fibroblastique) transportait le GABA et la glycine dans un compartiment intracellulaire, comme le montraient des expériences indirectes de transport.

Comme des études biochimiques sur des vésicules synaptiques avaient montré, au préalable, que le GABA et la glycine entraient en compétition l'un avec l'autre pour leur accumulation dans les vésicules synaptiques (Burger *et al.*, 1991; Christensen *et al.*, 1991), ce transporteur fut baptisé VIAAT pour *Vesicular Inhibitory Amino Acid Transporter* (Sagné *et al.*, 1997).

Les deux protéines identifiées chez le rat et la souris, identiques à 98%, possèdent environ 520 acides aminés ; leur profil d'hydropathicité prédit 10 segments transmembranaires connectés par 10 boucles hydrophiles très courtes, et une large extrémité N-terminale cytosolique, d'environ 140 acides aminés, riche en résidus acides (cf *Figure 10*).

Clonage positionnel *in silico* d'UNC-47

UNC-47 = T20G5.6 ?

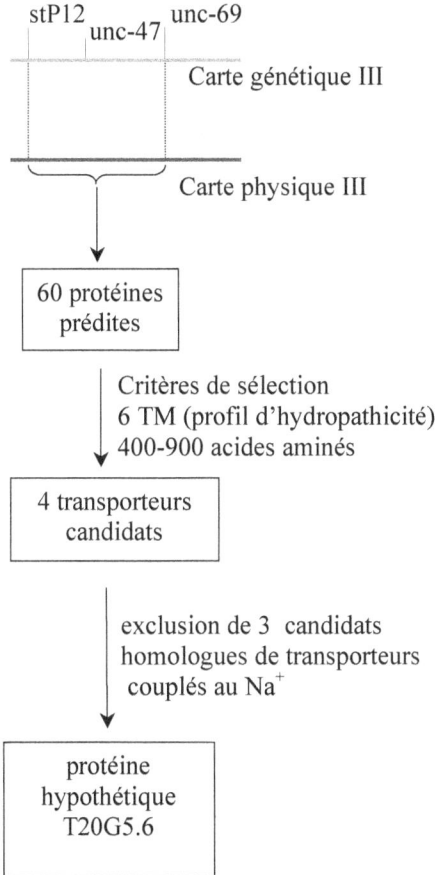

Identification de VIAAT

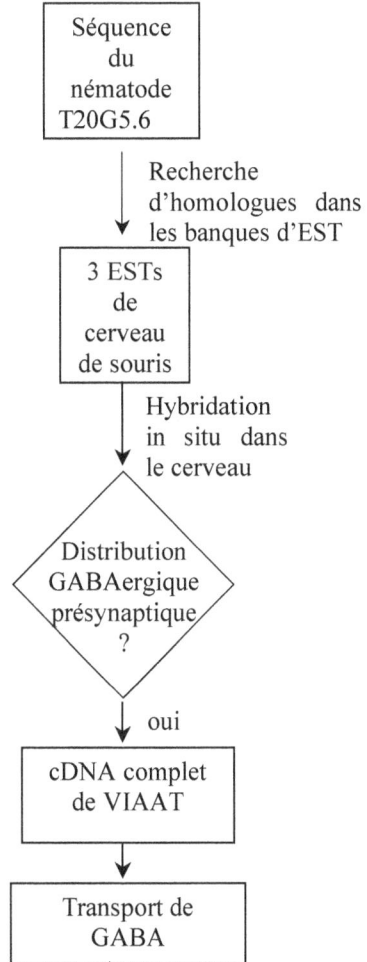

stP12   unc-69
  unc-47

Carte génétique III

Carte physique III

60 protéines prédites

Critères de sélection
6 TM (profil d'hydropathicité)
400-900 acides aminés

4 transporteurs candidats

exclusion de 3 candidats
homologues de transporteurs
couplés au Na^+

protéine hypothétique T20G5.6

Séquence du nématode T20G5.6

Recherche d'homologues dans les banques d'EST

3 ESTs de cerveau de souris

Hybridation in situ dans le cerveau

Distribution GABAergique présynaptique ?

oui

cDNA complet de VIAAT

Transport de GABA

Figure 9: Identification moléculaire de VIAAT (d'après Sagné *et al.*, 1997).

MODELE TOPOLOGIQUE DE VIAAT

Lumière de la vésicule

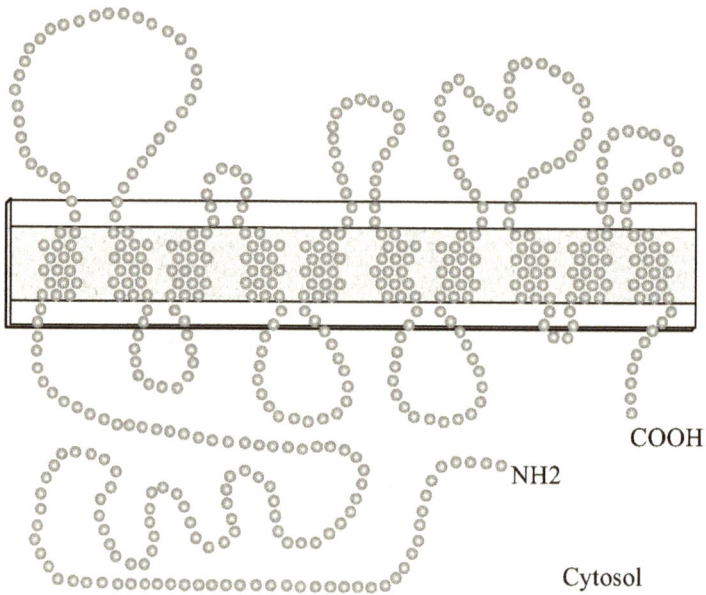

COOH

NH2

Cytosol

Figure 10: Topologie prédictive de VIAAT établie à partir de l'algorithme de Kyte et Doolittle (d'après Sagné *et al.*, 1997 et McIntire *et al.*, 1997).

Elles ont une identité globale de 43% avec UNC-47, dont la topologie prédite est semblable, mais les 120 premiers acides aminés du domaine N-terminal divergent entre le nématode et les rongeurs (voir les alignements de séquences présentés sur la *Figure 11)*. Cette famille de transporteurs ne présente pas d'homologie avec la famille VMAT/VAChT; en revanche, des homologues distants existent chez d'autres protéines animales et végétales. Il existe notamment, chez les plantes, des homologues dans la famille des AAAP[9], qui catalysent un symport proton/substrat (Young *et al.*, 1999). Chez les mammifères, les transporteurs de glutamine SN1 et SAT/ATA, responsables du cycle glutamate-glutamine entre les neurones et les astrocytes (voir la revue de Broer et Brookes, 2001) ou encore le transporteur lysosomial d'acides aminés LYAAT[10] identifié tout récemment par Sagné *et al.*, 2001, appartiennent, comme VIAAT, à cette famille des AAAP.

B. *VIAAT : UN TRANSPORTEUR COMMUN AU GABA ET A LA GLYCINE ?*

Les études biochimiques *in vitro*, sur des préparations de vésicules synaptiques purifiées à partir de cerveau de rat, n'avaient pas tranché cette question. Les données expérimentales des laboratoires de R. Jahn et de F. Fonnum suggéraient l'existence d'un transporteur commun pour le GABA et la glycine, sur la base des résultats suivants :

---

[9] Amino Acid and Auxin Perméases
[10] LYsosomial Amino Acid Transporter

Le GABA et la glycine entrent en compétition lors de leur transport *in vitro* (Burger *et al.*, 1991; Christensen *et al.*, 1991).

Un transport *in vitro* de glycine est observé sur des vésicules synaptiques purifiées à partir de cortex cérébral, région de laquelle elle est absente (Burger *et al.*, 1991) ; de manière plus générale, le rapport des activités de transport vésiculaire de GABA et de glycine ne dépend pas de la région du cerveau examinée (Christensen *et al.*, 1991).

Cependant, dans une publication antérieure, P. Kish et T. Ueda n'avaient pas observé de compétition entre le GABA et la glycine, et suggéraient donc l'existence de transporteurs distincts (Kish *et al.*, 1989). Si, au moment du clonage du transporteur vésiculaire, la controverse subsistait encore, son identification moléculaire permit finalement de trancher en faveur d'un transporteur unique, comme cela avait été proposé, en premier lieu, par notre laboratoire, sur la base de données d'hybridation *in situ* (Sagné *et al.*, 1997).

Figure 11: Alignement global des séquences protéiques des VIAAT de rat (rVIAAT), de souris (mVIAAT), d'homme (hVIAAT), de drosophile (DmVIAAT) et de *C. elegans* (UNC-47).

La présence de VIAAT dans les deux types de terminaison fut confirmée par deux publications indépendantes, qui étudièrent la localisation de la protéine à l'échelle microscopique et ultrastructurale (Chaudhry et al., 1998; Dumoulin et al., 1999). Après l'identification moléculaire de VIAAT, notre laboratoire entreprit la production d'un anticorps qui fut utilisé dans un travail en collaboration avec le laboratoire d'Antoine Triller (INSERM U497), pour montrer la présence de VIAAT, non seulement dans des terminaisons GABAergiques typiques, mais aussi dans des terminaisons glycinergiques de la moelle épinière (Dumoulin et al., 1999). La *Figure 12A* montre que, à l'échelle microscopique, seule une fraction des *puncta* immunoréactifs pour VIAAT (représentant des boutons synaptiques contactant les soma des neurones spinaux) sont également immunoréactifs pour l'enzyme de biosynthèse du GABA, GAD65. Pour déterminer l'origine des boutons VIAAT-positifs et GAD65-négatifs, le marquage de VIAAT fut comparé à celui de la géphyrine, protéine d'ancrage des récepteurs glycinergiques et GABAergiques à la membrane plasmique postsynaptique (Vannier et Triller, 1997). La *Figure 12B* fait apparaître une apposition massive des deux marquages, indiquant que les boutons VIAAT-positifs/GAD65-négatifs correspondent à des boutons glycinergiques. Des données de microscopie électronique complétèrent cette étude en montrant, d'une part, la présence d'un marquage de VIAAT dans des terminaisons immunoréactives pour le GABA, pour la glycine ou pour les deux acides aminés, et, d'autre part, la présence de VIAAT au niveau des amas de vésicules synaptiques, dans des terminaisons nerveuses faisant face à une densité postsynaptique positive pour la géphyrine.

Un autre argument en faveur de l'idée d'un transporteur commun pour le GABA et la glycine fut apportée par une étude électrophysiologique (Jonas et al., 1998). En effet, cette idée implique la possibilité d'une colibération des deux neuromédiateurs à partir de mêmes vésicules, dans les terminaisons enrichies en ces deux acides aminés. L'existence de telles terminaisons avait été révélée par les anatomistes dans la moelle épinière (Todd et Sullivan, 1990; Triller et al., 1987) et les cellules de Golgi du cervelet (Ottersen et al., 1988) par la mise en évidence d'une colocalisation des deux neuromédiateurs et de leurs récepteurs. Jonas et al. ont apporté la preuve expérimentale que les deux acides aminés pouvaient être colibérés à partir d'une même vésicule, par une étude de patch-clamp sur des motoneurones de moelle épinière : la cinétique de la plupart des courants miniatures inhibiteurs enregistrés dans ces cellules est, en effet, biphasique, constituée d'une composante rapide, glycinergique, et d'une composante lente, GABAergique (Jonas *et al.*, 1998). Une étude similaire a montré le même phénomène pour des motoneurones du tronc cérébral (O'Brien et Berger, 1999). La colibération de GABA et de glycine a également été démontrée pour les cellules de Golgi du cervelet (Dumoulin *et al.*, 2001). Ainsi, même si la démonstration directe d'une accumulation vésiculaire de glycine par VIAAT reste à prouver, les données biochimiques, anatomiques et électrophysiologiques suggèrent très fortement une implication de celui-ci dans le remplissage vésiculaire pour les deux types de neuromédiateurs. L'existence d'une colibération de deux neuromédiateurs remet en question l'un des dogmes de la neurobiologie, établi par Dale en 1935, et selon lequel un neurone donné libère un seul et unique type de neuromédiateur à ses synapses (Dale, 1935).

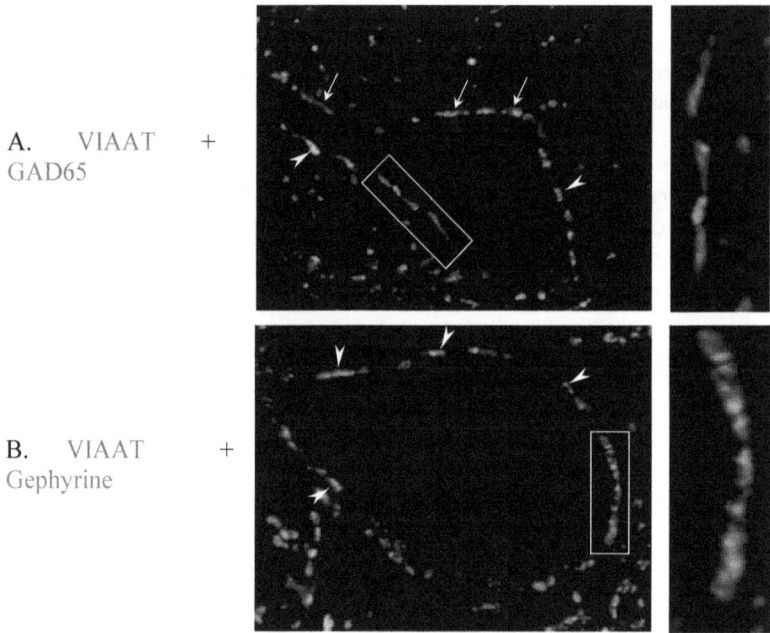

A. VIAAT + GAD65

B. VIAAT + Gephyrine

Figure 12: Distribution de VIAAT dans des neurones de moelle épinière. Des sections de moelle épinière ont été marquées avec le sérum anti-VIAAT (vert) ou avec des anticorps dirigés contre la GAD 65 ou la géphyrine (rouge). **A.** Un comarquage de VIAAT avec la GAD 65 est détecté dans certains boutons synaptiques (pointes de flèches), mais la majorité des boutons positifs pour VIAAT n'expriment pas la GAD65 (flèches). **B.** La majorité de l'immunoréactivité de VIAAT est apposée à celle de la géphyrine, autour du corps cellulaire d'un motoneurone spinal (pointes de flèches).

IV. FAMILLE DES TRANSPORTEURS VESICULAIRES DU GLUTAMATE

De façon paradoxale, alors que le glutamate est le neuromédiateur le plus utilisé par le système nerveux central des mammifères, son transporteur vésiculaire ne fut identifié au niveau moléculaire que tout récemment, en 2000. En fait, il avait été découvert plusieurs années auparavant, mais sa fonction restait masquée par une autre activité…

A. DECOUVERTE DE VGLUT1

L'histoire de la découverte du transporteur vésiculaire du glutamate est assez surprenante, puisque cette protéine avait tout d'abord été décrite par une équipe américaine comme étant un transporteur de phosphate inorganique (P_i), dépendant du sodium, et spécifique du cerveau (Ni *et al.*, 1994). Cette équipe avait isolé un ADNc, surexprimé après traitement de cellules de la couche des grains du cervelet par le N-Méthyl-D-Aspartate (NMDA, un agoniste des récepteurs du glutamate du même nom). Sa séquence possédait 32% d'identité avec un transporteur Na^+/P_i de type 1 présent dans le rein et, après expression dans l'oocyte de xénope, il induisait un transport de phosphate dépendant du sodium. Enfin, l'analyse par ''northern blot'' indiquait une expression de son ARNm restreinte au cerveau. Sur la base de ces trois données, la protéine fut baptisée BNPI pour *Brain Na$^+$-dependant inorganic Phosphate cotransporter*. Cependant, depuis sa découverte, un certain nombre de données ont émergé en faveur d'un rôle dans l'accumulation vésiculaire de glutamate.

Une fois encore, la caractérisation de mutants chez *C. elegans*, les mutants *eat-4*, qui ont la particularité d'être incapables de se nourrir (Avery, 1993a), contribuèrent à ce rebondissement. Pour avaler leur nourriture, les nématodes utilisent en effet un cycle de contractions et relaxations des muscles du pharynx, modulé par des neurones glutamatergiques M3, qui régulent la durée du cycle en inhibant la contraction des muscles. L'ablation de ces neurones, au moyen d'un micro-rayon laser, entraîne une augmentation de la durée de contraction des muscles du pharynx, ce qui empêche l'animal d'avaler correctement (Avery, 1993b; Raizen et Avery,

1994). Cette ablation reproduit ainsi le phénotype caractéristique des mutants *eat-4*. De plus, ces mutants présentent d'autres défauts dans des comportements connus pour être sous le contrôle de neurones glutamatergiques, alors qu'ils ont un phénotype normal pour les comportements impliquant d'autres neuromédiateurs, tels que le GABA, l'acétylcholine ou la sérotonine (Avery, 1993a). Ces résultats incitèrent l'équipe de L. Avery à postuler qu'*eat-4* soit spécifiquement impliqué dans la transmission glutamatergique (Dent *et al.*, 1997 ; Lee *et al.*, 1999). L'identification du gène *eat-4* lui permit de montrer, d'une part, que la protéine était exprimée dans des neurones glutamatergiques et, d'autre part, que la perte de sa fonction inactivait la transmission chimique glutamatergique. Comme, de plus, l'application iontophorétique de glutamate sur les muscles du pharynx de ces mutants provoque une réponse normale (Dent *et al.*, 1997; Lee *et al.*, 1999), *eat-4* semblait spécifiquement impliqué au niveau présynaptique. La forte identité (48%) de la protéine EAT-4 avec BNPI suggérait un rôle de ce dernier dans la transmission glutamatergique.

Une étape supplémentaire fut franchie grâce à des études immunocytochimiques chez le rat, qui montrèrent que BNPI était localisé dans une sous-population de terminaisons présynaptiques excitatrices (Bellocchio *et al.*, 1998). De plus, au niveau ultrastructural, l'immunoréactivité pour BNPI se trouvait associée aux vésicules synaptiques. Enfin, des expériences de fractionnement subcellulaire montraient un enrichissement de BNPI dans une fraction contenant les vésicules synaptiques.

Finalement, les données décisives pour un rôle de BNPI dans l'accumulation vésiculaire de glutamate, furent fournies, en 2000, par les équipes de R. Edwards et de R. Jahn. De manière indépendante, ces deux équipes montrèrent que BNPI, lorsqu'il était exprimé de manière stable dans des cellules neuroendocrines, induisait un transport intracellulaire de glutamate qui possédait les caractéristiques suivantes (Bellocchio *et al.*, 2000; Takamori *et al.*, 2000a) :
    - Le transport est inhibé par des agents découplants ou la bafilomycine A1, indiquant qu'il dépend d'un gradient électrochimique de protons.
    - Il est sensible au bleu Evans, un inhibiteur compétitif du transport vésiculaire de glutamate dans les vésicules synaptiques (Roseth *et al.*, 1995).

- Il est majoritairement dépendant du $\Delta\Psi$, conformément aux observations biochimiques sur des préparations purifiées de vésicules synaptiques (Maycox *et al.*, 1988; Naito et Ueda, 1985).

Ces données, qui indiquaient que BNPI catalysait un transport de glutamate similaire, si ce n'est identique, à celui décrit dans les vésicules synaptiques, incitèrent ces deux groupes à rebaptiser le transporteur VGLUT1 pour *Vesicular GLUtamate Transporter 1*.

Allant encore plus loin dans la caractérisation de la protéine, les groupes de R. Jahn et C. Rosenmund montrèrent, par deux expériences élégantes, que l'expression de BNPI n'était pas seulement nécessaire, mais également suffisante, à une libération de glutamate par exocytose (Takamori *et al.*, 2000a). Dans une première expérience, des cellules HEK-293 (lignée fibroblastique) exprimant un récepteur du glutamate (de type AMPA), ont été utilisées pour détecter la libération de glutamate par des cellules BON exprimant le BNPI recombinant (ces cellules neuroendocrines sécrètent normalement de la sérotonine). Quand les deux types de cellules sont placées côte à côte, la stimulation exocytotique des cellules BON-BNPI, mais pas de cellules BON non transfectées, provoque l'apparition de courants miniatures excitateurs postsynaptiques dans les cellules HEK-293, ce qui démontre que la présence de BNPI suffit à induire une libération quantale de glutamate. Dans une seconde expérience, l'expression de BNPI dans des neurones autaptiques GABAergiques provoque l'apparition de courants excitateurs postsynaptiques glutamatergiques, ce qui indique que l'expression de BNPI dans des neurones GABAergiques est capable d'induire un phénotype hybride, dans lequel le même neurone libère à la fois du glutamate et du GABA.

B. DECOUVERTE DE VGLUT2

Récemment, alors qu'elle recherchait des ADNc surexprimés au cours de la différenciation d'une lignée pancréatique de rat en cellules de type neuronal, une équipe japonaise identifia un nouvel ADNc appartenant à la famille des cotransporteurs Na^+/P_i de type 1 (Aihara *et al.*, 2000). Comme son expression dans l'oocyte de xénope induisait une accumulation de P_i dépendante du sodium, il fut nommé DNPI pour *Differentiation-associated Na^+/P_i cotransporter*. De manière intéressante, il s'est avéré que celui-ci possédait 82% d'identité avec BNPI et 48% avec EAT-4. La distribution de son ARNm, analysée par "northern blot", était restreinte au cerveau, dans des régions où l'ARNm de VGLUT1 était peu abondant, voire inexistant. Enfin, l'expression de l'ARNm de DNPI, analysée par hybridation *in situ*, était spécifiquement neuronale (Hisano *et al.*, 2000). Ces données suggéraient que DNPI soit un nouveau transporteur vésiculaire du glutamate.

Plusieurs études très récentes examinèrent cette hypothèse et montrèrent que DNPI était effectivement un transporteur vésiculaire de glutamate :
- DNPI, exprimé de manière stable dans des lignées neuroendocrines, transporte le glutamate avec les mêmes caractéristiques que celles décrites pour VGLUT1 ou les vésicules synaptiques de cerveau (Fremeau *et al.*, 2001; Herzog, Bellenchi *et al.*, 2001; Takamori *et al.*, 2001, Varoqui *et al.*, 2002).
- Des expériences de fractionnement subcellulaire indiquent que DNPI est associé aux vésicules synaptiques (Fremeau *et al.*, 2001; Herzog, Bellenchi *et al.*, 2001; Takamori *et al.*, 2001).
- L'immunoréactivité pour DNPI colocalise avec les amas de vésicules dans des terminaisons présentant les caractéristiques morphologiques classiques de terminaisons excitatrices, comme l'atteste l'analyse ultrastructurale (Herzog, Bellenchi *et al.*, 2001; Takamori *et al.*, 2001).
- Les distributions des ARNm de VGLUT1 et DNPI, analysées par hybridation *in situ* sont remarquablement complémentaires, avec un recouvrement très partiel (Bai *et al.*, 2001; Fremeau *et al.*, 2001 ; Fujiyama *et al.*, 2001; Hayashi *et al.*, 2001; Herzog, Bellenchi *et al.*, 2001; Sakata-Haga *et al.*, 2001; Varoqui *et al.*, 2002).
- L'expression de DNPI dans des neurones GABAergiques provoque une colibération de GABA et de glutamate par la même cellule, comme cela avait été observé pour VGLUT1 (Takamori *et al.*, 2001).
Sur la base de ces données, la protéine fut renommée VGLUT2.

C. FAMILLE DE VGLUT

Les deux VGLUT appartiennent à la famille des cotransporteurs Na^+/P_i de type 1 et ne présentent d'homologie ni avec la famille de VMAT/VAChT ni avec celle de VIAAT. Comme indiqué ci-dessus, les deux protéines sont identiques à 82% et possèdent, chacune, 48% d'identité avec EAT-4 (voir les alignements de séquences présentés sur la *Figure 13*). Comme tous les transporteurs, ce sont des protéines polytopiques qui possèdent 560 à 580 acides aminés. Leur profil d'hydropathicité prédit 6 à 8 segments transmembranaires, des extrémités N- et C-terminales cytosoliques, et la présence de deux sites de N-glycosylations dans la 1ère boucle intraluminale (voir le modèle topologique de VGLUT1 présenté sur la *Figure 14)*.

Alignment: Global Protein alignment against reference molecule
Parameters: Scoring matrix: BLOSUM 62

   Reference molecule: hVGLUT1 Acc: NP_064705, Region 1-560
   Number of sequences to align: 5
   Settings: Similarity significance value cutoff: >= 60%

Summary of Percent Matches:
   Reference: hVGLUT1 Acc: NP 064705   1 -   560 | 560 aa| --
   Sequence 2: hVGLUT2 Acc: BAA92874   1 -   592 | 592 aa| 74%
   Sequence 3: rVGLUT2 Acc: AAF76223   1 -   582 | 582 aa| 74%
   Sequence 4: mVGLUT2 Acc: AAO08941   1 -   582 | 582 aa| 74%
   Sequence 5: EAT-4   Acc: AAC64972   1 -   563 | 563 aa| 45%

```
hVGLUT1   Acc      1 mef--------rqmefcklagralexlhwlsekrqqsaot.elesdgrpvttgtcdgpdvede---tcfglpr-ryliaim
hVGLUT2   Acc      1 meavkqrilapgkeglkntagkwigqlyrviekkqgtoetieltedgkplvpwtkapiode---tcfglpr-ryliaim
rVGLUT2   Acc      1 meavkqrilapgkegiknfagkwinqlyrviekkqdnretieltedgkplvpwkkapiede---tcfglpr-ryliaim
mVGLUT2   Acc      1 meavkqrilapgkegiknfagkalqqiyrviekkqdnretieltedgkplvpwkkapiode---tcfglpr-ryliaim
EAT-4     Acc      1 --------------mvgenlakntasaamatgzappqqmqtegnenpasqshaskvlqvmeqtwigkrtmaiwliail

hVGLUT1   Acc     69 sglqfclsfgircnlgvaivamvnnatthsgghvvvqkaqismdpetvglihgwffwgyivtelpggyficqkfaanrvfg
hVGLUT2   Acc     76 sglqfctsfgircnlgvaivdrvnhatihsggkvikckakicwdpetvgmingaffwgyiltgipggyiasrlaenrvfg
rVGLUT2   Acc     77 sglqfstsfgircnlgvaivdnvnnatthsgcwvikekakfnwdpetvgmingaffwgyiltgipggyiasrlaantVfg
mVGLUT2   Acc     77 sglqfclsfgircnlgvaivdnvnnatihsggkvikekakfnwdpetvgmingaffwgyiltgipggyiasrlaanrvfg
EAT-4     Acc     63 anngfnlmfqircnlgaektnMyknytdpyg---kyhahefnwtidelevneeayfygylvtdipagflaatippklfg

hVGLUT1   Acc    143 faivatinslipsarvhygwvi-fvrllqglvegvtypachginwkwspplevsrlattsfcgsyagavvamplagy
hVGLUT2   Acc    157 salltstinslmilpssarvhygowi-fvcllqglxegvtypachginwkwspplersrlattsfcgsyagavinmpiagi
rVGLUT2   Acc    157 salltstinslmilpssarvhygowi-fvrllqglvegvtypachginwkwspplsrsrlattsfcgsyagaviomplagi
mVGLUT2   Acc    157 salltstinslmilpssarvhygwvi-fvrllqglvegvtypachginwkwspplsrsrlattsfcgsyagaviamplagi
EAT-4     Acc    143 fqigwgafinilpygikvksdylvwfiqitmglvgvovcypardqvwrywsppmersblattaftgsyagaviqlplsef

hVGLUT1   Acc    219 lvqysgwsafvyvygsfgifwyifwllvsyeepslnpetseerkyieslgewaalimplxkfstpwrfflamp/vyal
hVGLUT2   Acc    234 lvqytgwssvfyvygsfgmvwymfwllwaysspashptitdeerryieeslgwmaaliicamekfktpwrkfftempvyal
rVGLUT2   Acc    234 lvqytgwssvfyvygsfgmvwymfwllwaysspakhptitdeerryieeslgwmaaliicamekfktpwrkfftempvyal
mVGLUT2   Acc    238 lvqytgwssvfyvygsfgmvwymfwllwaysspakhptitdeerryieeslgwmaaliicamekfktpwrkfftempvyal
EAT-4     Acc    229 lwsyvawaspfylyqvcgviwailwfcowtfcepafhptisqevkifiedslghven-trptir-sipwkaivtekpwwal

rVGLUT2   Acc    308 ivanfcrswtfyllliseqsyfewvfqfeiskvgmlsavphlvmtiivplqqqisdfirsrrinsttavrklmncggfgw
hVGLUT2   Acc    316 ivanfcrswtfyllliseqayfewvfqfeiskvgmlsavphlvmtiivplqqgisdflrskqilsttyrkismcggfgm
rVGLUT2   Acc    316 ivanfcrswtfyllliseqayfewvfqfeiskvgmlsavphlvmtiivplqqqisdflrakqilsttyrkismcggfgm
mVGLUT2   Acc    316 ivanfcrswtfyllliseqayfewvfqfeiskvgmlsavphlvmtiivplqqqisdfirakqilsttyrkismcggfgm
EAT-4     Acc    298 ivanfareswtfylllqngltymealqnkladsqllasiphlvmgovvlnqqqisdyisnstiattevrkifncggfgq

hVGLUT1   Acc    388 satlilvwgyshteyfwlawgfagfasmqfnvnhldiapryasilmgisnqvgtlsgmvcpiivgamcthktree
hVGLUT2   Acc    396 satlilvwgyshtrgwaiefvlavgfagfalsqfnvnhldiapryasilmgisnqvgtlsgmvcpiiegamcknastee
rVGLUT2   Acc    396 satlilvwgyshtrgwaiefvlavgf sgfalsqfnvnhldiapryasilmgisnqvgtlsgmvcpiiogamcknastee
mVGLUT2   Acc    396 satlilvwgyshtrgwaiefvlavgfagfalsqfnvnhldiapryasilmgisnqvgtlsgmvcpiivgsmckmsrtee
EAT-4     Acc    378 wsafwlivwgyttsdtsaimaiwavgmmgfalsgfnvnhldiapryaslimgfmnigwtlsgltopfvsaftat-mkhg

hVGLUT1   Acc    468 wqywfliaslvbbyggvifyu-fnmgekgpwmpedmge-------skcafvg----------wdila-----------
hVGLUT2   Acc    476 wqyvfliaalxbyggvifys-fmsgekgpwadpeetae-------skogfin----------wdsl-----------
rVGLUT2   Acc    476 wqyvfliaalxbyggvifys-fmsgekgpwadpeetae-------skcgfin---------wdeldectgditgnyinyg
mVGLUT2   Acc    476 wqyvfliaalxbyggvifys-fmsgekgpwadpeetae-------skogfin---------wdeldectgditgnyinyd
EAT-4     Acc    457 wtavfllaslihftqvtfyovysgeiqowwepkewewnkelvnktginjrgyaswtifogrg-------------

hVGLUT1   Acc    519 sekinnneeapppdgappappcsygat----------------hattqrprpptprrdy-
hVGLUT2   Acc    525 --deangditqn-yinyqtksygattqanqgwpwpwekkosfvqgevqdshsykdrvdys-
rVGLUT2   Acc    540 ttksygategenggwpnqwekkeefv----------------qesagdsynykdrddys-
mVGLUT2   Acc    540 ttksygyatsqanqggpnqwekkeefv----------------qesagdaytykdrsdys-
EAT-4     Acc    524 qvdmaynsqaap--osqtmpfaaswd----------------ehssgvvenpbyqqv-
```

Figure 13: Alignement global des séquences protéiques des VGLUT d'homme (hVGLUT1/hVGLUT2), de rat (rVGLUT2), de souris (mVGLUT2) et de *C. elegans* (EAT-4).

Lumière de la vésicule

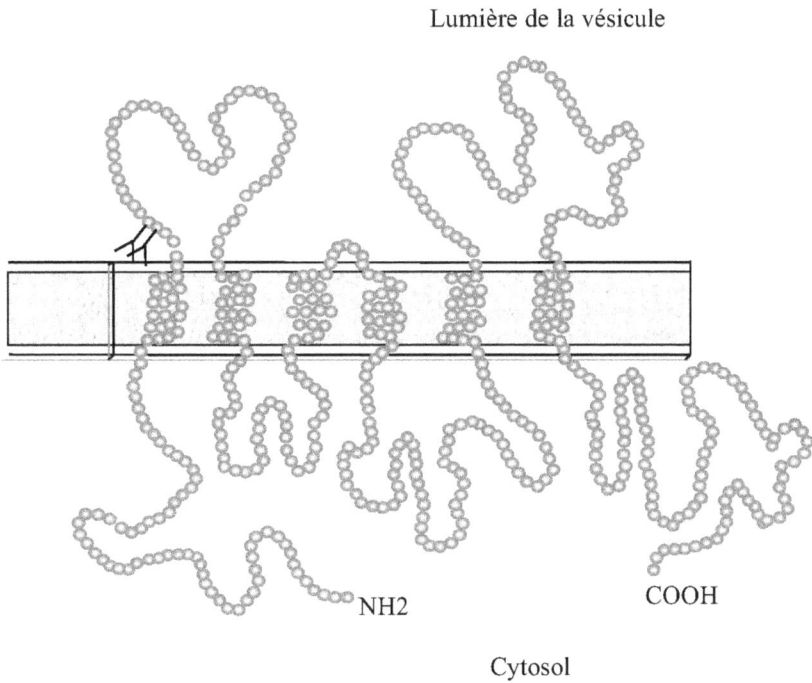

NH2

COOH

Cytosol

Figure 14: Topologie prédictive du VGLUT1 humain, établie selon l'algorithme de Kyte et Doolittle (d'après Ni *et al.*, 1996).

1. Existe-t-il un lien physiologique entre les activités de transport de phosphate et de glutamate ?

Les données démontrant que les VGLUT fonctionnent en tant que transporteurs vésiculaires du glutamate sont très convaincantes. Dans ce cadre, comment concilier une activité de transport de glutamate, dans les vésicules, avec une activité de transport de phosphate, à la membrane plasmique, décrite dans les études antérieures ? Les analyses ultrastructurales, effectuées avec des anticorps anti-VGLUT, n'ont détecté sa présence que sur des vésicules synaptiques. Ces données n'excluent pas sa présence sur la membrane plasmique mais suggèrent qu'il ne s'y trouverait que de manière transitoire, par exemple après exocytose des vésicules synaptiques et avant leur recyclage par endocytose ; il pourrait alors y fonctionner comme transporteur de phosphate. Un import de phosphate consécutif à l'exocytose pourrait être, par exemple, un besoin physiologique des neurones glutamatergiques pour reconstituer leurs stocks d'ATP intracellulaire, puisque certaines synapses excitatrices colibèrent de l'ATP avec du glutamate (Otis, 2001).

Dans une autre hypothèse, l'import de phosphate pourrait intervenir pour réguler la synthèse de glutamate dans les terminaisons. L'une des voies de biosynthèse du glutamate implique, en effet, l'hydrolyse de la glutamine par l'enzyme PAG (*phosphate-actived glutaminase*) dans les mitochondries des neurones glutamatergiques (Fonnum, 1993). Comme l'activité de la PAG est stimulée par le phosphate inorganique, une activité de transport de phosphate par VGLUT pourrait servir à activer la PAG pour augmenter la concentration cytosolique de glutamate dans la terminaison, en vue de sa future accumulation vésiculaire par VGLUT (voir l'article de Lee *et al.*, 1999, pour une discussion à ce sujet). Enfin, le phosphate pourrait également être directement impliqué dans le transport vésiculaire du glutamate, et être échangé contre le neuromédiateur, comme le suggère l'équipe de R. Jahn (Takamori *et al.*, 2001).

2. VGLUT1, VGLUT2 : pourquoi deux isoformes ?

L'identification moléculaire de deux isoformes d'un même transporteur, déjà observée dans le cas de VMAT, soulève la question du rôle physiologique de cette duplication de gène. Les données expérimentales ne détectent aucune différence fonctionnelle entre les deux isoformes de

---

VGLUT, contrairement au cas de VMAT. En revanche, l'expression régionale et cellulaire des transcrits des deux VGLUT est remarquablement complémentaire. Les analyses, au niveau cellulaire, du laboratoire de B. Giros (Unité INSERM U513), ont toutefois révélé que les deux transcrits peuvent être exprimés de concert dans certains neurones glutamatergiques ; en revanche, ces mêmes analyses n'ont jamais détecté la présence des deux protéines dans une même terminaison (Herzog, Bellenchi et al., 2001). De même, les expériences biochimiques de Takamori et al. montrent que des vésicules synaptiques, immunoisolées avec des anticorps spécifiques pour VGLUT1, ne contiennent pas VGLUT2 et vice versa, ce qui indique que les deux protéines sont exprimées dans des populations vésiculaires différentes (Takamori et al., 2001). Notons cependant que Sakata-Haga et al. observent une colocalisation des deux transporteurs dans certaines terminaisons axonales (Sakata-Haga et al., 2001), en accord avec l'expression des deux transcrits dans un même neurone (Herzog, Bellenchi et al., 2001). La signification biologique de l'expression des deux isoformes de VGLUT dans la même terminaison glutamatergique reste à découvrir.

La forte divergence des deux VGLUT dans leur domaine C-terminal pourrait être à l'origine d'interactions spécifiques avec des partenaires différents, impliqués dans l'adressage ou le recyclage des transporteurs. Sur la base de données bibliographiques et expérimentales, Fremeau et al. (2001) et Varoqui et al. (2002) constatent que VGLUT2 semble être exprimé dans des synapses ayant une grande probabilité de libération, tandis que VGLUT1 serait présent dans celles ayant une plus faible probabilité de libération. Fremeau et al. observent, par ailleurs, que dans le corps cellulaire de cellules PC12 exprimant de manière stable l'une ou l'autre isoforme, la distribution de VGLUT2 est plus diffuse que celle de VGLUT1, quant à elle plus périphérique, ce qui suggère que les deux protéines puissent avoir des destins différents après exocytose. Ces différences dans le trafic des deux isoformes pourraient être corrélées à des différences dans les propriétés de libération synaptique et expliquer la nécessité de deux isoformes (Fremeau et al., 2001).

V. Comparaison des familles de transporteurs vesiculaires

A. COMPARAISON STRUCTURALE

Comme nous venons de le voir, l'identification moléculaire de six transporteurs vésiculaires définit trois familles distinctes. Leurs structures secondaires, prédites à partir des variations de l'indice d'hydrophatie, calculé par l'algorithme de Kyte et Doolittle (1982), semblent très différentes. Si les protéines des trois familles sont toutes polytopiques, avec des extrémités N- et C-terminales qui seraient cytosoliques, le nombre des segments transmembranaires (TM) dans chaque famille serait différent : 12 pour VMAT/VAChT, 10 pour VIAAT et 6 à 8 pour VGLUT. La famille de VMAT/VAChT se distingue, entre autres, par la présence prédite d'une grande boucle luminale entre les TM I et II, absente dans les autres familles. Cette boucle a la particularité d'être N- et O-glycosylée, comme le montrent nos données expérimentales sur VMAT, entreprises dans le cadre d'une étude des relations structure-fonction de la protéine (voir le Chapitre I de cette thèse, consacré à l'étude des glycosylations de bVMAT2, ainsi que l'ARTICLE 1, présenté en Annexes). Les VGLUT possèdent, eux aussi, des sites consensus de N-glycosylations, sur une boucle luminale entre les TM I et II, et l'étude de Varoqui *et al.* montre que VGLUT2 est effectivement glycosylé (Varoqui *et al.*, 2002). Contrairement aux membres de ces deux familles, VIAAT n'est pas glycosylé (voir la partie sur la caractérisation de l'anticorps dans le Chapitre II). Il se distinguerait également par la présence d'un grand domaine N-terminal cytosolique, absent dans les autres familles.

B. COMPARAISONS DE LA LOCALISATION INTRACELLULAIRE DANS LE CERVEAU

Des analyses, en microscopie optique et électronique, ont révélé que les transporteurs vésiculaires différaient entre eux par leur localisation intracellulaire dans le neurone, et par leur distribution subcellulaire entre les vésicules synaptiques et les LDCV.

Au niveau de la terminaison axonale par exemple, VMAT2 peut être détecté dans les deux types de populations vésiculaires, mais semble préférentiellement localisé dans les LDCV (Nirenberg *et al.*, 1995) (voir aussi § II.A.2). Par comparaison, les autres transporteurs vésiculaires sont soit majoritairement (cas de VAChT), soit exclusivement (cas de VIAAT et des VGLUT), présents dans les terminaisons, au niveau des vésicules synaptiques (Bellocchio *et al.*, 1998; Chaudhry *et al.*, 1998; Dumoulin *et al.*, 1999; Gilmor *et al.*, 1996). Ces observations sont conformes aux observations électrophysiologiques, qui montrent que les monoamines peuvent être libérées à partir de vésicules synaptiques et de LDCV (Bruns et Jahn, 1995).

VMAT2 et VAChT sont également présents dans le compartiment somato-dendritique du neurone (Gilmor *et al.*, 1996 ; Peter *et al.*, 1995), ce qui pourrait simplement refléter un passage transitoire dans diverses organelles (réticulum endoplasmique ou appareil de Golgi) lors de la biosynthèse de ces protéines. Notons que dans le cas de VMAT2, la majorité du marquage détecté dans le compartiment somato-dendritique est associée à des structures tubulo-vésiculaires ressemblant à du réticulum endoplasmique lisse (Nirenberg *et al.*, 1996). L'existence d'une libération somato-dendritique de dopamine, sensible à la réserpine, à partir des mêmes structures, dans certaines régions du cerveau (Heeringa et Abercrombie, 1995; Kalivas et Duffy, 1993), suggère que VMAT2 puisse être impliqué dans ce type de libération (Liu *et al.*, 1999b). Cependant, une étude récente a montré que la libération dendritique par les neurones dopaminergiques du striatum se faisait par inversion du transporteur de recapture (Falkenburger *et al.*, 2001).

C. *COMPARAISONS BIOENERGETIQUES*

La classification des transporteurs vésiculaires en trois familles se retrouve également quand on s'intéresse à la bioénergétique de l'activité de transport. La stœchiométrie d'un transporteur détermine le gradient maximal de substrat réalisable. Des études biochimiques détaillées, sur des granules chromaffines de la glande médullo-surrénale bovine ou sur des vésicules cholinergiques de l'organe électrique du poisson torpille *Torpedo californica*, ont démontré que VMAT et VAChT transportaient une molécule de neuromédiateur cationique contre deux protons (Johnson *et al.*, 1981; Knoth *et al.*, 1981; Nguyen *et al.*, 1998), provoquant ainsi le transfert net d'une charge positive, du lumen vers le cytosol, à chaque cycle de transport. L'équilibre entre le gradient électrochimique de protons et celui du substrat peut être décrit d'un point de vue thermodynamique qui, dans le cas des monoamines ou de l'acétylcholine, donne[11] :

$$\frac{[RNH_3^+]_{in}}{[RNH_3^+]_{ex}} = \left(\frac{[H^+]_{in}}{[H^+]_{ex}}\right)^2 \times 10^{\left(\frac{F\Delta\Psi}{2.3RT}\right)}$$

Cette équation permet de calculer que, pour une différence de pH estimée à 1,5 de part et d'autre de la membrane vésiculaire et un $\Delta\Psi \sim 60$ mV :

$$\frac{[RNH_3^+]_{in}}{[RNH_3^+]_{ex}} = 10^4$$

En théorie, VMAT et VAChT sont donc capables de développer un gradient de substrat de 10^4 ! Les observations physiologiques montrent que, si l'équilibre thermodynamique est bien atteint dans les granules chromaffines bovins (avec une concentration intracellulaire en monoamines de 550 mM, Johnson, 1988), le gradient de concentration dans les vésicules cholinergiques du poisson torpille ne semble, lui, pas excéder 10^2. Ceci suggère l'intervention d'autres phénomènes, par exemple la ''fuite'' du neuromédiateur ou des protons (Parsons *et al.*, 1993). Le contrôle du remplissage des vésicules cholinergiques serait donc plus cinétique que thermodynamique. Ce phénomène pourrait s'expliquer par la petite taille

---

[11] F est la constante de Faraday ; R, la constante des gaz parfaits et T, la température. A 25°C, 2.3RT/F $\sim$ 60 mV.

des vésicules synaptiques. La fuite est, en effet, proportionnelle à la surface, tandis que le remplissage est proportionnel au volume. Les vésicules synaptiques ont un rapport surface/volume élevé, qui privilégie un contrôle cinétique du remplissage. En revanche, dans les granules à cœur dense, de plus grande taille, le contrôle thermodynamique est favorisé.

La stœchiométrie de l'échange proton/substrat, catalysé par VIAAT et VGLUT, n'a pas été mesurée rigoureusement, mais des études *in vitro* sur des vésicules synaptiques, basées sur la perturbation des composants chimique (ΔpH) et électrique ($\Delta\Psi$) du gradient de protons, ont permis de montrer que les transports vésiculaires d'acides aminés différaient dans leur dépendance au ΔpH et au $\Delta\Psi$, par rapport à ceux catalysés par VMAT et VAChT. Les expériences de Hell *et al.*, sur des préparations reconstituées de vésicules synaptiques (Hell *et al.*, 1990), et celles de McIntire *et al.*, sur des vésicules exprimant le VIAAT recombinant (McIntire *et al.*, 1997), montrent que, contrairement aux transports des monoamines et de l'acétylcholine, majoritairement dépendants du ΔpH, le transport de GABA dépend de manière équivalente du ΔpH et du $\Delta\Psi$, ce qui suggère l'échange d'un proton luminal contre une molécule de GABA cytosolique (sous forme zwitterionique à pH physiologique). Le transport de GABA serait donc lui aussi électrogénique. Le transport de glutamate présente des caractéristiques bioénergétiques différentes de celles observées pour les monoamines, l'acétylcholine et le GABA. Il dépend en effet majoritairement, si ce n'est exclusivement, du $\Delta\Psi$ (Carlson *et al.*, 1989; Maycox *et al.*, 1988; Naito et Ueda, 1985), la contribution du ΔpH restant débattue (voir la revue de Ozkan et Ueda, 1998).

Une particularité bioénergétique du transport de glutamate est sa dépendance vis-à-vis des ions chlorures. Une concentration physiologique d'anions chlorure (2 à 5 mM) est en effet nécessaire pour un transport optimal du glutamate (Bellocchio *et al.*, 2000; Fremeau *et al.*, 2001; Herzog, Bellenchi *et al.*, 2001; Maycox *et al.*, 1988; Naito et Ueda, 1985 ; Takamori *et al.*, 2000a). Le mécanisme de cette stimulation reste inconnu mais plusieurs hypothèses peuvent être avancées, sur la base de trois études expérimentales (voir les revues de Ozkan et Ueda, 1998 et de Reimer *et al.*, 2001 pour une discussion sur ce sujet) :
-Une faible concentration des anions Cl⁻ pourrait être nécessaire à l'établissement d'un ΔpH minimal, nécessaire au transport de glutamate (Tabb *et al.*, 1992).

-Les anions Cl⁻ pourraient réguler le transport de glutamate indépendamment du ΔpH, par une interaction directe avec VGLUT *via* un mécanisme allostérique (Hartinger et Jahn, 1993).

-Les anions Cl⁻ pourraient intervenir selon les deux mécanismes, en influençant, d'une part, le gradient électrochimique de protons (par régulation des contributions respectives du ΔpH et du ΔΨ au ΔμH⁺), et en interagissant, d'autre part, directement avec VGLUT (Wolosker *et al.*, 1996).

Gageons que l'identification moléculaire récente de VGLUT permettra de lever les incertitudes sur les rôles du ΔpH et des ions chlorure, pour faire émerger un consensus sur le mécanisme de transport de glutamate.

VI. ROLE DES TRANSPORTEURS VESICULAIRES DANS L'EXPRESSION PHENOTYPIQUE DU NEUROMEDIATEUR

La plupart des transporteurs vésiculaires possèdent peu de spécificité pour leur substrat, ce qui implique qu'ils ne sont, en général, pas seuls à déterminer l'identité du neuromédiateur sécrété.

Les VMAT reconnaissent toutes les monoamines, c'est-à-dire les catécholamines, les indolamines (dont la sérotonine), mais aussi des neuromédiateurs spécifiques des invertébrés, comme l'octopamine et tyramine. On peut aussi ajouter un certain nombre de substrats "artificiels": la neurotoxine MPP$^+$, qui a permis l'identification de VMAT ; la meta-iodo-benzylguanidine (MIBG), un agent d'imagerie médicale des tissus adrénergiques ; mais aussi les amphétamines, notamment l'ecstasy (MDMA, méthylène dioxyméthamphétamine) (voir la revue de Henry et al., 1998). L'affinité des VMAT pour ces différents substrats est en général similaire, dans une gamme micromolaire ou submicromolaire (voir la section II.A.2 pour les différences entre VMAT1 et VMAT2), ce qui implique que l'identité de l'amine sécrétée à la terminaison est déterminée *in fine* par l'expression spécifique des enzymes de biosynthèse. Les transporteurs plasmiques de recapture des monoamines (DAT, NET et SERT) qui, contrairement aux VMAT, possèdent une spécificité d'expression cellulaire, pourraient, eux aussi, contribuer à déterminer le phénotype du neuromédiateur sécrété ; du moins dans le cas de la sérotonine, reconnue spécifiquement par SERT, alors que la dopamine et la noradrénaline sont reconnues avec des affinités similaires par DAT et NET. Seul le cas de l'histamine est différent puisque, comme nous l'avons vu précédemment, le phénotype histaminergique semble nécessiter l'expression spécifique de VMAT2, en plus de celle de son enzyme de biosynthèse.

VAChT montre, lui aussi, une faible spécificité de substrat, et reconnaît de nombreux analogues de l'acétylcholine, à des concentrations submillimolaires (Clarkson et al., 1992). Notons toutefois qu'il ne reconnaît pas la choline, ce qui le distingue du transporteur plasmique de choline (Parsons et al., 1993). L'origine de la spécificité de la transmission cholinergique semble être liée à l'organisation chromosomique particulière du locus cholinergique, conservée au cours de l'évolution, qui couple l'expression du transporteur vésiculaire à celle de l'enzyme de biosynthèse du neuromédiateur (voir § II.B.2)

VIAAT reconnaît le GABA, la glycine et aussi la β-alanine avec des affinités similaires, supérieures au millimolaire (Christensen et Fonnum, 1991; Fykse *et al.*, 1989). Comment une terminaison contenant VIAAT peut-elle être purement GABAergique alors que la glycine, un produit du métabolisme cellulaire, est présente dans toutes les terminaisons ? Comme il est proposé sur la *Figure 15A*, le contrôle du phénotype GABAergique pourrait être assuré par l'activité conjuguée de l'enzyme de biosynthèse (GAD) et des transporteurs de recapture du GABA (par exemple GAT-1), qui permettraient d'accumuler le GABA dans le cytosol de la terminaison. Comme VIAAT possède une affinité meilleure pour le GABA ($K_M \sim 5$ mM) que pour la glycine ($K_M \sim 15$ à 25 mM) (Bedet *et al.*, 2000; Christensen et Fonnum, 1991 ; Fykse *et al.*, 1989; McIntire *et al.*, 1997), l'accumulation cytosolique de GABA empêcherait une entrée significative de glycine dans les vésicules. Dans une terminaison glycinergique, la recapture de glycine à la terminaison par le transporteur plasmique spécifiquement neuronal, GLYT-2, serait un moyen d'empêcher d'autres substrats de VIAAT (β-alanine ou traces de GABA) d'être accumulés dans les vésicules synaptiques (cf *Figure 15B*). Reste le cas des terminaisons mixtes, capables de colibérer GABA et glycine (Jonas *et al.*, 1998). Dans celles-ci, une coexistence, à la terminaison, des activités de la GAD et des deux types de transporteurs de recapture (GLYT2 et GAT-1), pourraient ''équilibrer'' le remplissage des deux acides aminés (cf *Figure 15C*).

Le transporteur vésiculaire de l'ATP, le seul à ne pas être identifié au niveau moléculaire à ce jour, ne déroge pas à cette faible spécificité de substrat, puisqu'il reconnaît plusieurs nucléotides, à des concentrations millimolaires (Bankston et Guidotti, 1996; Weber et Winkler, 1981). Le fait que seule un transport vésiculaire d'ATP ait été observé, dans les vésicules monoaminergiques ou cholinergiques purifiées, reflète vraisemblablement la prépondérance de l'ATP vis-à-vis des autres nucléotides dans les cellules.

Finalement, la seule exception à cette règle concerne VGLUT, qui est extrêmement spécifique pour le glutamate, avec une affinité de l'ordre du millimolaire (Maycox *et al.*, 1988; Naito et Ueda, 1985). En effet, le transport de glutamate n'est que très faiblement inhibé par des analogues de celui-ci. En particulier, ni le L- ni le D- aspartate ne sont substrats de VGLUT, alors qu'ils sont reconnus par les transporteurs plasmiques du glutamate.

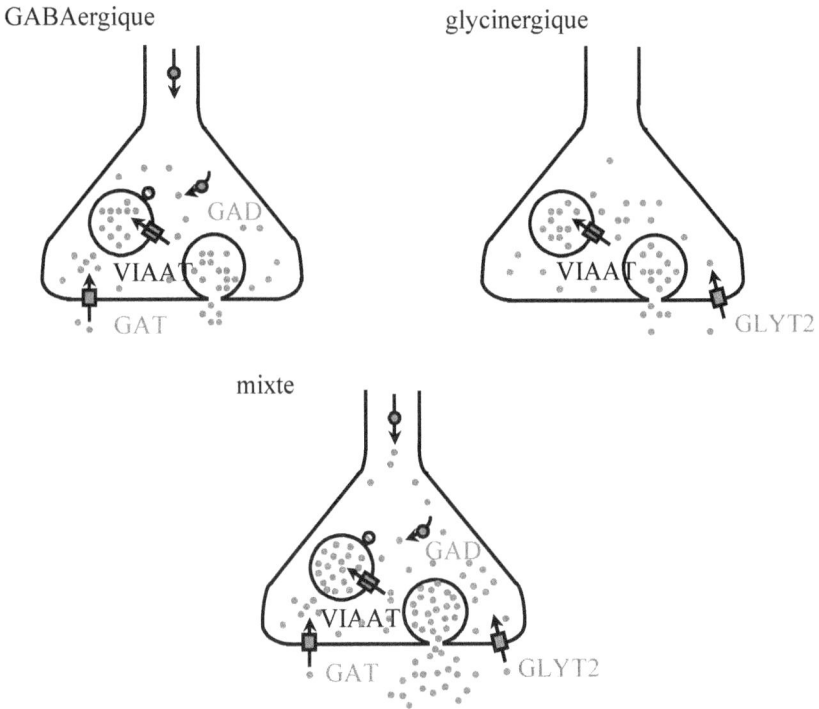

Figure 15: Modèle pour la détermination de la spécificité du neuromédiateur aux synapses inhibitrices. A la terminaison, VIAAT reconnaît à la fois le GABA (rouge) ou la glycine (vert). Les terminaisons purement GABAergiques possèdent une concentration normale de glycine; cependant, la biosynthèse de GABA à partir du glutamate, par la glutamate décarboxylase (GAD 65 et GAD67, cercles), ainsi que son accumulation dans le cytosol, due à sa recapture par un transporteur plasmique spécifique, tel que GAT-1 (rectangle rouge), empêchent une entrée significative de glycine dans les vésicules. Dans les terminaisons purement glycinergiques, l'accumulation cytosolique de glycine par le transporteur plasmique de recapture spécifique, GLYT-2 (rectangle vert), empêche l'accumulation vésiculaire de substrats de VIAAT, tels que la β-alanine ou des traces de GABA. La cosécrétion de GABA et de glycine dans des terminaisons mixtes serait due à un équilibre entre l'expression et les activités des transporteurs plasmiques.

Les transporteurs vésiculaires de neuromédiateurs, même s'ils ne sont pas les seuls à déterminer le phénotype des neurones, n'en restent pas moins les derniers gardiens qui contrôlent l'identité et la quantité du contenu vésiculaire. Il est intéressant de constater que l'expression d'un transporteur vésiculaire dans une lignée cellulaire est capable de modifier son phénotype. L'expression de VGLUT dans des neurones GABAergiques est, par exemple, suffisante pour provoquer une réponse glutamatergique additionnelle (Takamori *et al.*, 2001; Takamori *et al.*, 2000a). De même, l'expression de VMAT2 dans une lignée sécrétrice non catécholaminergique, la transforme en lignée libérant de la dopamine, pourvu que les enzymes de biosynthèse de cette catécholamine soient exprimées (Pothos *et al.*, 2000). Ces données soulignent le rôle du transporteur vésiculaire dans l'établissement d'un phénotype sécréteur et suggèrent également que l'expression du transporteur vésiculaire puisse réguler la quantité de neuromédiateurs accumulée dans les vésicules synaptiques. L'existence de régulation du remplissage vésiculaire aurait alors des impacts directs sur la transmission synaptique. La seconde partie de cette introduction est destinée à examiner les différents mécanismes qui pourraient réguler le remplissage vésiculaire.

DEUXIEME PARTIE:
REGULATION PRESYNAPTIQUE
DU REMPLISSAGE VESICULAIRE

La nature quantale de la transmission synaptique fut découverte dans les années 1950, par Paul Fatt et Bernard Katz, alors qu'ils étudiaient la libération d'acétylcholine à la jonction neuromusculaire de grenouille (Fatt et Katz, 1952). Ils montrèrent que les amplitudes des potentiels postsynaptiques évoqués à cette synapse pouvaient être modélisées par une distribution de Poisson. Celle-ci faisait apparaître une amplitude "unitaire" dont toutes les autres étaient un multiple entier, et dont la taille apparente était identique à celle des potentiels miniatures spontanés (mSSP[12]). Par ailleurs, l'application iontophorétique de faibles quantités d'acétylcholine induisait des potentiels d'amplitudes identiques aux miniatures, ce qui suggérait qu'ils correspondaient à la libération simultanée de nombreuses molécules d'acétylcholine. Ces résultats amenèrent les auteurs à introduire le terme de *quantum* pour qualifier l'unité de base de la libération vésiculaire. Dans la suite de ce chapitre, le terme de quantum vésiculaire sera utilisé pour définir la quantité de neuromédiateurs par vésicule synaptique.

---

[12] miniature Spontaneous Synaptic Potentiel

Les quanta vésiculaires ont longtemps été considérés comme étant de taille fixe, à une synapse précise, et la plupart des données sur les modulations de la transmission synaptique étaient interprétées comme étant des variations de la réponse postsynaptique, du nombre ou de la fréquence des quanta libérés. Les techniques expérimentales utilisées pour détecter les quanta étaient en partie à l'origine de ce point de vue. Basées sur l'enregistrement de courants ioniques rapides ou de potentiels postsynaptiques, elles correspondaient à une mesure indirecte des quanta vésiculaires, avec certaines limites : elles ne pouvaient pas rendre compte de la cinétique du phénomène puisqu'elles incluaient inévitablement celle du canal ionique ; elles pouvaient être biaisées par des modifications postsynaptiques (par exemple, la désensibilisation des récepteurs) et ne permettaient pas de détecter la libération de neuromédiateurs n'activant pas de courants ioniques rapides (cas de la plupart des récepteurs des monoamines, à l'exception du récepteur sérotoninergique 5-HT$_3$ (Derkach *et al.*, 1989; Lambert *et al.*, 1989)).

Récemment, la mise au point d'électrodes micrométriques d'ampérométrie a permis d'accéder à la mesure directe du quantum vésiculaire pour les neuromédiateurs oxydables (monoamines), en enregistrant des événements uniques d'exocytose, dont l'amplitude est proportionnelle au nombre de molécules sécrétées par vésicule. Certes, cette technique possède, elle aussi, ses limites : la détection se fait uniquement à proximité de l'électrode et elle est restreinte à un nombre limité de neuromédiateurs. Cependant, elle a permis de démontrer, de manière directe, que la taille des quanta était variable. Ce chapitre a pour but de faire le point sur les connaissances actuelles concernant les mécanismes présynaptiques de régulation du quantum vésiculaire. Mais avant de nous y intéresser, commençons par examiner si la modification de la taille des quanta est susceptible d'avoir des conséquences physiologiques sur la transmission synaptique.

I. DES VARIATIONS DE LA TAILLE DES QUANTA SERONT-ELLES DETECTEES PAR LES RECEPTEURS POSTSYNAPTIQUES ?

La réponse à cette question dépend avant tout du type de synapse considéré. Par exemple, les neuromodulateurs, tels que les monoamines, semblent diffuser au-delà de leur site de libération et aller activer des récepteurs postsynaptiques, situés à l'extérieur de la fente synaptique (Bunin et Wightman, 1998; Garris *et al.*, 1994). A cause de ce phénomène diffusif, la nature quantale de la libération sera atténuée au niveau des récepteurs. En effet, dans ce modèle, toute variation de la taille des quanta induira des modifications spatiales et temporelles sur le flux du neuromédiateur, mais qui seront similaires à celles engendrées par des variations du nombre de quanta ou par un blocage de la recapture du neuromédiateur. Dans ces synapses, l'augmentation de la taille des quanta est donc équivalente à une simple augmentation de la sécrétion.

Considérons maintenant les synapses "classiques", dans lesquelles le neuromédiateur reste localisé dans le petit volume de la fente synaptique. Une augmentation de la taille des quanta ne sera détectable par les récepteurs postsynaptiques, que s'ils ne sont pas saturés dans les conditions normales. C'est le cas, par exemple, à la jonction neuromusculaire des vertébrés, dans laquelle un quantum d'acétylcholine n'active qu'une faible proportion des récepteurs postsynaptiques ; une augmentation du quantum provoquera donc une augmentation de l'amplitude des potentiels miniatures postsynaptiques. Dans les synapses centrales, les données ne sont pas aussi tranchées. Les calculs théoriques indiquent que la libération d'un quantum est susceptible de saturer tous les récepteurs postsynaptiques. Des travaux ont d'ailleurs montré que c'était le cas dans certaines synapses GABAergiques (Otis et Mody, 1992) ou glutamatergiques (Clements *et al.*, 1992; Edwards *et al.*, 1990; Tang *et al.*, 1994). Des études plus récentes nuancent toutefois ce point de vue, en indiquant que des événements uniques de sécrétion ne saturent pas certains récepteurs de type $GABA_A$ (Frerking et Wilson, 1996; Nusser *et al.*, 1997) ou AMPA (Forti *et al.*, 1997; Liu *et al.*, 1999a; Silver *et al.*, 1996).

Les données électrophysiologiques indiquent donc que, dans le cas des synapses GABAergiques ou glutamatergiques, certains récepteurs postsynaptiques pouvaient être affectés par des variations du quantum vésiculaire libéré. Par conséquent, des mécanismes présynaptiques régulant la taille des quanta sont susceptibles de moduler la transmission synaptique et, de ce fait, d'avoir des conséquences physiologiques, par exemple dans les phénomènes de plasticité synaptique.

II. LA TAILLE DU QUANTUM PEUT ETRE MODIFIEE DE MANIERE ARTIFICIELLE

Nous avons vu, dans la première partie de cette introduction, que l'accumulation des neuromédiateurs à l'intérieur des vésicules de sécrétion reposait sur la conversion d'un gradient électrochimique de protons, développé par la H^+-ATPase, en un gradient de concentration du neuromédiateur, établi par le transporteur vésiculaire. Dès lors, des modifications touchant la force motrice, la concentration cytosolique de neuromédiateurs, ou le transporteur vésiculaire, sont susceptibles de moduler le remplissage vésiculaire.

A. MODIFICATIONS DU GRADIENT DE PROTONS

Il existe, *a priori*, plusieurs façons de faire varier le gradient de protons, l'une d'elle consistant à inhiber la H^+-ATPase vésiculaire. Dans une revue consacrée aux mécanismes du remplissage vésiculaire, E. Pothos et D. Sulzer rapportent, d'ailleurs, que la taille des quanta vésiculaires, mesurée par ampérométrie dans des cellules chromaffines, est réduite en présence de bafilomycine A1 (Sulzer et Pothos, 2000), un inhibiteur spécifique de la H^+-ATPase vésiculaire (Bowman *et al.*, 1988).

Dans une publication récente, Zhou *et al.* montrent, par des études électrophysiologiques, que l'inhibition de la H^+-ATPase par la bafilomycine A1 réduit, *in vitro*, la taille des quanta dans les neurones

(Zhou *et al*., 2000). Le traitement, par la bafilomycine A1, de tranches ou de cultures de neurones d'hippocampe, provoque en effet une baisse significative de l'amplitude des courants miniatures postsynaptiques excitateurs (mEPSC) [13] et inhibiteurs (mIPSC)[13], ainsi qu'une forte diminution de leur fréquence. Si les auteurs montrent que la baisse des fréquences est due à une limitation de leur méthode de détection, ils suggèrent, en revanche, que la diminution de l'amplitude soit un phénomène d'origine présynaptique. En effet, l'application de GABA ou de glutamate exogène, sur des neurones traités, induit une réponse postsynaptique normale. De plus, les résultats d'une expérience utilisant la cyclothiazide (CTZ), une drogue qui augmente l'amplitude des courants médiés par les récepteurs de type AMPA de manière inversement proportionnelle à la concentration de glutamate, suggèrent que la bafilomycine A1 diminue la taille du quantum glutamatergique : en présence de la CTZ, l'amplitude des mEPSC, enregistrée dans des neurones traités par la bafilomycine A1, est significativement supérieure à celle détectée dans les neurones témoins. Par cette étude, Zhou *et al*. montrent que les quanta vésiculaires peuvent être modifiés par une approche pharmacologique qui inhibe la force motrice responsable du remplissage en neuromédiateurs (Zhou *et al*., 2000).

Le gradient électrochimique de protons est également susceptible d'être modifié par la présence de bases faibles, sans altération de l'activité de la H^+-ATPase. Celles-ci sont majoritairement sous forme cationique à pH physiologique, mais la faible proportion d'espèces neutres, perméables à la membrane, peut pénétrer dans les vésicules acides et y être protonée. Cette protonation induit une accumulation des bases faibles dans les vésicules, ce

----

[13] miniature Excitatory PostSynaptic Current et miniature Inhibitory PostSynaptic Current

qui supprime la composante chimique (ΔpH) du gradient électrochimique de protons. Des études électrophysiologiques, à la jonction neuromusculaire, ou ampérométriques, sur des cellules PC12, illustrent l'effet des bases faibles sur le quantum vésiculaire (Sulzer *et al.*, 1995; Van der Kloot, 1991).

W. Van der Kloot a déterminé la taille des quanta cholinergiques en mesurant l'amplitude des potentiels miniatures postsynaptiques enregistrés sur des préparations nerfs-muscles de grenouille. Il a ainsi montré qu'une immersion des jonctions neuromusculaires dans une solution hypertonique provoque une augmentation de la taille des quanta cholinergiques, due à une plus grande quantité d'acétylcholine stockée dans les vésicules. Cependant, en présence d'ions ammonium dans la solution hypertonique, l'accroissement de la taille des quanta est inhibé. De plus, en présence d'ions ammonium, une stimulation tétanique provoque une diminution de la taille des quanta, qui n'est pas observée sur des préparations témoins stimulées en leur absence (Van der Kloot, 1991).

L'enregistrement ampérométrique d'événements uniques de sécrétion stimulée, dans des cellules PC12, a permis à Sulzer *et al.* de mesurer de manière directe la taille des quanta dopaminergiques. Une incubation des cellules en présence d'amphétamines provoque une diminution de l'amplitude des pics ampérométriques, ce qui indique que les amphétamines modulent le quantum vésiculaire (Sulzer *et al.*, 1995). N'oublions pas toutefois que l'amphétamine, en plus d'être une base faible, est également un substrat de VMAT ; la diminution de la taille des quanta observée pourrait donc être due non seulement à la destruction du gradient de pH, mais aussi à une compétition de l'amphétamine avec la dopamine, les deux mécanismes n'étant pas mutuellement exclusifs.

La force motrice du remplissage vésiculaire peut également être altérée par des modifications des ''mécanismes compensatoires'' que nous avons évoqués en tout début de la première partie de cette introduction. A cet égard, le rôle des ions chlorure est particulièrement important puisqu'ils déterminent la balance entre les contributions chimiques (ΔpH) et électriques ($\Delta\Psi$) du $\Delta\mu H^+$. Une altération des mécanismes contrôlant l'entrée des ions chlorure dans les vésicules est donc susceptible d'influencer la taille des quanta. Ces mécanismes sont encore mal connus, mais des études récentes ont commencé à identifier certains canaux chlorure, présents sur des membranes de compartiments intracellulaires (Jentsch *et al.*, 1999). La présence du canal chlorure ClC-3 sur les vésicules synaptiques vient, par exemple, d'être démontrée par des données immunocytochimiques et biochimiques (Stobrawa *et al.*, 2001). Cette présence semble indépendante de la nature du neuromédiateur libéré (glutamate, GABA). La suppression, chez la souris, du gène codant pour ClC-3 diminue l'acidification des vésicules et augmente légèrement la quantité de glutamate libérée par vésicule, comme le montre l'analyse de l'amplitude des mEPSCs enregistrés dans des tranches d'hippocampe. Ces données sont en accord avec l'analyse *in vitro* de la bioénergétique du transport de glutamate, qui est favorisé dans des conditions qui limitent le ΔpH au profit du $\Delta\Psi$. Elles suggèrent aussi qu'une régulation de l'entrée des ions chlorure dans les vésicules pourrait modifier la taille du quantum glutamatergique. Cependant, l'augmentation de la taille des quanta pourrait aussi être un effet compensateur aux graves dégénérescences de l'hippocampe observées chez les souris transgéniques (Stobrawa *et al.*, 2001).

B. MODIFICATIONS DU GRADIENT DE CONCENTRATION DU NEUROMEDIATEUR

A l'état stationnaire, et en l'absence de fuites, les transporteurs établissent un gradient de concentration de la molécule transportée. Des variations de la concentration cytosolique du neuromédiateur auront donc des répercussions sur sa concentration intravésiculaire. C'est ce qu'illustrent plusieurs études récentes, dans le cas des monoamines.

Dans la voie de biosynthèse des catécholamines, la synthèse de la L-DOPA (précurseur de la dopamine) par la tyrosine hydroxylase (TH), à partir de la tyrosine, est limitante. Une façon simple d'augmenter la concentration cytosolique de dopamine dans des cellules dopaminergiques consiste donc à leur appliquer de la L-DOPA (c'est d'ailleurs le moyen le plus couramment utilisé pour soigner les patients atteints de la maladie de Parkinson). Le traitement de cellules PC12 ou de neurones dopaminergiques, par la L-DOPA, provoque ainsi une augmentation du quantum dopaminergique, mesuré par ampérométrie (Colliver *et al.*, 2000; Pothos *et al.*, 1996 ; Pothos *et al.*, 1998a). Une autre manière de modifier la concentration cytosolique de dopamine consiste à altérer l'activité de la TH. Par exemple, en présence d'un agoniste des récepteurs dopaminergiques de type D_2, qui inhibent l'activité TH de $\sim 50\%$, la taille moyenne des événements uniques de sécrétion est diminuée de $\sim 50\%$ dans

---

des cellules PC12, ce qui suggère que des régulations de l'activité de la TH peuvent avoir des effets sur la taille des quanta dopaminergiques (Pothos *et al.*, 1998b).

Contrairement aux monoamines, qui possèdent des affinités de l'ordre du micromolaire pour leur transporteur vésiculaire, les acides aminés ont des affinités supérieures au millimolaire pour le leur. Il est donc vraisemblable que ceux-ci fonctionnent à des concentrations non saturantes de neuromédiateurs. Par conséquent, des variations de la concentration cytosolique du neuromédiateur pourraient altérer non seulement sa concentration intravésiculaire à l'état stationnaire, mais aussi sa vitesse de remplissage. L'intervention d'un tel mécanisme *in vivo* est suggérée par une étude immunocytochimique (à l'échelle ultrastructurale) et physiologique d'axones glutamatergiques (Shupliakov *et al.*, 1995). En effet, la mesure de la concentration en glutamate de ces axones, à l'aide d'anticorps contre cet acide aminé, révèle que les axones à activité 'tonique', capables de soutenir une transmission sur une longue période, contiennent deux fois plus de glutamate que les axones à activité 'phasique', faisant apparaître une fatigue après des stimulations répétées. Dans les axones toniques, la plus grande concentration en glutamate serait à l'origine d'un remplissage plus efficace lors de stimulations répétées, tandis que dans les axones phasiques, un remplissage plus lent serait compatible avec une libération intermittente (Brodin *et al.*, 1997).

C. *ROLE DES TRANSPORTEURS VESICULAIRES*

D'une certaine manière, les transporteurs vésiculaires peuvent être considérés comme les derniers gardiens de l'accès du neuromédiateur à l'intérieur de la vésicule. Par conséquent, des modifications de leur taux d'expression ou de leur activité intrinsèque sont susceptibles d'avoir des conséquences sur le remplissage vésiculaire.

1. Modification du taux d'expression des transporteurs vésiculaires

L'identification moléculaire de VMAT et de VAChT a permis de montrer que des variations artificielles du taux d'expression des transporteurs vésiculaires étaient susceptibles de réguler la taille des quanta vésiculaires. Song *et al.* ont, par exemple, observé que la surexpression de VAChT augmentait la taille des quanta dans des neurones embryonnaires de xénope (Song *et al.*, 1997). Dans ces expériences, l'ADNc de VAChT a été injecté dans des embryons de xénope, à partir desquels ont été préparées des cocultures de myocytes et de motoneurones. L'enregistrement des amplitudes des mEPSC dans le myocyte révèle que la surexpression de VAChT dans le neurone présynaptique augmente la taille des quanta. Pour s'assurer que l'effet observé est d'origine présynaptique, les auteurs ont comparé les mEPSC enregistrés dans un myocyte isolé à partir d'embryons normaux, lorsqu'il est mis en contact avec un neurone isolé surexprimant VAChT, ou avec un neurone isolé témoin. L'observation d'une augmentation de l'amplitude des mEPSC dans le neurone surexprimant VAChT, en l'absence de sa cible postsynaptique, indique que l'accroissement du quantum cholinergique est la conséquence de l'augmentation du nombre de molécules de VAChT par vésicule, et suggère que les taux normaux de VAChT limitent la quantité d'acétylcholine stockée dans les vésicules. Notons, cependant, que l'immaturité des synapses pourrait expliquer cette limitation naturelle du taux d'expression de VAChT. Il serait donc intéressant de savoir si VAChT régule aussi la taille du quantum cholinergique dans des synapses matures.

Dans une publication récente, Pothos *et al.* ont montré que la surexpression de VMAT2 dans des cultures de neurones dopaminergiques provoquait une augmentation de la taille des quanta et de la fréquence de libération, enregistrées par ampérométrie (Pothos *et al.*, 2000). Ces données peuvent s'interpréter par l'existence de deux mécanismes distincts régulant la libération du neuromédiateur: d'une part, le recrutement de vésicules, ne contenant auparavant pas de VMAT2, augmenterait la fréquence de libération ; d'autre part, l'augmentation du nombre de VMAT2, dans les vésicules qui en contenaient déjà, augmenterait le quantum monoaminergique. L'existence de ces deux mécanismes est d'ailleurs confirmée par deux autres résultats : d'une part, la coexpression de VMAT2 et de la TH est suffisante pour induire une libération quantale de dopamine, dans une lignée sécrétrice ne contenant pas de catécholamines ; d'autre part, l'expression de VMAT2 dans la lignée dopaminergique PC12 (qui contient VMAT1 sur des granules à cœur dense) provoque une augmentation de la taille des quanta mais pas de la fréquence, probablement parce que tous les granules possèdent déjà des niveaux détectables de libération de monoamines. Ces données suggèrent, comme dans le cas de VAChT, que l'expression endogène du transporteur vésiculaire soit un facteur limitant le remplissage (Pothos *et al.*, 2000).

Des études expérimentales sur des souris transgéniques, dans lesquelles l'expression du gène codant pour VMAT2 a été supprimée, suggèrent elles aussi que le taux d'expression de VMAT2 régule la quantité de monoamines libérée (Fon *et al.*, 1997; Takahashi *et al.*, 1997; Wang *et al.*, 1997). Les souris homozygotes, qui n'expriment pas VMAT2, sont apathiques et meurent quelques jours après la naissance, vraisemblablement à la suite d'une incapacité à libérer des monoamines, comme le montrent des expériences de dépolarisation sur des cultures de neurones. Les souris hétérozygotes présentent un phénotype intéressant : elles expriment deux fois moins de protéines VMAT2 que les souris sauvages et possèdent une activité de transport de monoamines deux fois plus faible (Fon *et al.*, 1997 ; Wang *et al.*, 1997). La libération stimulée de dopamine dans des tranches de striatum (Wang *et al.*, 1997) ou dans des cultures de neurones dopaminergiques (Fon *et al.*, 1997), préparées à partir de cerveau de souris hétérozygotes, est diminuée par rapport à celle mesurée dans des préparations faites à partir de cerveau de souris sauvages, soulignant le rôle de VMAT2 dans le contrôle de la libération des monoamines. A ce stade, plusieurs interprétations peuvent expliquer le phénotype des souris hétérozygotes, notamment une diminution de la taille ou du nombre des quanta.

Une publication récente de Travis *et al.* permet de mieux comprendre le rôle de VMAT2 dans la libération des monoamines (Travis *et al.*, 2000). Les auteurs ont enregistré des événements uniques de sécrétion stimulée de sérotonine et d'histamine, dans des cultures de mastocytes préparées à partir de souriceaux transgéniques nouveau-nés (le stockage de la sérotonine et de l'histamine dans les mastocytes est normalement assurée par VMAT2). Chez les souris n'exprimant pas VMAT2, aucun pic de libération n'est détecté, tandis que chez les souris hétérozygotes, l'amplitude des pics est diminuée par rapport à celle mesurée chez des souris sauvages. Ces données suggèrent que le taux d'expression de VMAT2 influencerait plutôt la taille des quanta que leur nombre.

2. Modifications de l'activité des transporteurs vésiculaires

Une approche simple, pour montrer que l'activité des transporteurs vésiculaires modifie la quantité de neuromédiateurs accumulée par vésicule, consiste à utiliser des inhibiteurs pharmacologiques des transporteurs. Des expériences à la jonction neuromusculaire révèlent, par exemple, qu'en présence de vésamicol, une stimulation prolongée des terminaisons diminue la taille des quanta libérés, alors qu'en absence de stimulation, la drogue n'a aucun effet (Lupa, 1988; Parsons *et al.*, 1993). Ce résultat est en accord avec l'existence de deux populations vésiculaires à la jonction neuromusculaire, comme le documentent plusieurs études chez diverses espèces (voir la revue de Williams, 1997) :

- une population de vésicules "préformées", remplies d'acétylcholine et prêtes à être libérées.

- une population de vésicules constituant le "*pool*" de réserve, qui ne seraient que partiellement remplies en acétylcholine.

Dès lors, une stimulation prolongée, qui déplète le "*pool*" vésiculaire libérable et mobilise le "*pool*" de réserve, dont le remplissage est resté incomplet en présence de vésamicol, provoquera une diminution de la taille des quanta.

L'effet d'une inhibition de l'activité de VMAT, par la réserpine, sur la taille des quanta, a également été étudiée, par ampérométrie, dans les cellules PC12. Après un traitement de 90 min par la réserpine, le quantum dopaminergique est diminué de manière significative par rapport à celui mesuré, avant le traitement, sur la même cellule (Colliver *et al.*, 2000). De même, dans une étude indépendante, Kozminski *et al.* observent que l'amplitude des événements uniques de sécrétion stimulée de dopamine, enregistrés dans des cellules PC12 incubées en présence de réserpine, commence à diminuer dès 5 min de traitement par la réserpine, par rapport à celle enregistrée dans des cellules témoins (Kozminski *et al.*, 1998). Ces données montrent qu'il est possible de diminuer la taille du quanta vésiculaire par l'inhibition pharmacologique de VMAT.

Les observations d'une altération de la taille du quantum vésiculaire par des modifications artificielles de l'expression ou de l'activité des transporteurs vésiculaires sont intéressantes car elles suggèrent que le remplissage vésiculaire soit sous contrôle cinétique et non thermodynamique. Un modèle de remplissage à l'état stationnaire, dans lequel il existe une entrée et une "fuite" du neuromédiateur, pourrait expliquer ce contrôle cinétique (voir la revue de Williams, 1997 pour une discussion à ce propos). Le phénomène de fuite, qui est proportionnel à la surface des vésicules synaptiques, serait dû au rapport surface/volume élevé de ces organelles. Comme nous l'avons évoqué dans la première partie de cette introduction, l'observation que le gradient de concentration, développé par VAChT, n'atteint pas celui prédit par les équations thermodynamiques est en faveur de l'existence d'un tel mécanisme, au moins dans les vésicules cholinergiques.

III. MECANISMES PHYSIOLOGIQUES SUSCEPTIBLES DE REGULER LA TAILLE DES QUANTA

A. QUELLES VOIES DE SIGNALISATION POURRAIENT MODULER LE QUANTUM VESICULAIRE ?

Puisque des études montrent la possibilité de faire varier artificiellement le quantum vésiculaire par des moyens pharmacologiques ou génétiques, la question se pose de savoir s'il existe des mécanismes physiologiques présynaptiques de régulation du remplissage vésiculaire. Le but de cette section est de présenter les différentes voies de signalisation qui pourraient intervenir pour moduler la taille des quanta, impliquant notamment des messagers secondaires et des facteurs de croissances.

1. Rôle de la protéine kinase A

Plusieurs publications révèlent que l'activation de la protéine kinase A (PKA), par l'adénosine 5'-monophosphate cyclique (AMPc), peut faire varier la taille des quanta dans divers modèles. Ainsi, l'activité de la TH est stimulée par sa phosphorylation par la PKA (Kumer et Vrana, 1996), et une augmentation de la concentration intracellulaire d'AMPc, dans des tranches de striatum, par des agents pharmacologiques, accroît la phosphorylation de la TH (Salah *et al.*, 1989) et la production de L-DOPA (Wolf et Roth, 1990). La PKA pourrait donc, en régulant l'activité de la TH, moduler la concentration cytosolique des monoamines, et donc, la taille des quanta monoaminergiques. Cette hypothèse est étayée par des études préliminaires mentionnées par D. Sulzer et E. Pothos dans leur revue consacrée à l'étude des mécanismes présynaptiques régulant la taille des quanta (Sulzer et Pothos, 2000) : le quantum dopaminergique mesuré par ampérométrie, dans des cultures de neurones, serait augmenté en présence d'analogues de l'AMPc. Notons, cependant, qu'il a été décrit qu'un traitement par le dibutyryl AMPc diminue le transport vésiculaire de sérotonine dans des cellules PC12 perméabilisées (Nakanishi *et al.*, 1995), ce qui aurait un effet inverse sur la taille des quanta, dans le cas d'un contrôle cinétique du remplissage. Le mécanisme responsable de cet effet, et sa présence dans d'autres types cellulaires monoaminergiques, restent toutefois à déterminer.

La PKA a également été impliquée dans la régulation de la taille des quanta d'acétylcholine à la jonction neuromusculaire, dans divers modèles cellulaires (Fu *et al.*, 1997; Van der Kloot et Branisteanu, 1992). Van der Kloot et Branisteanu ont ainsi observé qu'un analogue de l'AMPc induisait une augmentation des mSSP à la jonction neuromusculaire de grenouille, et que cet effet était bloqué par l'inhibiteur de kinase H8, qui inhibe, entre autres, la PKA (Van der Kloot et Branisteanu, 1992). L'utilisation de deux diastéréoisomères de l'adénosine cyclique 3',5'-phosphorothioate (cAMPS), l'un, activateur (Sp-cAMPS) et l'autre, inhibiteur (Rp-cAMPS) de la PKA, a permis de confirmer l'implication de cette kinase dans le phénomène. Alors que le Sp-cAMPS augmente la taille des quanta, le Rp-cAMPS, qui en lui-même n'a aucun effet sur le quantum, inhibe l'augmentation de la taille des quanta induite par le Sp-cAMPS ou par un prétraitement des préparations dans une solution hypertonique. Ces données suggèrent que l'activation de la PKA soit impliquée dans certaines voies de signalisation provoquant l'augmentation du quantum cholinergique (Van der Kloot et Branisteanu, 1992).

Les études de J.C. Liou et W.M. Fu, sur des synapses neuromusculaires immatures, soulignent, quant à elles, le rôle de diverses protéines kinases, dont la PKA, dans la régulation du quantum vésiculaire au cours du développement (Fu *et al.*, 1997). Le modèle cellulaire développé par ce laboratoire est constitué de cocultures de neurones embryonnaires et de myocytes de xénope, dans lesquelles la taille des quanta d'acétylcholine est déterminée par des méthodes électrophysiologiques. Les auteurs montrent que l'application d'ATP sur les cocultures provoque une augmentation des courants spontanés postsynaptiques (SSC[14]), qui est inhibée par l'application d'antagonistes des récepteurs purinergiques P_2. De plus, le

---

[14] Spontaneous Synaptic Currents

traitement chronique des cocultures par des antagonistes des récepteurs P_2, ou par les inhibiteurs de kinases H-7, H-8 et KN-62, provoque une réduction de l'amplitude des SSC. Le remplacement du myocyte postsynaptique, dans la culture incubée en présence des agents pharmacologiques, par un myocyte provenant d'une culture non traitée, ne modifie pas les variations observées sur les SSC après le traitement, ce qui démontre que le phénomène a une origine présynaptique. Ces résultats suggèrent donc que l'ATP colibéré avec l'acétylcholine, en association avec des protéine kinases, régule la taille des quanta cholinergiques au cours du développement des jonctions neuromusculaires (Fu *et al.*, 1997).

2. Rôle de la protéine kinase C

Une autre voie de signalisation, susceptible de réguler la taille des quanta vésiculaires, implique la protéine kinase dépendante du calcium (PKC) et son activateur physiologique, le diacylglycérol (DAG). Les études de Fu *et al.*, que nous venons de mentionner, impliquent diverses protéines kinases dans une régulation ''positive'' du quantum cholinergique au cours du développement, dont la PKC, inhibée par le H-7. Des études de W. Van der Kloot, à la jonction neuromusculaire de grenouille, suggèrent aussi un rôle de la PKC, mais dans une régulation ''négative'' de la taille des quanta. La dépolarisation, par du potassium, de préparations dans lesquelles la taille des quanta a été artificiellement augmentée par un prétraitement dans une solution hypertonique, provoque, en effet, une diminution rapide du quantum, alors qu'il reste élevé durant plusieurs heures dans les préparations non dépolarisées. Cet effet dépend du calcium et est inhibé par le H-7, ce qui suggère une implication de la PKC dans ce phénomène. Le rôle de cette kinase est confirmé par le fait que l'application d'esters de phorbol (qui activent la PKC), dans une solution hypertonique, induit une diminution de la taille des quanta. Sur la base de ces données, W. Van der Kloot propose que l'augmentation de la concentration intracellulaire de calcium, provoquée par la stimulation des terminaisons nerveuses, activerait la PKC, pour induire, *in fine*, une diminution de la taille des quanta cholinergiques (Van der Kloot, 1991).

Un autre mécanisme, par lequel la PKC pourrait moduler la taille des quanta vésiculaires, est suggéré par des études réalisées sur des cellules parafolliculaires thyroïdiennes. Ces cellules libèrent de la sérotonine par exocytose de vésicules de sécrétion à cœur dense, qui possèdent une activité VMAT (sensible à la réserpine) (Cidon *et al.*, 1991). Cependant, la matrice de ces vésicules de sécrétion a la particularité de devenir acide seulement quand les cellules sont stimulées par un sécrétagogue. La perméabilité membranaire des cellules au repos, aux ions chlorure, est, en effet, quasiment nulle, si bien que le $\Delta\mu H^+$ est rapidement limité par le développement d'un grand $\Delta\Psi$, empêchant une forte acidification du milieu intravésiculaire. La stimulation des cellules provoquerait l'ouverture de canaux Cl⁻ vésiculaires, régulés par leur état de phosphorylation, qui permettrait une dissipation du $\Delta\Psi$ au profit du ΔpH, et augmenterait ainsi l'acidification des vésicules (Cidon *et al.*, 1991). Les expériences de Cidon *et al.* montrent, en effet, que la quantité de sérotonine tritiée transportée est plus grande dans des vésicules préparées à partir de cellules parafolliculaires stimulées, qu'à partir de cellules au repos, vraisemblablement grâce à l'accroissement du ΔpH consécutif à l'ouverture des canaux Cl⁻. Ces données pourraient refléter une régulation de la taille des quanta sérotoninergiques par les ions chlorure. De manière intéressante, Tamir *et al.* montrent que le traitement des cellules parafolliculaires, par des esters de phorbol, augmente l'acidification de leurs vésicules de sécrétion, et que cet effet est bloqué par la staurosporine, un inhibiteur de kinases qui agit sur la PKC (Tamir *et al.*, 1996). On pourrait alors envisager que, dans ce modèle cellulaire, la PKC module la taille des quanta sérotoninergiques, en contrôlant l'ouverture des canaux Cl⁻ *via* leur phosphorylation. Puisque les transporteurs vésiculaires des monoamines et d'acétylcholine présentent des dépendances bioénergétiques identiques, un tel mécanisme aboutirait également à une augmentation des quanta dans des cellules cholinergiques. L'effet, opposé, observé par W. Van der Kloot à la jonction neuromusculaire, met donc nécessairement en jeu un mécanisme différent.

3. Rôle des facteurs neurotrophiques

Les études de J.C. Liou et W.M. Fu, dans le modèle cellulaire de cocultures nerfs/muscles de xénope présenté plus haut, montrent que la taille des quanta cholinergiques est régulée, au cours du développement, par la sécrétion postsynaptique de neurotrophines (Liou et Fu, 1997 ; Liou *et al.*, 1997). L'apposition de myocytes au contact de neurones, cultivés en absence de cible postsynaptique, leur a permis de montrer que les neurones cultivés en présence de myocytes libèrent des quanta d'acétylcholine plus grands que les neurones isolés ; toutefois, un traitement des neurones isolés par la neurotrophine NT-3 permet d'atténuer cette différence. Par ailleurs, l'activité synaptique spontanée des synapses naturelles est inhibée par une application chronique de curare, la taille des quanta diminue, mais cette diminution disparaît sous l'effet de la NT-3. Les auteurs en concluent que l'activité synaptique stimule la sécrétion postsynaptique de NT-3, laquelle régule la taille des quanta cholinergiques au cours du développement (Liou et Fu, 1997). Des facteurs neurotrophiques tels que le BDNF[15], le CNTF[15] le GDNF[15] et la NT-4[15] ont des effets similaires, alors que d'autres, comme l'IGF-1[16] ou le bFGF[16], n'ont aucun effet (Liou et al., 1997).

Les neurotrophines pourraient également être impliquées dans la régulation des quanta monoaminergiques. En effet, la taille des quanta et la fréquence de libération de dopamine, mesurées par ampérométrie, augmentent lorsque les neurones sont cultivés en présence de GDNF (Pothos et al., 1998a). Comme le GDNF stimule l'expression de la TH, l'augmentation de la taille des quanta observée pourrait résulter d'un accroissement de la quantité cytosolique de dopamine, comme cela est observé après traitement par la L-DOPA. Toutefois, les effets induits par le GDNF et la L-DOPA sont additifs, ce qui suggère plutôt que le GDNF agisse en aval de l'étape contrôlée par la TH, au niveau du remplissage par exemple, peut-être par une action sur le transporteur vésiculaire.

En conclusion, les données présentées dans cette section suggèrent que différentes voies de signalisation puissent intervenir dans la régulation du quantum vésiculaire. L'implication des voies dépendantes de la PKA ou de la PKC reste néanmoins à être démontrée dans un contexte physiologique. En revanche, les neurotrophines semblent participer activement à la

---

[15] Brain-Derived Neurotrophic Factor ; Ciliary NeuroTrophic Factor ; Glial-Derived Neurotrophic Factor ; NeuroTrophine 4
[16] Insulin-like Growth Factor-1; basic Fibroblast Growth Factor

modulation de la taille des quanta cholinergiques au cours du développement.

B. LES TRANSPORTEURS VESICULAIRES SONT-ILS REGULES ?

Nous avons vu, dans la section II.C, que des modifications artificielles de l'expression ou de l'activité de transporteurs vésiculaires étaient susceptibles de modifier la taille des quanta. Le but de la section qui suit est d'examiner quels mécanismes physiologiques pourraient, de manière naturelle, moduler l'expression, l'activité ou la localisation des transporteurs vésiculaires.

1. L'activité synaptique module le taux d'expression des transporteurs vésiculaires

Plusieurs publications suggèrent que l'activité synaptique puisse réguler le taux d'expression de VMAT2. Des études sur des cultures de cellules chromaffines font ainsi apparaître une augmentation du taux d'expression de l'ARNm de VMAT2, après stimulation chronique par du KCl (Krejci *et al.*, 1993). Par ailleurs, la dépolarisation prolongée de ces cellules, ou de neurones sympathiques, induit un accroissement du taux de protéine VMAT2, mesurée par liaison de TBZOH[17] tritiée (Desnos *et al.*, 1995 ; Desnos *et al.*, 1990).

---

[17] dihydrotétrabénazine

L'expression de VGLUT pourrait, elle aussi, être régulée par l'activité synaptique. L'ADNc de VGLUT1 a en effet été identifié par Ni *et al.*, alors qu'ils recherchaient des gènes surexprimés par un traitement au NMDA de neurones de la couche des grains du cervelet. Ceci suggère que l'activation des récepteurs glutamatergiques régule le taux d'expression de VGLUT1 (Ni *et al.*, 1994).

Enfin, les études de J.C. Liou et W.M. Fu, dans les cocultures nerfs/muscles de xénope, montrent que l'activité synaptique régule la taille des quanta cholinergiques, en induisant une sécrétion de neurotrophines par le myocyte (Liou *et al.*, 1999; Liou et Fu, 1997 ; Liou *et al.*, 1997). Le mécanisme d'action des neurotrophines n'est pas connu, mais elles pourraient agir, par exemple, en régulant le taux d'expression de VAChT au cours du développement.

2. Mécanismes susceptibles de moduler l'activité des transporteurs vésiculaires

Deux publications de l'équipe de G. Ahnert-Hilger suggèrent que l'activité des VMAT soit régulée par la GTPase trimérique G_o (Ahnert-Hilger *et al.*, 1998 ; Holtje *et al.*, 2000). Ces GTPases sont en effet présentes sur les vésicules de sécrétion (Ahnert-Hilger *et al.*, 1994). Un premier travail a révélé que le transport vésiculaire de [^{3}H]-noradrénaline, dans des cellules PC12 perméabilisées, est inhibé en présence d'analogues non hydrolysables du GTP (tels le GTPγS) ou de la protéine G_o purifiée. La présence de GTPγS n'a pas d'effet sur l'acidification des vésicules induite par l'ATP, alors que la présence de GTPγS ou de G_o diminue la quantité de [^{3}H]-réserpine liée par les cellules PC12. Ces données conduisent les auteurs à proposer que G_o inhibe le transport des monoamines, en agissant au niveau du transporteur vésiculaire, c'est-à-dire VMAT1 dans ce modèle cellulaire (Ahnert-Hilger *et al.*, 1998).

Une publication ultérieure de la même équipe suggère que VMAT2 soit également régulé par G_o dans les cellules sérotoninergiques BON et dans les neurones. Les cellules BON expriment les deux isoformes de VMAT. Les propriétés pharmacologiques différentes de ces isoformes ont été mises à profit pour distinguer l'effet de la GTPase sur les deux transporteurs, et montrer qu'en présence de G_o exogène ou de GTPγS, l'activité de VMAT2 est plus inhibée que celle de VMAT1. L'effet inhibiteur de G_o sur le transport des monoamines n'est pas restreint aux cellules neuroendocrines, puisqu'il est également observé dans des cultures de neurones sérotoninergiques, dont les vésicules synaptiques expriment VMAT2. De manière intéressante, des analyses ultrastructurales révèlent la présence de G_o dans les terminaisons de ces neurones, ce qui est en faveur d'une implication de cette GTPase *in vivo*. La régulation de l'activité de VMAT par la GTPase trimérique G_o serait donc un mécanisme commun aux granules à cœur dense et aux vésicules synaptiques (Holtje *et al.*, 2000).

D'autres facteurs sont susceptibles de réguler l'activité des transporteurs vésiculaires. Ozkan *et al.* ont identifié une protéine capable d'inhiber l'accumulation de glutamate et de GABA dans des préparations purifiées de vésicules synaptiques, qu'ils ont baptisée IPF pour "*Inhibitory Protein Factor*" (Ozkan *et al.*, 1997). Dans une publication récente, la même équipe indique que l'IPF inhibe, *in vitro*, la libération de glutamate, de GABA ou de sérotonine par des terminaisons nerveuses (Tamura *et al.*, 2001). Dans ces expériences, l'IPF a été introduit dans des synaptosomes en les perméabilisant de manière transitoire, par un cycle de congélation rapide et décongélation lente, en présence d'un cryoprotecteur. Le neuromédiateur tritié est ajouté pendant la phase de perméabilisation pour charger les synaptosomes, et la quantité de neuromédiateurs libérée est mesurée après dépolarisation par du chlorure de potassium, en présence de calcium. L'ajout d'IPF purifié, durant la phase de perméabilisation des synaptosomes, mais pas après leur fermeture, provoque une diminution de la quantité de glutamate, de GABA ou de sérotonine libéré après stimulation. Ces données suggèrent, de manière indirecte, que l'IPF peut moduler le remplissage vésiculaire, conformément aux expériences *in vitro* sur des vésicules synaptiques purifiées (Ozkan *et al.*, 1997). Des expériences biochimiques indiquent, par ailleurs, que l'IPF est présent majoritairement dans une fraction cytosolique des synaptosomes (Tamura *et al.*, 2001). La cible de l'IPF n'est pas connue, mais il pourrait s'agir des transporteurs vésiculaires, puisque ce facteur intervient au niveau du remplissage des vésicules.

3. Mécanismes susceptibles de moduler le ciblage des transporteurs vésiculaires vers les vésicules de sécrétion

Dans les neurones, la majorité de la libération des neuromédiateurs s'effectue à partir de vésicules synaptiques ou de granules à cœur dense

(LDCV), qui diffèrent par leur contenu, leur localisation et leur dynamique de libération. Dès lors, la régulation de l'adressage des transporteurs vésiculaires vers l'une ou l'autre de ces populations pourrait être un moyen de moduler cette libération. L'exocytose des neuromédiateurs à partir des LDCV, au lieu des vésicules synaptiques, se traduira évidemment par une taille de quanta plus élevée ; mais le couplage des événements de sécrétion, par rapport aux potentiels d'action, sera également différent. Par exemple, une étude de la libération de sérotonine par les cellules de Retzius de la sangsue, a montré que l'exocytose des LDCV se caractérise par une taille de quanta 16 fois plus grande, une latence 4 fois plus grande, et une fréquence par potentiel d'action 17 fois plus petite, que pour les vésicules synaptiques (Bruns et Jahn, 1995).

Des études récentes ont commencé à élucider les mécanismes qui pourraient modifier la localisation subcellulaire de VMAT et de VAChT, dans des modèles d'expression recombinante.

a) Motifs de type di-leucine

VMAT et VAChT sont ciblés vers des populations différentes de vésicules de sécrétion lorsqu'on les exprime dans la lignée PC12 : VMAT2 est présent exclusivement dans les LDCV, comme le VMAT1 endogène (Varoqui et Erickson, 1998; Weihe *et al.*, 1996), tandis que VAChT est majoritairement présent dans les analogues neuroendocrines des vésicules synaptiques (SLMV[18]), comme le VAChT endogène (la protéine recombinante est toutefois détectée également, en faible proportion, dans les LDCV (Liu et Edwards, 1997; Varoqui et Erickson, 1998; Weihe *et al.*, 1996)). Afin d'identifier les signaux responsables du ciblage de ces

---

[18] Synaptique-Like MicroVesicles

transporteurs, leurs domaines C-terminaux ont été échangés, et la localisation des protéines chimériques a été analysée par fractionnement subcellulaire et microscopie électronique, après expression stable dans les cellules PC12 . Ces expériences ont révélé que le domaine C-terminal de VAChT était suffisant pour redistribuer VMAT2 vers les SLMV, et, qu'en revanche, la présence du domaine C-terminal de VMAT2 diminuait le taux de VAChT dans les SLMV (Varoqui et Erickson, 1998). Les domaines C-terminaux des deux transporteurs contiennent donc des informations importantes pour leur adressage vers l'une ou l'autre des populations de vésicules de sécrétion.

Des études ultérieures ont révélé qu'un motif de type di-leucine (isoleucine-leucine) de ces domaines C-terminaux fonctionnait comme un signal d'internalisation des transporteurs (Tan *et al.*, 1998). La suppression de la séquence KEEKMAIL du domaine C-terminal de VMAT2, ou la mutation des résidus du motif isoleucine-leucine en alanines, provoque une accumulation de VMAT2 à la surface cellulaire. Le fait que cette localisation résulte d'un défaut d'internalisation de la protéine a été mis en évidence par une analyse cinétique. De plus, l'insertion de la séquence KEEKMAIL, dans une protéine normalement présente sur la membrane plasmique, a pour effet de la redistribuer vers un compartiment intracellulaire. De manière intéressante, l'extrémité C-terminale de VAChT, bien que très différente de celle des VMAT (voir le *Tableau 2*), possède un motif di-leucine qui semble être également nécessaire à son internalisation (Tan *et al.*, 1998). Tan *et al.* en concluent que les motifs de type di-leucine sont des signaux nécessaires et suffisants pour une endocytose efficace des VMAT et de VAChT.

VMAT2	`TM12-rs....ppaK`**`EE`**`KMA`**`IL`**
rVMAT1	`TM12-rs....ppaK`**`EE`**`KRA`**`IL`**
hVMAT1	`TM12-rs....ppaK`**`EE`**`KRA`**`IL`**
VAChT	`TM12-rnvglltrsR`**`SE`**`RDV`**`LL`**

Tableau 2 : Alignements des séquences C-terminales de VMAT et de VAChT chez l'homme et le rat.
Les résidus acides et le motif de type di-leucine sont en caractères gras.

b) Rôle des phosphorylations

Le fait qu'un même motif, de type di-leucine, soit responsable de l'internalisation des VMAT et de VAChT suggère que d'autres résidus de leurs extrémités C-terminales soient impliqués dans leur ciblage différentiel vers les LDCV ou les vésicules synaptiques. De manière intéressante, la comparaison des domaines C-terminaux de VMAT et de VAChT révèle des différences dans les résidus acides situés en amont du motif de type di-leucine (voir le *Tableau 2*) : en effet, les VMAT possèdent deux résidus glutamate acides en position -4 et -5 par rapport au motif isoleucine-leucine, tandis que les VAChT contiennent un résidu glutamate en -4 et un résidu sérine en -5. Le remplacement du résidu sérine suggère également la possibilité d'une régulation du ciblage de VAChT, car la phosphorylation de ce résidu pourrait fournir une charge négative équivalente à celle portée par le glutamate dans VMAT. Trois publications récentes ont étudié le rôle de ces résidus dans le ciblage des deux transporteurs vers les LDCV ou les vésicules synaptiques (Cho *et al.*, 2000; Krantz *et al.*, 2000; Waites *et al.*, 2001).

Barbosa *et al.* avaient montré que VAChT était phosphorylable par la PKC dans des synaptosomes d'hippocampe (Barbosa *et al.*, 1997). Des expériences récentes de marquage métabolique, dans des cellules PC12 exprimant un VAChT recombinant, ont confirmé ce résultat, et identifié le résidu phosphorylé comme étant la sérine localisée en position -5, par rapport au motif di-leucine (Cho *et al.*, 2000; Krantz *et al.*, 2000). L'équipe de L. Hersh a examiné la distribution intracellulaire d'un mutant non phosphorylable de VAChT, par transfection transitoire dans les cellules PC12 et fractionnement par centrifugation, à l'équilibre, sur un gradient de densité. Elle a ainsi observé que le mutant est présent dans des fractions qui sédimentent entre celles contenant les SLMV et celles contenant les LDCV, alors que la forme sauvage est majoritairement présente dans les fractions contenant les SLMV. Ces données suggèrent donc que la phosphorylation du résidu sérine soit nécessaire au ciblage de VAChT vers les vésicules synaptiques (Cho *et al.*, 2000). Cependant, l'équipe de R. Edwards, qui a étudié la distribution subcellulaire de mutants non phosphorylables ou mimant la phosphorylation, après expression stable dans les cellules PC12, aboutit à une conclusion opposée. En effet, dans ce laboratoire, des analyses par centrifugation sur deux types de gradient indiquent que le remplacement de la sérine, par un résidu acide, augmente la proportion de VAChT dans les LDCV. Ces données sont confirmées par des analyses ultrastructurales quantitatives, qui révèlent une plus grande proportion du

---

mutant mimant la phosphorylation, dans les LDCV, par rapport à la forme sauvage ou au mutant non phosphorylable. Ces données sont donc plutôt en faveur d'un rôle de la phosphorylation du résidu sérine dans le ciblage de VAChT vers les LDCV (Krantz *et al.*, 2000).

Bien que contradictoires, ces études suggèrent que la phosphorylation de VAChT par la PKC puisse réguler la localisation subcellulaire de la protéine *in vivo*. Comme, par ailleurs, cette phosphorylation ne modifie pas l'activité de VAChT (Cho *et al.*, 2000; Krantz *et al.*, 2000), cette localisation différentielle vers les LDCV ou les vésicules synaptiques se traduirait par une modification importante du quantum d'acétylcholine.

Comme pour VAChT, les résidus acides de VMAT, situés en amont du motif isoleucine-leucine (voir *Figure 16*), semblent importants pour son adressage subcellulaire (Krantz *et al.*, 2000). Des analyses biochimiques

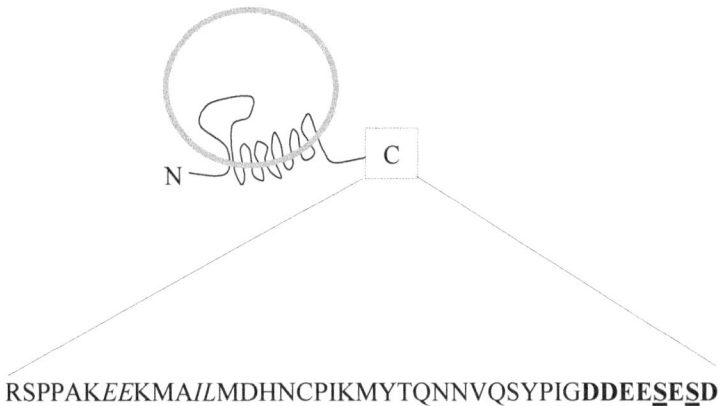

RSPPAK*EE*KMA*IL*MDHNCPIKMYTQNNVQSYPIG**DDEE**S**E**S**D**

Figure 16: Domaine C-terminal cytosolique de VMAT2 situé après le dernier segment transmembranaire hypothétique. Les derniers résidus (en gras) constituent le motif acide nécessaire à la rétention de VMAT2 dans les LDCV, dans les cellules PC12 (Waites *et al.*, 2001). Les deux sérines (soulignées) sont phosphorylables par la caséine kinase 2 (Krantz *et al.*, 1997). Les deux acides glutamiques (italiques) en positions –4 et –5 par rapport au motif isoleucine-leucine (italique) sont impliqués dans la rétention de VMAT2 dans les LDCV.

dans le système d'expression PC12 montrent, ainsi, que le remplacement des deux glutamates de VMAT2, par deux alanines, réduit la proportion de protéine localisée dans les LDCV, et la redistribue partiellement vers des fractions plus légères. Ces mutations n'éliminent toutefois pas la localisation de VMAT2 dans les LDCV. D'autres signaux seraient donc impliqués dans son adressage vers cette population vésiculaire. Une publication récente de l'équipe de R. Edwards confirme cette hypothèse, en montrant qu'un autre motif acide, situé en aval (et non en amont) du motif isoleucine-leucine, est nécessaire à la rétention de VMAT2 dans les LDCV. Ces auteurs montrent, par des analyses biochimiques et immunocytochimiques de mutants exprimés de manière stable dans les cellules PC12, que la suppression de ce nouveau motif acide diminue le taux de VMAT2 dans les LDCV, en favorisant son retrait lors de la maturation des LDCV. De manière intéressante, ce motif acide contient deux sérines phosphorylées par la caséine kinase 2 (CK2) dans les cellules COS (Krantz *et al.*, 1997). Le remplacement de ces deux sérines, par deux acides aspartiques, provoque des effets similaires à ceux induits par la suppression du motif acide. Le motif acide agirait donc comme un signal de rétention de VMAT2 dans les LDCV, mais il serait inactivé lorsque les deux sérines sont phosphorylées par la CK2 (Waites *et al.*, 2001). Comme VMAT2 est présent *in vivo* dans diverses populations de vésicules sécrétrices (vésicules synaptiques, LDCV ou encore des structures tubulo-vésiculaires somato-dendritiques dans certains neurones dopaminergiques), un tel signal pourrait déterminer le choix de la destination finale de VMAT2 dans l'une ou l'autre de ces populations. De cette manière, le neurone pourrait réguler la taille du quantum, ou même le site de libération (Waites *et al.*, 2001). Mais l'existence et le rôle de cette phosphorylation de VMAT2 dans les neurones restent à démontrer.

En conclusion, des études de plus en plus nombreuses montrent qu'il est possible de faire varier le quantum de neuromédiateurs libéré par les neurones. L'identification moléculaire des transporteurs vésiculaires a fourni des outils qui ont permis d'établir, dans le cas des monoamines et de l'acétylcholine, que des modifications artificielles de l'expression ou de l'activité des transporteurs étaient susceptibles d'altérer la taille des quanta. Par ailleurs, plusieurs études ont commencé à lever le voile sur des voies de signalisation pouvant réguler le remplissage vésiculaire. Par exemple, la sécrétion de facteurs neurotrophiques, par la cible postsynaptique, augmente la taille des quanta par un mécanisme qui reste à déterminer. Les preuves d'une régulation physiologique processus de transport-même restent toutefois à être apportées.

RESULTATS

ET

DISCUSSION

CHAPITRE I

CARACTERISATION
DES GLYCOSYLATIONS
DE VMAT

PREAMBULE

J'ai commencé ma thèse par une étude des *N*-glycosylations de VMAT (Chapitre I). Le laboratoire travaillait depuis longtemps sur cette protéine, et avait entrepris l'étude de ses relations structure-fonction. La suppression des *N*-glycosylations, par mutagenèse, présentait deux intérêts : d'une part, la production d'une protéine recombinante, plus homogène, permettait de faciliter les études structurales ; d'autre part, l'élimination des *N*-glycosylations endogènes permettait d'aborder l'étude de la topologie de VMAT, en introduisant dans le mutant des sites ectopiques de *N*-glycosylation, dont la glycosylation effective ne serait possible que s'ils étaient introduits sur une face luminale du transporteur. Un troisième intérêt inattendu s'est révélé au cours de ce travail, à savoir la découverte de l'existence de *O*-glycosylations.

Dans le même moment, le laboratoire a identifié VIAAT (Sagné *et al.*, 1997a), ce qui m'a permis de disposer, à la fin de ma première année de thèse, d'un anticorps permettant de caractériser la protéine. Ce progrès nous a incités à réorienter la thématique de cette thèse, la consacrant principalement à ce nouveau transporteur (Chapitres II et III). Le Chapitre II expose un phénomène découvert de façon fortuite, à savoir que la protéine VIAAT est métaboliquement instable quand elle est exprimée de manière transitoire dans diverses lignées cellulaires. Quant au Chapitre III, il détaille mon résultat majeur concernant VIAAT, qui a été de mettre en évidence sa phosphorylation dans le cerveau. Cette découverte pouvant suggérer l'existence d'un processus de régulation des vésicules inhibitrices (cf. Introduction), j'ai consacré la majeur partie de mon travail à ce phénomène.

I. INTRODUCTION

Le laboratoire de J.P. Henry étudie depuis de nombreuses années le transporteur vésiculaire des monoamines (VMAT), protéine qu'il a caractérisée pharmacologiquement (voir la revue de Henry *et al.*, 1987) et purifiée (Isambert *et al.*, 1992; Sagné *et al.*, 1997b), à partir des granules chromaffines bovins. L'identification de l'ADNc de l'isoforme bovine bVMAT2 (Krejci *et al.*, 1993) a permis de combiner des approches biochimiques et moléculaires pour identifier des éléments impliqués dans certaines facettes de l'activité de VMAT (Sagné *et al.*, 1997b). C'est dans ce cadre que Bruno Gasnier m'a proposé d'examiner le rôle des *N*-glycosylations de VMAT. Outre son intérêt pour faciliter ultérieurement les études structurales, la suppression des glycosylations pouvait constituer un point de départ pour étudier la topologie de VMAT, comme nous l'avons mentionné en préambule.

Des expériences biochimiques, menées au laboratoire, avaient révélé que le VMAT2 natif est fortement glycosylé (Isambert *et al.*, 1992). L'identification de l'ADNc de bVMAT2 avait révélé trois sites potentiels de *N*-glycosylation, situés dans la grande boucle luminale séparant les segments transmembranaires I et II (cf. *Figure I.1*). J'ai donc examiné l'effet de la suppression, partielle ou totale, des sites de glycosylation, sur l'état biochimique et l'activité du transporteur.

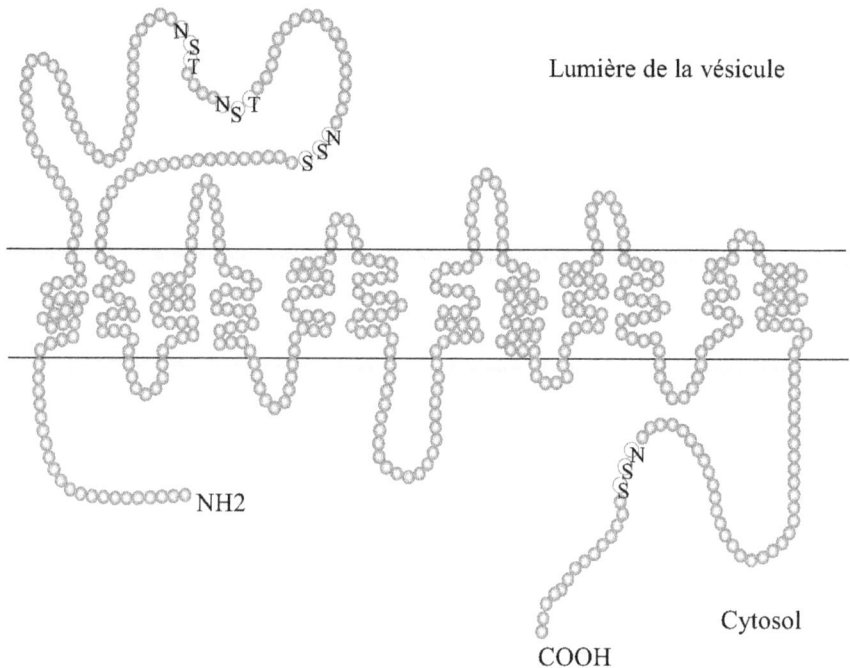

Figure I.1: Topologie prédictive du VMAT2 bovin établie d'après le profil d'hydropathicité selon l'algorithme de Kyte et Doolittle, 1982. Les 3 sites consensus de *N*-glycosylations, N-X-S/T, localisés dans la boucle intraluminale entre les segments transmembranaires I et II sont indiqués: sites N84, N91 et N112. *Notons qu'il existe un autre site consensus, N501, mais qui serait localisé dans le cytosol d'après le modèle topologique. Par ailleurs, ce site n'est pas conservé chez les autres espèces (voir les alignements de séquences présentés sur la Figure 4 de l'Introduction).*

II. ÉTUDE DES N-GLYCOSYLATIONS

A. bVMAT2 POSSEDE TROIS SITES N-GLYCOSYLES

Les sites de *N*-glycosylation sont définis par une séquence consensus d'acides aminés : *N*-X-S/T, où N correspond à un résidu asparagine, sur lequel est ajouté l'arbre glycosidique ; X représente un acide aminé quelconque (excepté une proline) ; et S ou T correspondent respectivement à des résidus sérine ou thréonine. La topologie prédictive de bVMAT2, établie à partir des variations de l'indice d'hydropathie le long de sa séquence (d'après l'algorithme de Kyte et Doolittle, 1982), révèle l'existence de trois sites consensus de *N*-glycosylation (N84, N91 et N112, cf. *Figure I.1*), dans la grande boucle luminale de la protéine, située entre les segments transmembranaires I et II.

Afin d'étudier le rôle des *N*-glycosylations, ces trois sites ont été supprimés par mutagenèse dirigée, individuellement ou en combinaison, en remplaçant le résidu asparagine de chaque site par une glutamine (Q). Au total, sept mutants ont été construits (les noms sont donnés en indiquant, dans l'ordre, l'état, sous forme d'asparagine (N) ou de glutamine (Q), de chaque site):
    - Trois mutants ayant un seul site muté : simples mutants QNN, NQN et NNQ
    - Trois mutants ayant deux sites mutés : doubles mutants QQN, QNQ et NQQ
    - Un mutant ayant tous les sites mutés : triple mutant QQQ

A

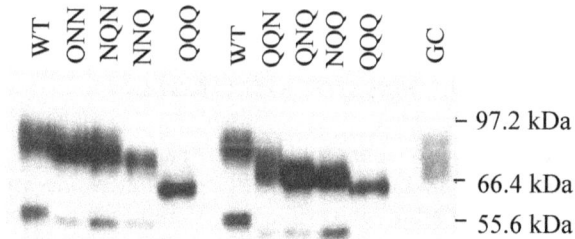

‑ 97.2 kDa

‑ 66.4 kDa
‑ 55.6 kDa

B

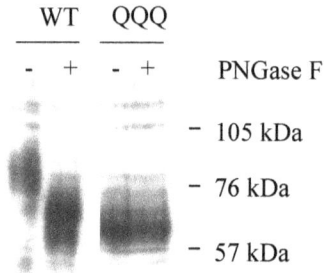

WT   QQQ

\- + - +   PNGase F

‑ 105 kDa

‑ 76 kDa

‑ 57 kDa

Figure I.2: Caractérisation des *N*-glycosylations de bVMAT2. A. Analyse de l'état de glycosylation des mutants de bVMAT2. Des membranes de cellules COS-7, transfectées par un l'ADNc du bVMAT2 sauvage (WT) ou muté (10 µg de protéines/piste), ou des membranes de granules chromaffines bovins (GC), ont été analysées par immunotransfert avec un sérum anti-bVMAT2. Les mutants de glycosylation sont désignés par la nature de l'acide aminé (code à 1 lettre) aux positions respectives 84, 91 et 112. *L'immunoblot fait apparaître 4 niveaux de migration électrophorétique, correspondant à 4 degrés de glycosylation.* **B. Le triple mutant QQQ ne porte pas de *N*-glycans.** Des membranes de cellules COS, exprimant le bVMAT2 sauvage (WT) ou triple mutant (QQQ), ont été incubées à 16°C, pendant 3h, avec (+) ou sans (-) *N*-glycopeptidase F (PNGase F, 0.2 U) puis analysées par immunotransfert. *Contrairement au bVMAT2 sauvage, le triple mutant QQQ n'est pas sensible à la PNGase F.*

Les ADNc ont été exprimés dans la lignée fibroblastique COS-7, et l'état de glycosylation des mutants a été analysé par immunotransfert, avec un anticorps produit au laboratoire (Sagné *et al.*, 1997b). Comme le montre la *Figure I.2A*, l'immunoréactivité associée à bVMAT2 se présente sous la forme d'une bande diffuse migrant autour de 80 kDa. La suppression progressive des sites de *N*-glycosylation accélère la migration de VMAT. L'existence de quatre degrés de migration, correspondant à quatre états de glycosylation, révèle que les trois sites potentiels portent effectivement des *N*-glycanes.

Des expériences de déglycosylation enzymatique avec une *N*-glycosidase, qui clive l'arbre glycosidique au niveau de l'asparagine, ont permis de confirmer ce résultat (données non montrées) et de montrer que le mutant QQQ ne porte pas de *N*-glycanes (cf. *Figure I.2B*). Les trois sites potentiels de *N*-glycosylations de la boucle luminale de bVMAT2 sont donc tous glycosylés, et il n'en existe pas d'autres. Ces données éliminent un autre site consensus de *N*-glycosylation situé à l'extrémité C-terminale de bVMAT2, qui n'est d'ailleurs pas conservé chez les autres espèces. Ils confirment aussi la localisation luminale de la grande boucle.

Notons également que l'analyse détaillée des mutants partiels fait apparaître une hétérogénéité des *N*-glycanes en fonction du site de *N*-glycosylation (cf. *Figure I.2A*). En effet, la mutation du site 112 (NNQ) accélère la mobilité électrophorétique et réduit l'aspect diffus de VMAT, plus efficacement que celle des résidus 84 (QNN) ou 91 (NQN). Ces différences pourraient s'expliquer, par exemple, par une différence de maturation des sucres, due à des structures tridimensionnelles locales différant selon les sites.

B. LES N-GLYCOSYLATIONS NE SONT PAS IMPLIQUEES DANS LE REPLIEMENT OU L'ACTIVITE DE VMAT

L'étude fonctionnelle des mutants a été réalisée sur des homogénats de cellules COS transfectées. Nous avons mesuré, d'une part, le taux de protéines correctement repliées, en étudiant la liaison d'un ligand spécifique de VMAT, la dihydrotétrabénazine (TBZOH) (Scherman *et al.*, 1981), et d'autre part, l'activité catalytique de VMAT, en mesurant le transport de sérotonine (5-HT). Le *Tableau I.1* récapitule le bilan de toutes les mesures faites à une concentration fixe de TBZOH ou de 5-HT et révèle que tous les mutants sont capables de lier le ligand et de transporter le neuromédiateur. Ceci indique que les *N*-glycosylations ne sont pas nécessaires à l'activité de VMAT, conformément aux observations simultanées publiées par une équipe concurrente sur l'isoforme endocrine VMAT1 (Yelin *et al.*, 1998).

	MOYENNE TBZOH		LIAISON		MOYENNE TRANSPORT 5-HT		
	%	SD	n		%	SD	n
WT	100			WT	100		
QNN	67	2,8	5	QNN	67	10,3	3
NQN	88	0,4	2	NQN	92	0,4	2
NNQ	73	1,4	6	NNQ	62	13,4	3
QQN	93	1,1	2	QQN	130	25,3	2
QNQ	110	2,4	3	QNQ	137	16,9	3
NQQ	70	1,4	6	NQQ	91	7,4	5
QQQ	54	2,6	6	QQQ	120	26,6	4

Tableau I.1 : Bilan des expériences de liaison de TBZOH et de transport de sérotonine sur tous les mutants de glycosylation

On peut toutefois remarquer que la quantité de TBZOH liée par le triple mutant QQQ est significativement plus faible que celle liée par le bVMAT2 sauvage, alors que les activités de transport de 5-HT sont similaires. Pour comprendre l'origine de cette différence, nous avons réalisé des courbes de saturation de liaison de TBZOH ou d'activité de transport de 5-HT. Des représentations de Scatchard et de Eadie-Hofstee de ces expériences (cf. *Figures I.3A et I.3B*) permettent de déterminer, d'une part, la constante de dissociation du complexe VMAT-TBZOH (K_D) et le nombre de sites de liaison de la TBZOH (B_{max}) et d'autre part, la constante de Michaelis (K_M) et la vitesse maximale de transport de 5-HT (V_{max}). Le bilan des expériences est présenté dans le *Tableau I.2* ci-dessous :

Test fonctionnel	Constantes	WT	QQQ
Liaison de TBZOH (4 déterminations indépendantes)	K_D (nM)	8,0 ± 3,4	4,6 ± 0,9
	B_{max} (pmol/mg protéines)	18,0 ± 7,4	6,3 ± 3,6
Transport de 5-HT (2 expériences indépendantes)	K_M (µM)	0,48	0,25
	V_{max} (pmol/min.mg protéines)	21,4	12,7
	K_M (µM)	0,25	0,19
	V_{max} (pmol/min.mg protéines)	7,2	5,7

Tableau I.2 : Détermination des constantes de dissociation (KD) et de Michaelis (KM), ainsi que du nombre de site de liaison (Bmax) et de la vitesse maximale de transport (Vmax) du bVMAT2 sauvage (WT) et du triple mutant non N-glycosylé (QQQ).

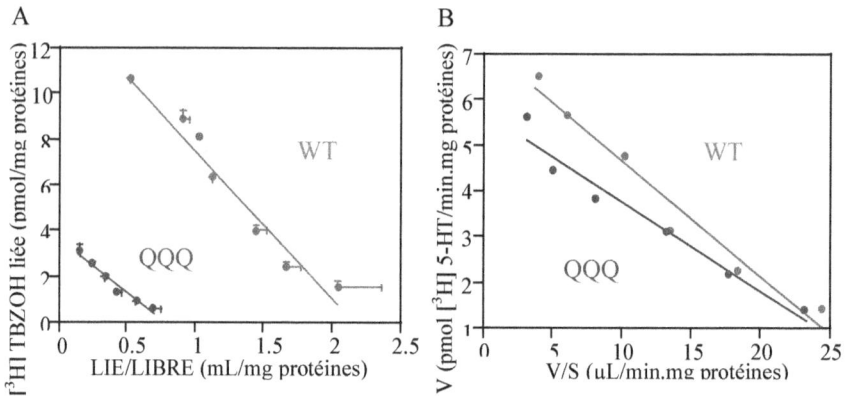

A

B

Figure I.3: Effet de la suppression des *N*-glycosylations sur les caractéristiques fonctionnelles de bVMAT2. A. Liaison de [³H]TBZOH. Des homogénats de cellules COS (200 µl), exprimant la forme sauvage de bVMAT2 (WT) ou le mutant non *N*-glycosylé (QQQ), ont été incubés pendant 2 h, à 30°C, avec des concentrations croissantes (0,7 à 22 nM) de [³H]TBZOH. Le taux de [³H]TBZOH liée (moyenne de 3 déterminations) est montré dans la représentation de Scatchard. Les paramètres de liaison suivants ont été calculés par régression linéaire : K_D = 6,1 nM et B_{max} = 14,0 pmol/mg de protéines pour WT (coefficient de corrélation r = 0,947); K_D = 4,5 nM et B_{max} = 3,4 pmol/mg de protéines pour QQQ (r = 0,954). **B. Cinétique du transport de sérotonine.** Des homogénats de cellules COS (100 µl), exprimant la forme sauvage ou le mutant QQQ, ont été incubés pendant 10 min, à 30°C, en présence d'ATP-Mg^{2+} (2,5 mM) et de concentrations croissantes (0,1 à 3,5 µM) de sérotonine tritiée. Les résultats d'une expérience représentative sont montrés dans la représentation de Eadie-Hofstee. Les paramètres cinétiques obtenus par régression linéaire sont les suivants : K_M = 0,25 mM et V_{max} = 7,2 pmol/min.mg de protéines pour WT (r = 0,971); K_M = 0,19 mM et V_{max} = 5,7 pmol/min.mg de protéines pour QQQ (r = 0,958).

Les caractéristiques de transport de 5-HT sont similaires pour la forme sauvage et le triple mutant, avec une légère diminution du V_{max} pour QQQ. De même, l'affinité de VMAT pour la TBZOH est peu affectée par la suppression des N-glycosylations (les K_D sont similaires). En revanche, cette suppression provoque une diminution significative (d'un facteur 3) du nombre de sites de liaison pour le triple mutant. Par ailleurs, les analyses par immunotransfert indiquent que, pour une quantité de protéines totales constante, l'immunoréactivité associée à QQQ est plus faible que celle associée à la forme sauvage. Ces deux observations indiquent que la suppression des N-glycosylations diminue le taux d'expression de VMAT.

En résumé, cette étude du rôle des N-glycosylations de bVMAT2 montre clairement que les N-glycosylations ne sont pas impliquées dans l'activité catalytique ou le repliement de VMAT. Par contre, elles affectent le taux de protéines exprimées. Une première hypothèse est qu'elles interviennent dans la stabilité métabolique de la protéine. L'absence de N-glycosylations pourrait, par exemple, démasquer des sites de clivages protéolytiques, entraînant une dégradation accélérée de VMAT. La lumière des granules de sécrétion est, en effet, riche en protéases, dont l'activité catalytique sert à générer des neuropeptides, à partir de précurseurs polypeptidiques. Le rôle physiologique des N-glycanes pourrait donc être de protéger VMAT contre cette activité protéolytique (une protéase telle que la furine pourrait avoir un effet similaire dans le cas d'une expression hétérologue dans une lignée fibroblastique). Une hypothèse alternative est que les N-glycosylations améliorent la biosynthèse de VMAT, en diminuant les pertes d'intermédiaires de synthèse, dues à un défaut de repliement. En effet, les N-glycanes jouent un rôle important dans le contrôle de qualité du réticulum endoplasmique, en permettant l'interaction des intermédiaires glycosylés avec deux chaperons, la calnexine et la calréticuline (Helenius et Aebi, 2001). Des expériences de *pulse-chase* permettraient de distinguer ces hypothèses.

III. DECOUVERTE DE O-GLYCOSYLATIONS DE VMAT

A. IDENTIFICATION D'UN INTERMEDIAIRE DE N-GLYCOSYLATION

Une observation attentive des profils électrophorétiques des mutants partiels de N-glycosylation fut le point de départ de la découverte de la présence de O-glycosylations sur le bVMAT2 recombinant.

La *Figure I.2* révèle, en effet, la présence d'une bande immunoréactive additionnelle, migrant autour de 55 kDa. Ce profil électrophorétique d'une 'bande haute' diffuse et d'une 'bande basse' de plus faible intensité, séparées par ⌐20 kDa, est observé dans tous les systèmes d'expression de VMAT, mais pas sur le transporteur natif des granules chromaffines bovins. Aussi, avions-nous toujours interprété la 'bande basse' comme dérivant de la 'bande haute', par dégradation protéolytique, dans le système d'expression hétérologue.

Cependant, de manière surprenante, alors que les mutants ayant le même nombre de sites mutés possèdent des profils électrophorétiques différents au niveau de leur 'bande haute' (cf. § II.A), cette hétérogénéité des N-glycanes, en fonction du site de N-glycosylation, n'est pas retrouvée sur la bande basse (cf. *Figure I.4A*). De ce fait, l'interprétation de la 'bande basse' comme dérivant d'une protéolyse de la 'bande haute' devenait peu probable. Nous avons donc envisagé d'autres origines. En particulier, Bruno Gasnier a proposé que la 'bande basse' pouvait être, à l'inverse, un précurseur de la 'bande haute'. En effet, la maturation des N-glycosylations débute dans la lumière du réticulum endoplasmique par une addition en bloc, sur les asparagines des sites consensus, d'une espèce fixe d' arbre glycosidique ''riche en mannose''. La maturation de ce précurseur, commun à toutes les N-glycosylations, se poursuit dans l'appareil de Golgi où différentes glycosyltransférases diversifient l'oligosaccharide. C'est donc au cours de cette seconde étape que naît l'hétérogénéité des N-glycanes. Dans ce cadre, la forme courte de VMAT pouvait correspondre à une forme glycosylée immature du réticulum endoplasmique, ce que pouvait refléter l'homogénéité des profils électrophorétiques pour les mutants ayant le même nombre de sites mutés.

Nous avons examiné cette hypothèse par deux approches indépendantes, d'une part, par une technique classique de génétique moléculaire, d'autre part, par traitement enzymatique.

Dans un premier temps, les ADNc des différents mutants ont été traduits *in vitro*, en présence ou non de microsomes, c'est-à-dire de vésicules dérivant du réticulum endoplasmique lors de l'homogénéisation des tissus. Ces vésicules permettent de reproduire l'importation cotraductionnelle des protéines membranaires et l'addition du précurseur glycosidique ''riche en mannose'', effectuée dans le réticulum endoplasmique. Les profils électrophorétiques obtenus après traduction *in vitro* des ADNc, présentés sur la *Figure I.4A*, ont révélé une homogénéité des migrations électrophorétiques pour les mutants ayant le même nombre de sites mutés, avec des poids moléculaires identiques à ceux de la 'bande basse' observée dans les cellules COS (*Figure I.4A*). Ces données suggéraient que cette 'bande basse' pouvait effectivement correspondre à une forme *N*-glycosylée immature du réticulum endoplasmique.

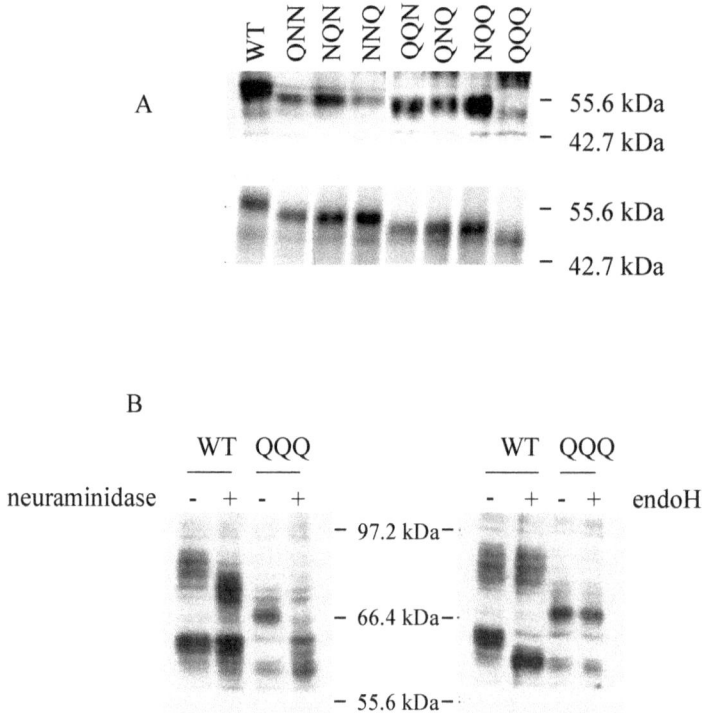

Figure I.4: La 'bande basse' de bVMAT2 correspond à une forme immature de glycosylation. A. Comparaison des ADNc mutants exprimés *in vivo* ou *in vitro*. *Figure supérieure*: profils électrophorétiques de la 'bande basse' des mutants exprimés dans des cellules COS, révélés par immunotransfert, avec le sérum anti-bVMAT2. *Figure inférieure*: profils électrophorétiques de produits de traduction *in vitro*, en présence de microsomes (système couplé TNT® T7, *Promega*), révélés par autoradiographie. B. La 'bande haute' de VMAT est sensible à la neuraminidase et résistante à l'endoglycosydase H, tandis que la 'bande basse' est sensible à l'endoglycosydase H mais insensible à la neuraminidase. Des membranes de cellules COS exprimant le bVMAT2 sauvage (WT) ou triple mutant (QQQ) (20 µg de protéines/piste) ont été incubées pendant 4 h, à température ambiante, avec (+) ou sans (-) neuraminidase (1mU) ou endoglycosydase H (endoH, 1 mU), puis analysées par immunotransfert avec le sérum anti-bVMAT2.

Dans une autre approche, nous avons examiné l'effet d'un traitement *in vitro* de membranes de cellules COS, par deux glycosidases de spécificités différentes : l'endoglycosidase H (endo H) et la neuraminidase. L'endo H est capable de cliver seulement l'oligosaccharide "riche en mannose", et, par conséquent, les oligosaccharides complexes deviennent résistants au clivage par l'endo H au cours des premières étapes de leur maturation dans l'appareil de Golgi. En revanche, la neuraminidase est une enzyme clivant les acides sialiques, qui sont des sucres ajoutés tardivement dans le processus de maturation, aux extrémités de l'arbre glycosidique. Ces deux traitements enzymatiques permettent donc de révéler des stades différents de maturation des *N*-glycanes. Le résultat du traitement, par ces deux glycosidases, de membranes de cellules COS exprimant l'ADNc sauvage ou le triple mutant QQQ , est présenté sur la *Figure I.4B*. Ces expériences montrent que la 'bande haute' est sensible à la neuraminidase et résistante à l'endo H, tandis que la 'bande basse' est sensible à l'endo H mais insensible à la neuraminidase. La 'bande haute' possède donc des oligosaccharides complexes, avec des acides sialiques. Les *N*-glycanes de la 'bande basse' sont, au contraire, caractéristiques des formes immatures.

A l'appui de ces deux expériences, nous pouvons conclure que, conformément à l'hypothèse, la 'bande basse' correspond bien à un précurseur de VMAT. L'observation de cet intermédiaire de biosynthèse dans les cellules COS est probablement un artefact dû à une saturation de la voie de sécrétion dans les protocoles d'expression transitoire.

B. *VMAT PORTE DES O-GLYCANES*

La recherche de l'origine de la 'bande basse' a également permis de mettre en évidence la présence de *O*-glycosylations sur bVMAT2. En effet, cet intermédiaire de glycosylation migre plus vite que le triple mutant QQQ, qui ne porte pas de *N*-glycanes, comme le montre l'absence d'effet de la la *N*-glycosidase (cf. *Figure I.2B*). Deux hypothèses pouvaient expliquer cette différence de migration électrophorétique : soit la 'bande basse' est une forme tronquée du polypeptide, soit le mutant QQQ porte d'autres modifications post-traductionnelles que les *N*-glycanes.

Des traitements par la neuraminidase des membranes de cellules COS ont permis de trancher en faveur de la seconde hypothèse. En effet, ces analyses ont révélé une sensibilité du triple mutant QQQ à cette glycosidase (cf. *Figure I.4B*), ce qui montre la présence d'acides sialiques. Par conséquent, le mutant non *N*-glycosylé porte d'autres types de glycosylations.

Nous avons donc examiné l'hypothèse de *O*-glycosylations. Ces modifcations sont moins connues que les *N*-glycosylations et les outils pour les étudier restent limités. Contrairement aux *N*-glycosylations, il n'existe pas de sites consensus de *O*-glycosylation, ce qui rend plus difficile une approche par mutagenèse dirigée. En revanche, on peut inhiber la biosynhtèse de certaines classes de *O*-glycosylations à l'aide d'analogues de sucres, tels que la Benzyl-*N*-acétyl-α-galactosamine (Benzyl GalNAc). Ce composé est un dérivé de la *N*-acétyl-galactosamine (GalNAc), qui est le premier sucre à être fixé sur les groupements hydroxyles des résidus sérine ou thréonine dans le cas des *O*-glycosylations ''de type mucine'' (Kuan *et al.*, 1989). J'ai donc cultivé, en présence de Benzyl GalNAc, des cellules COS transfectées par l'ADNc du bVMAT2 sauvage ou du triple mutant QQQ. L'analyse par immunotransfert a révélé que les mobilités électrophorétiques des 'bandes hautes' des protéines sauvage et mutée sont accélérées par ce traitement, ce qui démontre la présence de *O*-glycosylations (cf. *Figure I.5A*).

La découverte d'une *O*-glycosylation de VMAT2, après expression hétérologue dans les cellules COS, était inattendue puisque ce type de modification n'a, jusqu'ici, jamais été observé sur des transporteurs de neuromédiateurs. Pour déterminer la généralité de cette observation, nous avons examiné l'effet de la Benzyl GalNAc sur la lignée neuroendocrine PC12 (Greene et Tischler, 1976), qui exprime l'isoforme VMAT1 de manière endogène. L'effet d'un traitement des cellules PC12 par la Benzyl GalNAc, pendant trois jours, est présenté sur la *Figure I.5B* : la présence de l'inhibiteur accélère légèrement, mais de manière reproductible, la migration électrophorétique de VMAT1, ce qui suggère qu'il porte lui aussi des *O*-glycanes.

A. Cellules COS

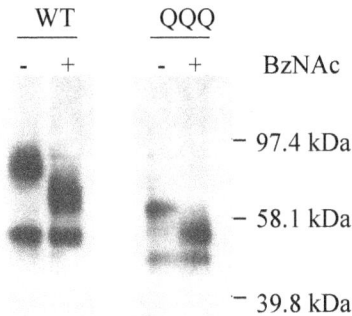

WT   QQQ

\- +   \- +   BzNAc

\- 97.4 kDa

\- 58.1 kDa

\- 39.8 kDa

B. Cellules PC12

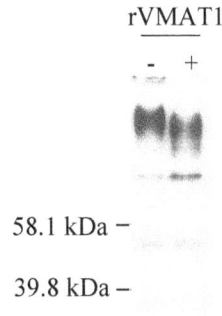

rVMAT1

\- +

58.1 kDa \-

39.8 kDa \-

Figure I.5: VMAT est O-glycosylé A. Des cellules COS-7 ont été transfectées avec l'ADNc du bVMAT2 sauvage (WT) ou du triple mutant QQQ, puis cultivées pendant 2 jours en présence (+) ou non (-) de Benzyl *N*-acetyl-α-D-galactosamine (BzNAc, 1,5 mM). Les homogénats cellulaires ont ensuite été analysés par immunotransfert avec le sérum anti-bVMAT2. **B**. Des cellules PC12 à confluence ont été ré-ensemencées au 1:3, puis cultivées pendant 3 jours avec (+) ou sans (-) Benzyl *N*-acetyl-α-D-galactosamine (1mM). Les homogénats cellulaires ont ensuite été analysés par immunotransfert avec un sérum anti-rVMAT1 (*don de J. Erickson*). *Le traitement par la Benzyl N-acetyl-α-D-galactosamine induit une augmentation de la mobilité électrophorétique du bVMAT2 recombinant sauvage et muté, ainsi que du VMAT1 endogène des cellules PC12. Ces deux isoformes sont donc O-glycosylées.*

IV. Perspectives

A. QUELLES APPROCHES POUR CARACTERISER LES O-GLYCOSYLATIONS ?

La démonstration de la présence de *O*-glycosylations pourrait être élargie à la protéine native, en examinant l'effet d'un traitement par la Benzyl-GalNAc sur des cultures primaires de cellules chromaffines bovines ou de neurones. Il serait *a priori* également possible de révéler l'existence de *O*-glycosylations sur la protéine native, par un traitement enzymatique avec une *O*-glycosidase. Néanmoins, des expériences préliminaires réalisées sur le VMAT recombinant ne m'ont pas permis d'observer d'effet sur la mobilité électrophorétique de la protéine (données non montrées), ce qui démontre la limite de cette approche. Un problème d'accessibilité de la *O*-glycosidase est l'explication la plus plausible de cet échec. L'utilisation de lectines spécifiques constitue une alternative séduisante. De manière intéressante, des expériences préliminaires de Jérôme Lemoine (CNRS UMR 8576, Lille) montrent que le transporteur purifié à partir de granules chromaffines est capable de lier la lectine d'arachide, ce qui indique la présence de motifs galactose-*N*-acétyl-galactosamine, qui correspondent au "cœur 1" des *O*-glycosylations de type mucine (Van den Steen *et al.*, 1998).

Si le traitement des cellules par la Benzyl GalNAc a l'avantage de révéler rapidement la présence de *O*-glycosylations, il est, en revanche, peu adapté à l'étude de leur rôle. D'une part, cette approche pharmacologique n'est pas spécifique de VMAT et peut, à ce titre, entraîner toutes sortes de modifications dans la cellule. D'autre part, ce composé n'inhibe que partiellement la *O*-glycosylation des protéines. Il agirait, en effet, par compétition de substrat pour l'enzyme qui catalyse l'élongation du premier sucre ajouté sur les polypeptides, dans le cas des oligosaccharides de type mucine (Kuan *et al.*, 1989). Notons d'ailleurs que, après traitement des cellules COS par la Benzyl GalNAc, la mobilité électrophorétique du triple mutant QQQ reste retardée par rapport à celle de la 'bande basse' (cf. *Figure I.5A*), ce qui suggère la présence résiduelle de modifications post-traductionnelles (probablement des *O*-glycanes). Rappelons également qu'il existe d'autres *O*-glycosylations que celles du type mucine, plus rares

(Van den Steen, 1998), mais qui ne sont pas inhibées par la Benzyl GalNAc.

L'approche idéale serait de supprimer les *O*-glycosylations de VMAT par mutagenèse dirigée. Malheureusement, contrairement aux *N*-glycosylations, il n'existe pas de sites consensus. Des études statistiques indiquent seulement que les *O*-glycanes sont souvent localisés dans des domaines riches en résidus sérine et thréonine (Wilson *et al.*, 1991). Un algorithme de prédiction est disponible sur le site internet de l'Université technique du Danemark (http://www.cbs.dtu.dk/services/NetOGlyc; voir aussi l'article de Gupta *et al.*, 1999). L'analyse de la séquence primaire de VMAT2 par cet algorithme fait apparaître plusieurs domaines candidats, notamment un peptide de 18 acides aminés, situé dans la boucle intraluminale entre les résidus T105 et S122. Il serait intéressant d'examiner si la délétion de cette région supprime les *O*-glycosylations de VMAT. Notons que ce peptide comprend le résidu asparagine 112, dont les *N*-glycanes diffèrent de ceux portés par les sites 84 et 91 (cf. *Figure I.2*). La présence de *O*-glycosylations autour du site N112, en modifiant l'accessibilité des glycosyltransférases, pourrait expliquer la particularité de ce site.

En cas d'échec de cette mutagenèse, la localisation et la nature des *O*-glycosylations de la protéine de surrénale pourraient être examinées par une analyse de spectroscopie de masse. La nature des *O*-glycanes du VMAT du cerveau serait plus difficilement accessible. Des chromatographies d'affinité avec des lectines spécifiques pourraient néanmoins donner une idée du type d'oligosaccharide de VMAT dans les neurones.

B. *ROLE DES O-GLYCANES ?*

Le présence de *O*-glycosylations a été démontrée sur diverses protéines sécrétées ou de la membrane plasmique. En revanche, peu de protéines intracellulaires semblent contenir des *O*-glycanes, si l'on excepte la glycosylation dynamique, par un unique résidu de β-*N*-acétylglucosamine, de protéines nucléaires ou cytosoliques (Wells *et al.*, 2001). De manière intéressante, la protéine soluble majoritaire des granules de sécrétion à cœur dense, la chromogranine A, porte des *O*-glycanes de type mucine (Strub *et al.*, 1997). Dans le cas des protéines de la membrane plasmique, les *O*-glycosylations sont impliquées dans diverses fonctions. Elles peuvent avoir un rôle purement structural, notamment dans le cas fréquent de poly-*O*-glycosylations, où les sucres protègent la glycoprotéine contre des protéases, ou, au contraire, en rigidifiant le domaine glycosylé, éloignent de la membrane un domaine fonctionnel adjacent, de manière à faciliter son accessibilité (Jentoft, 1990). Les *O*-glycanes peuvent également intervenir directement dans des mécanismes de reconnaissance moléculaire (Van den Steen *et al.*, 1998). Un tel mécanisme pourrait expliquer les observations récentes d'un rôle des *O*-glycanes dans le ciblage apical des protéines dans les cellules épithéliales (Monlauzeur *et al.*, 1998; Yeaman *et al.*, 1997).

L'identification des résidus *O*-glycosylés de VMAT permettra d'examiner la fonction de ces oligosaccharides par mutagenèse. Comme dans le cas des *N*-glycanes, des mesures de transport de substrat ou de liaison de ligand donneraient des informations sur un rôle dans l'activité ou le repliement de la protéine. Nos données préliminaires sur les cellules COS traitées par la Benzyl GalNAc n'ont pas révélé d'effet à ce niveau (données non montrées).

Il serait donc intéressant d'examiner si les glycosylations jouent un rôle dans la protection de VMAT contre les protéases luminales des granules à cœur dense, qui assurent le clivage des précurseurs des neuropeptides. L'étude de la distribution de la protéine à l'état stationnaire, par microscopie ou fractionnement subcellulaire, et des expériences de marquage métabolique dans un modèle cellulaire neuroendocrine (PC12, BON) permettraient par ailleurs de déterminer si ces glycosylations jouent un rôle dans le trafic intracellulaire de la protéine. En particulier, dans la mesure où la biogenèse des granules à cœur dense commence par l'agrégation des composants de leur matrice luminale, et où leur protéine luminale majoritaire, la chromogranine A, semble être le déclencheur de cette biogenèse (Kim *et al.*, 2001), il serait intéressant d'étudier si les glycanes peuvent participer à une interaction éventuelle de la boucle luminale de VMAT avec la chromogranine A.

CHAPITRE II

EXISTE-T-IL UN MECANISME REGULANT LA STABILITE METABOLIQUE DE VIAAT?

I. RESULTATS

A. IDENTIFICATION DE LA PROTEINE VIAAT

Le clonage de l'ADNc de VIAAT a permis d'établir l'identité moléculaire de ce transporteur. En vue d'identifier et de caractériser biochimiquement la protéine, nous avons produit un anticorps spécifique. VIAAT possède un domaine cytosolique assez grand (120 acides aminés) à son extrémité N-terminale, que nous avons utilisé comme antigène. Ce domaine a été produit chez *Esherichia coli* sous la forme d'une protéine de fusion avec la glutathion-S-transférase (GST). Marie Isambert a purifié cette protéine de fusion et, après clivage de la partie GST, le domaine N-terminal a été utilisé pour immuniser des lapins. Afin de caractériser l'immunoréactivité des sérums obtenus, j'ai analysé leur capacité à reconnaître le transporteur recombinant, exprimé de manière transitoire dans des cellules COS-7 (Dumoulin *et al.*, 1999). Les cellules transfectées ont d'abord été analysées par microscopie d'immunofluorescence avec les séra. Comme l'illustre la *Figure II.1* pour le sérum le plus réactif, des cellules fluorescentes sont détectées uniquement dans les échantillons transfectés par l'ADNc de VIAAT, et non dans ceux transfectés par l'ADNc de VMAT2. L'immunoréactivité pour VIAAT, dans les cellules COS, apparaît sous une forme ponctuée ou réticulée, dispersée dans le cytoplasme, indiquant une localisation intracellulaire de la protéine.

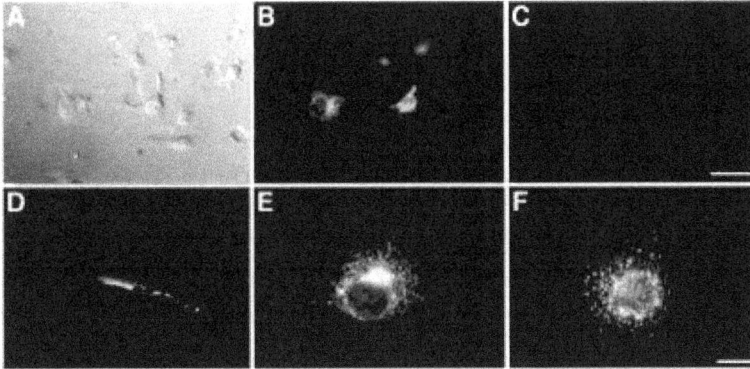

Figure II.1: Caractérisation du sérum anti-VIAAT par immunofluorescence. A-C. Des cellules COS-7 ont été transfectées de manière transitoire par l'ADNc de VIAAT (B) ou de VMAT2 (C), puis analysées par immunofluorescence avec le sérum anti-VIAAT. Les cellules immunoréactives en B constituent une sous-population des cellules observées en A, par microscopie en contraste de phase. *Seules les cellules exprimant VIAAT sont détectées avec le sérum.* **D-F.** Trois cellules représentatives du marquage observable à plus grande échelle, avec le sérum anti-VIAAT. Barres, 100 µm (A-C); 20 µm (E-F).

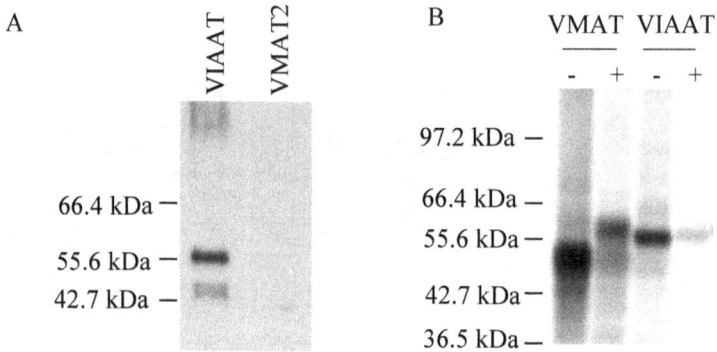

Figure II.2: Caractérisation du sérum anti-VIAAT par immunotransfert. A. Des membranes de cellules COS, transfectées par l'ADNc de VIAAT ou de VMAT2, ont été analysées par électrophorèse en SDS-PAGE. Après transfert sur nitrocellulose, les protéines reconnues par le sérum anti-VIAAT (dilution 1:5 000) ont été révélées par chimiluminescence à l'aide d'un anticorps secondaire couplé à la peroxydase de raifort (dilution 1:300 000). *Seules les membranes exprimant VIAAT comportent une protéine fortement immunoréactive, migrant à 57 kDa.* **B. Traduction *in vitro* des ADNc de VIAAT et VMAT2.** Les ADNc de VIAAT et VMAT2 ont été traduits *in vitro* en présence de [^{35}S]méthionine (1 000 Ci/mmol, *Amersham*), en utilisant le système de transcription/traduction couplée TNT®-T7 (*Promega*), avec (+) ou sans (-) membranes de microsomes de chien (*Promega*), puis analysés en SDS-PAGE et autoradiographie. *L'ADNc de VIAAT, traduit in vitro, migre à 57 kDa, comme la bande immunoréactive détectée dans les membranes de cellules COS exprimant VIAAT. Noter que la présence de microsomes ne modifie pas le profil électrophorétique de VIAAT, contrairement à ce qui est observé pour VMAT, qui est glycosylé en présence de membranes de microsomes.*

L'immunoréactivité du sérum anti-VIAAT a également été caractérisée par immunotransfert : des membranes de cellules COS transfectées par l'ADNc de VIAAT ou de VMAT2 ont été analysées par électrophorèse sur gel de polyacrylamide en présence de SDS (SDS-PAGE) et, après transfert sur nitrocellulose, les protéines reconnues par le sérum ont été révélées par chimiluminescence à l'aide d'un anticorps secondaire couplé à la peroxydase de raifort. Comme l'illustre la *Figure II.2A*, les membranes des cellules exprimant VIAAT, contrairement à celles exprimant VMAT2, comportent une protéine fortement immunoréactive, migrant à 57 kDa. Cette valeur correspond à celle de la séquence primaire de la protéine (56,8 kDa) ou à celle obtenue par transcription et traduction *in vitro* de l'ADNc (*Figure II.2B*). L'antisérum reconnaît donc sélectivement VIAAT dans les cellules COS.

Nous avons observé, à cette occasion, que la masse moléculaire du produit traduit *in vitro* était indépendante de son importation dans des microsomes, indiquant que VIAAT n'est pas *N*-glycosylé, ce qui est en accord avec le modèle topologique (voir la *Figure 10* de l'Introduction). Deux bandes immunoréactives, moins fortes et de masses moléculaires plus basses, sont également détectées dans les cellules COS transfectées par l'ADNc de VIAAT ; ces bandes correspondent vraisemblablement à des produits de protéolyse de VIAAT.

Pour déterminer la sélectivité de notre anticorps dans le cerveau, j'ai analysé différents tissus de rat par immunotransfert. Comme l'illustre la *Figure II.3*, le sérum anti-VIAAT reconnaît une seule bande, de 58 kDa, dans toutes les régions du système nerveux central, à l'exception du bulbe olfactif dans lequel la bande immunoréactive migre légèrement plus vite (57 kDa). Nous reviendrons sur cette différence dans le prochain chapitre. Aucune immunoréactivité n'est détectée dans les tissus périphériques. De même, aucun signal n'est détecté dans le système nerveux avec le sérum préimmun, ou lorsque le sérum anti-VIAAT a été préincubé avec la protéine de fusion (données non montrées). Ces données, et celles obtenues sur les cellules transfectées, permettent de conclure que notre anticorps reconnaît sélectivement VIAAT. Ce sérum a permis au laboratoire d'A. Triller de montrer la présence de la protéine dans les terminaisons nerveuses glycinergiques et/ou GABAergiques, au niveau des amas de vésicules synaptiques, ce qui est en accord avec la proposition d'un rôle de VIAAT dans la sécrétion de ces deux acides aminés inhibiteurs (ARTICLE 2).

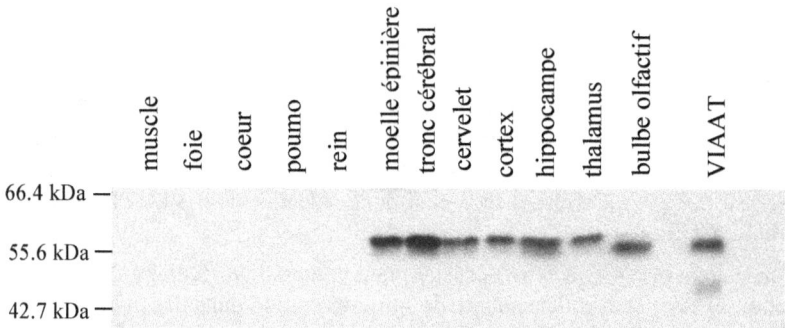

Figure II.3: Analyse de l'expression tissulaire de VIAAT chez le rat.
Différents tissus d'une ratte Sprague-Dawley ont été rapidement
disséqués, homogénéisés puis analysés par immunotransfert avec le
sérum anti-VIAAT. Des quantités équivalentes de tissu sec ont été
déposées sur chaque piste. *VIAAT n'est détecté que dans le système
nerveux central, dans lequel il migre sous forme d'une bande de 58 kDa
dans toutes les régions, sauf dans le bulbe olfactif, dans lequel la bande
immunoréactive migre légèrement plus vite (57 kDa), comme celle
détectée dans les cellules COS exprimant VIAAT de manière transitoire
(piste VIAAT à droite).*

B. *LABILITE DE L'EXPRESSION DE VIAAT DANS DIVERSES LIGNEES CELLULAIRES*

La recherche d'un modèle cellulaire permettant d'étudier une phosphorylation de VIAAT (voir le Chapitre III) m'a amenée à examiner l'expression de VIAAT dans diverses lignées cellulaires: des lignées fibroblastiques (COS-7 et CHO), des lignées neuroendocrines (la lignée dopaminergique PC12, dérivée d'un phéochromocytome de rat (Greene et Tischler, 1976), et la lignée sérotoninergique BON, dérivée d'une tumeur carcinoïde humaine (Evers *et al.*, 1991)), et enfin, une lignée catécholaminergique d'origine neuronale, la lignée CAD, obtenue par transgenèse, chez la souris, de l'antigène T du virus SV40, sous le contrôle du promoteur de la tyrosine hydroxylase (Qi *et al.*, 1997).

Chacune de ces lignées a été transfectée de manière transitoire et, après 3 jours, l'expression de VIAAT a été analysée par immunotransfert et par microscopie d'immunofluorescence. Curieusement, si les essais réalisés dans les cellules COS, CHO, BON ou CAD faisaient apparaître une expression très nette de VIAAT, la protéine recombinante n'était pas ou peu détectable dans les cellules PC12. Cette observation était d'autant plus surprenante que le laboratoire de R. Edwards avait caractérisé l'activité de VIAAT, par expression stable dans la lignée PC12. Nous avons donc entrepris d'examiner plus en détail l'expression dans cette lignée.

La faible expression de VIAAT dans les cellules PC12 pouvait résulter d'un problème technique. En effet, la procédure de transfection utilisée, par électroporation (voir les Méthodes présentées en Annexes), avait été initialement optimisée pour les lignées COS et CHO. Or l'efficacité de cette technique dépend de la taille cellulaire, et les cellules PC12 sont significativement plus petites que celles des autres lignées examinées. Gian-Carlo Bellenchi, en stage post-doctoral dans notre équipe, et moi-même avons donc mis au point de nouvelles conditions d'électroporation pour les cellules PC12, en utilisant la protéine fluorescente verte de méduse (GFP[19]) comme marqueur des cellules transfectées. Nous avons réussi à trouver des conditions dans lesquelles environ 30% des cellules étaient transfectées. Ce nouveau protocole a été utilisé pour étudier l'expression de VIAAT dans les cellules PC12, un, deux ou trois jours après l'électroporation. A notre surprise, comme le montre l'immunoblot de la *Figure II.4A*, l'expression de VIAAT s'est révélée extrêmement ''labile'': en effet, alors qu'une bande immunoréactive très forte est observée un jour après la transfection, son intensité diminue considérablement le deuxième jour, pour disparaître au bout de trois jours. Cette labilité de l'expression de VIAAT dans les cellules PC12 pouvait expliquer l'échec des essais précédents, puisque les cellules étaient habituellement analysées deux ou trois jours après la transfection.

Afin de déterminer si ce phénomène était spécifique de la lignée PC12 ou bien si, au contraire, la différence entre la lignée PC12 et les autres lignées était seulement de nature quantitative, j'ai répété l'analyse du décours de l'expression de VIAAT dans la lignée COS-7. Comme le montre la *Figure II.4C*, le même phénomène de labilité est observé, mais avec une cinétique

---

[19] *Green Fluorescent Protein*

légèrement différente: dans les cellules COS, la quantité de VIAAT augmente pendant les deux premiers jours suivant la transfection, puis elle chute le troisième jour. Les cellules COS se divisent nettement plus vite que les cellules PC12, avec un doublement de leur population en 24 h. La diminution du taux de VIAAT (pour une même quantité de protéines déposée sur le gel) pouvait donc s'expliquer par la ''dilution'' des cellules transfectées dans la population de cellules non transfectées, qui se divisent plus rapidement. Toutefois, la comparaison du décours de l'expression de VIAAT à celui d'une autre protéine, la GTPase Rab3a, permet d'écarter cette hypothèse : contrairement à celle de VIAAT, l'expression de Rab3a augmente de manière continue dans les trois jours suivant la transfection (cf. *Figure II.4C*). Par ailleurs, l'hypothèse d'une toxicité cellulaire de VIAAT a pu être écartée par des expériences de cotransfection de VIAAT et de GFP (données non montrées). La labilité de VIAAT reflète donc un ''*turn-over*'' moléculaire de VIAAT plus rapide que celui de Rab3a. Une diminution du taux d'expression de VIAAT, trois jours après transfection, a également été observée par Gian-Carlo Bellenchi dans la lignée neuroendocrine BON (voir l'immunoblot présenté sur la *Figure II.4B)*.

Par conséquent, la labilité de l'expression de VIAAT semble un phénomène général. En raison de son caractère plus marqué dans les cellules PC12, j'ai poursuivi l'étude de ce phénomène dans cette lignée.

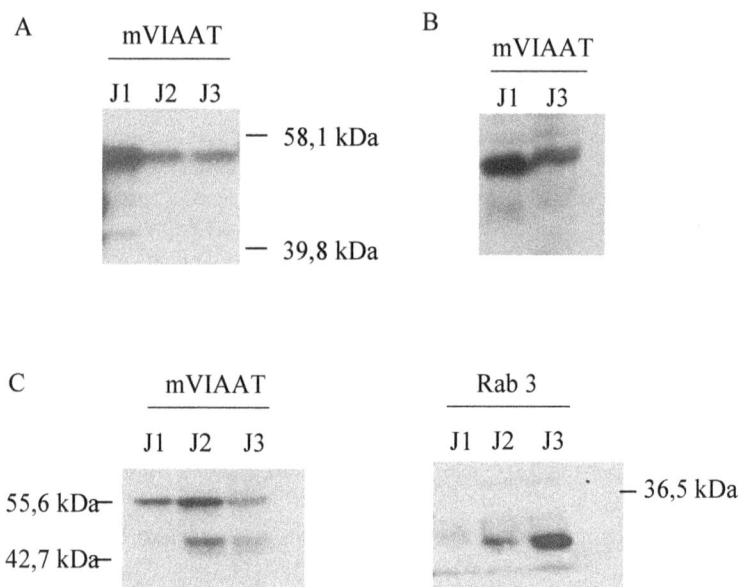

Figure II.4: Labilité de l'expression de VIAAT dans plusieurs lignées cellulaires. A. Des cellules PC12 ont été transfectées de manière transitoire par l'ADNc du VIAAT de souris (mVIAAT) et ont été analysées par immunotransfert, 1 (J1), 2 (J2) ou 3 jours (J3) après la transfection. *Une forte diminution du taux de VIAAT est observée entre J1 et J2.* **B.** Des homogénats de cellules BON exprimant mVIAAT ont été analysés 1 ou 3 jours après la transfection. *Comme dans les cellules PC12, la quantité de VIAAT diminue à J3.* **C.** Des homogénats de cellules COS exprimant mVIAAT ou Rab3 ont été analysés, 1, 2 ou 3 jours après transfection avec un sérum anti-VIAAT ou anti-Rab3. *Contrairement à Rab 3, l'expression de VIAAT diminue entre J2 et J3.*

C. *VIAAT EST DEGRADE PAR LE PROTEASOME*

Afin de déterminer si la disparition de VIAAT était due à une dégradation protéolytique, j'ai examiné l'effet d'inhibiteurs de protéases perméants. Certains de ces inhibiteurs étant toxiques, je les ai ajoutés un jour après la transfection, pour une durée de 24 ou 48h. Les inhibiteurs suivants ont été examinés :

- l'ALLN, un composé peu spécifique, qui inhibe diverses protéases telles que les calpaïnes I et II, les cathepsines B et L ainsi que le protéasome (Lee et Goldberg, 1998; Rock *et al.*, 1994).

- l'E-64 , un inhibiteur général de protéases à cystéine, de sélectivité lysosomiale (Isahara *et al.*, 1999; Mehdi, 1991).

- le MG-132, un inhibiteur spécifique du protéasome (Lee et Goldberg, 1998; Tsubuki *et al.*, 1993).

- la leupeptine, un inhibiteur d'activité de type trypsine, qui touche aussi des protéases à cystéine de sélectivité lysosomiale (Mehdi, 1991 ; Musial et Eissa, 2001).

- la pepstatine, un inhibiteur des protéases à aspartate du lysosome, en particulier la cathepsine D (Isahara *et al.*, 1999; Musial et Eissa, 2001).

Comme l'illustre l'immunoblot montré dans la *Figure II.5*, seuls l'ALLN (60 µM) et le MG-132 (à une concentration $\geq$ 400 nM) maintiennent l'expression de VIAAT pendant la deuxième journée suivant la transfection (ces composés étant très toxiques, l'analyse n'est pas possible au-delà de deux jours). Ces deux inhibiteurs ont en commun d'inhiber le protéasome. A l'opposé, des inhibiteurs de protéases lysosomiales, tels que l'E-64, la leupeptine ou la pepstatine, n'ont pas d'effet, même après 48 h de traitement. Ces résultats suggèrent donc que la labilité de l'expression de VIAAT dans les cellules PC12 soit due à une dégradation par le protéasome.

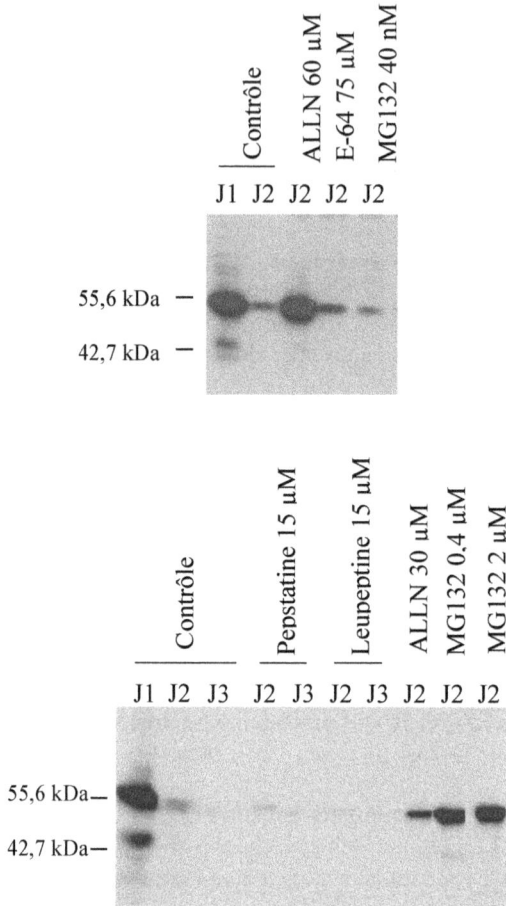

Figure II.5: VIAAT est dégradé par le protéasome dans les cellules PC12. Des cellules PC12 transfectées par l'ADNc de VIAAT ont été analysées par immunotransfert avec l'anticorps anti-VIAAT, 1, 2 ou 3 jours après la transfection (Contrôle: J1, J2 ou J3). Certaines cultures de cellules ont été incubées en présence d'inhibiteurs de protéases, aux concentrations indiquées, à partir du deuxième jour suivant la transfection. *Seuls l'ALLN et le MG-132 inhibent la disparition de VIAAT à J2 (l'effet de ces composés à J3 n'a pas été examiné en raison de leur toxicité).*

D. POURQUOI VIAAT EST-IL DEGRADE PAR LE PROTEASOME ?

La majorité des protéines membranaires de la voie de sécrétion des cellules eucaryotes est dégradée au niveau des lysosomes (Lee et Goldberg, 1998). Cependant, des travaux récents ont mis en évidence l'existence d'une voie de dégradation par le protéasome, au niveau du réticulum endoplasmique, après rétrotranslocation des protéines de la membrane du réticulum (Bonifacino et Weissman, 1998). Les exemples connus incluent des protéines résidentes du réticulum, comme, chez la levure, la HMG-CoA réductase (Hampton et Rine, 1994) ou la sous-unité Sec61p du translocon (complexe protéique incluant un pore qui permet le passage des chaînes polypeptidiques à travers la membrane du réticulum) (Biederer *et al.*, 1996), ainsi que des protéines retenues dans le réticulum en raison d'un défaut de repliement, comme la protéine CFTR (*Cystic Fibrosis Transmembrane conductance Regulator*) chez les mammifères (Ward *et al.*, 1995), ou encore la carbopeptidase Y chez la levure (Hiller *et al.*, 1996). Une cause possible de la dégradation de VIAAT par le protéasome pourrait donc être l'existence d'une mutation, non détectée, de la protéine induisant un défaut de repliement.

L'ADNc de souris, isolé par Bruno Gasnier lors de l'identification de VIAAT, présente une extrémité C-terminale "atypique" (voir la *Figure 11* de l'Introduction) en raison d'une délétion, probablement artefactuelle, de l'ADNc dans sa région 3'. J'ai effectué les expériences précédentes avec cet ADNc de souris. Pour examiner l'hypothèse d'un artefact dû à une anomalie de l'extrémité C-terminale, j'ai exprimé, dans les cellules PC12, un ADNc de rat isolé par E. Herzog et B. Giros (INSERM U 513, Créteil), identique à celui décrit par le laboratoire de R. Edwards, et un ADNc humain fourni par M. Pangalos (Glaxo SmithKline, Harlow). La protéine codée par l'ADNc humain, comportant en C-terminal un épitope V5 et un motif de six histidines, me permettait de confirmer éventuellement l'hypothèse d'une instabilité due à la modification de l'extrémité C-terminale. Cependant, comme le montre l'immunoblot présenté sur la *Figure II.6*, l'expression de ces deux nouveaux clones dans les cellules PC12 montrait à nouveau une forte diminution du taux de VIAAT après le premier jour suivant la transfection. La labilité de l'expression de VIAAT dans les cellules PC12 ne s'explique donc pas par un défaut des clones d'ADNc.

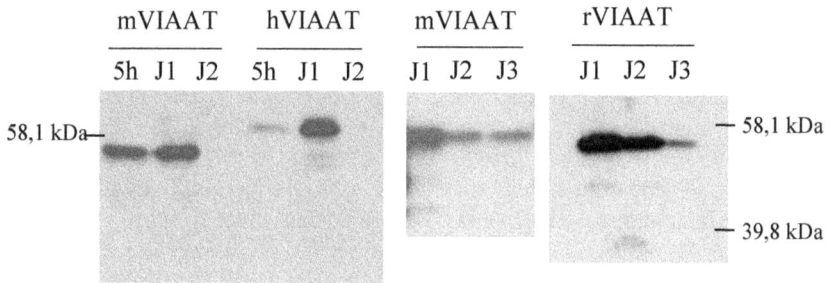

Figure II.6: La labilité de l'expression de VIAAT n'est pas due à un défaut des clones d'ADNc. Des cellules PC12 ont été transfectées de manière transitoire par l'ADNc du VIAAT de souris (mVIAAT), de rat (rVIAAT) ou d'homme (hVIAAT) et ont été analysées par immunotransfert, 5h, 1 (J1), 2 (J2) ou 3 jours (J3) après la transfection. *Une forte diminution du taux de VIAAT est observée entre J1 et J2 pour les 3 protéines. La protéine humaine est retardée par rapport aux autres car elle porte des étiquettes polyhistidines et V5.*

Plusieurs motifs peptidiques, capables d'induire une dégradation rapide par la voie ubiquitine-protéasome, ont été identifiés dans des protéines cytosoliques: par exemple, les séquences KEKE (Realini *et al.*, 1994), la *"cyclin destruction box"* (Glotzer *et al.*, 1991) ou les domaines PEST (Rechsteiner, 1990). Les domaines PEST, qui consistent en segments riches en résidus proline (P), glutamate (E), aspartate, sérine (S) ou thréonine (T), ont également été décrits sur des protéines membranaires mais, dans les exemples connus, ils induisent une internalisation dépendante de l'ubiquitine et une dégradation dans les lysosomes (Bonifacino et Weissman, 1998; Hicke, 1997). Dans notre recherche d'éventuels motifs responsables de la dégradation par le protéasome, nous avons analysé la séquence de VIAAT à l'aide de divers algorithmes. L'algorithme PEST-FIND, disponible sur la base de données de l'Unité Informatique Biomédicale du Royaume-Uni (http://www.icnet.uk/LRITu/projects/pest/; voir aussi la revue de Rechsteiner, 1990) a révélé l'existence d'un domaine PEST putatif, dans le domaine cytosolique N-terminal de VIAAT (acides aminés 64-84) (voir la séquence présentée sur *la Figure II.7* présentée au verso). Il existait donc potentiellement un domaine susceptible de réguler la stabilité métabolique de la protéine. L'identification de ce domaine était d'autant plus séduisante que les domaines PEST sont en général régulés par des phosphorylations (Marchal *et al.*, 2000; Rechsteiner, 1990) et que j'avais observé, au même moment, une phosphorylation du résidu sérine 65 de VIAAT, à l'extrémité N-terminale de ce domaine, par les caséine kinases (voir le Chapitre III).

Pour déterminer si ce domaine PEST putatif était responsable de la dégradation de VIAAT par le protéasome, j'ai construit un mutant délété du peptide 64-84 (ΔPEST) et j'ai comparé le décours de son expression à celui du VIAAT sauvage, en présence ou en absence de l'inhibiteur du protéasome MG-132. Comme le montre l'immunoblot de la *Figure II.7*, cette délétion n'influence pas l'expression de VIAAT dans les cellules PC12 : le mutant ΔPEST est, comme la protéine sauvage, complètement dégradé dès le deuxième jour suivant la transfection, et cette dégradation dépend du protéasome. Par conséquent, le domaine identifié par l'algorithme PEST-FIND n'est pas responsable de la dégradation de VIAAT. L'origine possible de la dégradation de VIAAT sera discutée à la fin de ce chapitre.

A

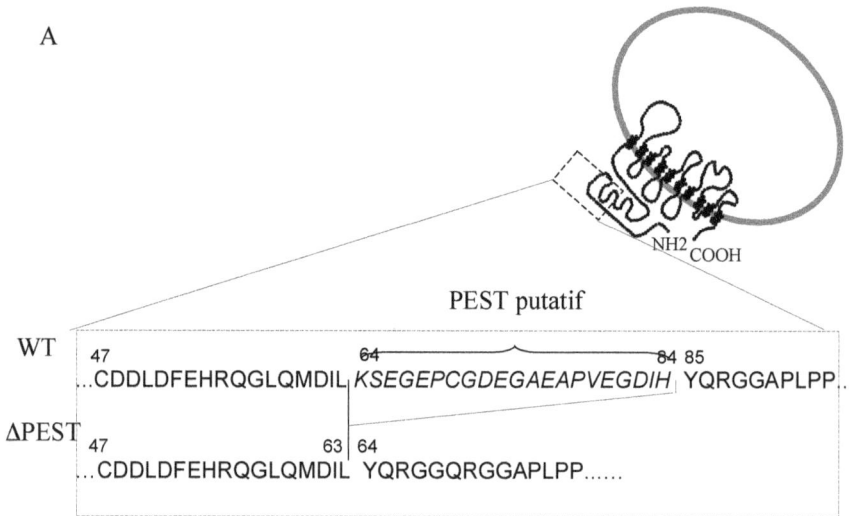

PEST putatif

WT
47   64   84 85
...CDDLDFEHRQGLQMDIL *KSEGEPCGDEGAEAPVEGDIH* YQRGGAPLPP...

ΔPEST
47   63 | 64
...CDDLDFEHRQGLQMDIL YQRGGQRGGAPLPP......

B

Protéine	Séquence	Score PEST
VIAAT	KSEGEPCGDEGAEAPVEGDIH	7.8
Cycline de levure CLN3[a]	KDSISPPFAFTPTSSSSSPSPFNSPYK KTSSSMTTPDSASH	8.2 10.6
Activateur de transcription GCN4[b]	KTVLPIPELDDAVVESFFSSSTDSTPMF-EYENLEDNSK	5.3
Ornithine[c] décarboxylase	HGFPPEVEEQDDGTLPMSCAQESGMDR	5.2

a Yaglom et al., 1995 ; b Kornitzer et al., 1994 ; c Ghoda et al., 1989

Figure II.7: La stabilité métabolique de VIAAT ne dépend pas du domaine PEST. A. Le domaine N-terminal cytosolique de VIAAT comporte un domaine PEST putatif. Ce domaine est indiqué en italique dans la séquence de la protéine sauvage (WT). Nous avons construit une délétion dans laquelle la majeure partie du domaine PEST a été retirée (DPEST). **B.** Tableau comparant le score de la séquence PEST de VIAAT à celui d'autres séquences PEST connues pour stimuler la protéolyse (d'après Rechsteiner et Rogers, 1996).

C

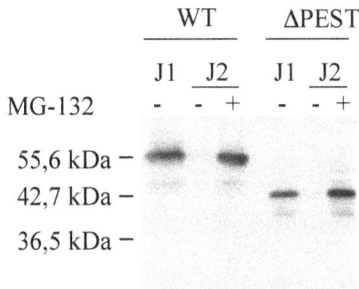

	WT		ΔPEST	
	J1	J2	J1	J2
MG-132	-	- +	-	- +

55,6 kDa –
42,7 kDa –
36,5 kDa –

Figure II.7: La stabilité métabolique de VIAAT ne dépend pas du domaine PEST. C. Des cellules COS, exprimant de manière transitoire VIAAT sous sa forme sauvage ou délétée du domaine PEST, ont été analysées par immunotransfert, 1 ou 2 jours après la transfection. Dans certaines cultures cellulaires, l'inhibiteur du protéasome MG-132 a été ajouté 24 h après la transfection. *La suppression du domaine PEST n'influence pas la stabilité métabolique de VIAAT.*

E. LA DEGRADATION DE VIAAT DEPEND-ELLE D'UNE UBIQUITYLATION ?

La dégradation des protéines cytosoliques par le protéasome est précédée, dans la plupart des cas, de l'attachement covalent, à des résidus lysine, de molécules d'ubiquitine, une protéine ubiquitaire très conservée. Les motifs de polyubiquitine, reconnus par les complexes 19S du protéasome, ciblent la protéine modifiée vers le protéasome, favorisant ainsi, après recyclage des molécules d'ubiquitine, la dégradation de la protéine par le complexe central 20S qui possède l'activité protéolytique (Coux *et al.*, 1996; Zwickl *et al.*, 1999). Dans la plupart des cas pour les protéines membranaires, une polyubiquitylation accompagne leur rétrotranslocation de la membrane du réticulum, ou leur succède immédiatement (Bonifacino et Weissman, 1998). Afin de préciser le mécanisme de dégradation de VIAAT dans les cellules PC12, j'ai examiné si le blocage de l'activité catalytique du protéasome permettait de mettre en évidence un intermédiaire polyubiquitylé du transporteur.

Pour distinguer VIAAT des autres protéines ubiquitylées, cette expérience nécessitait la mise au point d'un protocole d'immunoprécipitation avec l'anticorps anti-VIAAT. Mes premiers essais avec des détergents non-dénaturants (Triton X-100, Nonidet-P40, déoxycholate) se sont avérés négatifs. Cependant, la protéine de fusion utilisée pour l'immunisation était totalement immunoprécipitée, ce qui suggérait que l'échec de l'immunoprécipitation ne provenait pas de l'anticorps, mais plutôt d'une inaccessibilité des épitopes de la protéine native. Ce raisonnement m'a amenée à tester des protocoles dans lesquels la protéine était préalablement dénaturée. Comme le montre l'immunoblot présenté sur la *Figure II.8*, lorsque les membranes sont solubilisées par le SDS en présence de réducteur (puis diluées en présence de Triton X-100 afin d'éviter la dénaturation de l'anticorps par le SDS), VIAAT peut être immunoprécipité quantitativement.

Ce protocole a été utilisé pour isoler VIAAT à partir de cellules PC12, traitées par l'inhibiteur du protéasome MG-132, dans la deuxième journée suivant la transfection. Pour comparaison, l'immunoprécipitation a aussi été réalisée juste avant l'introduction du MG-132. L'accumulation d'un intermédiaire ubiquitylé, consécutif à l'inhibition du protéasome, a été examinée par immunotransfert des immunoprécipités, à l'aide d'un anticorps anti-ubiquitine. Comme le montre la *Figure II.9* (présentée au verso), des quantités similaires de VIAAT ont été immunoprécipitées à partir des deux lots de cellules (*Figure II.9B*, panneaux de gauche), et l'anticorps anti-ubiquitine permet de révéler l'accumulation de produits ubiquitylés dans les cellules traitées par le MG-132 (*Figure II.9A*, panneaux de droite). En revanche, aucune immunoréactivité anti-ubiquitine n'est détectée dans les immunoprécipités, même après traitement par l'inhibiteur du protéasome (*Figure II.9B*, panneaux de droite). La dégradation de VIAAT par le protéasome ne semble donc pas être précédée d'une ubiquitylation. Cette conclusion est confirmée par le fait que le traitement par les inhibiteurs du protéasome n'induit pas de retard électrophorétique de VIAAT (*Figure II.5*).

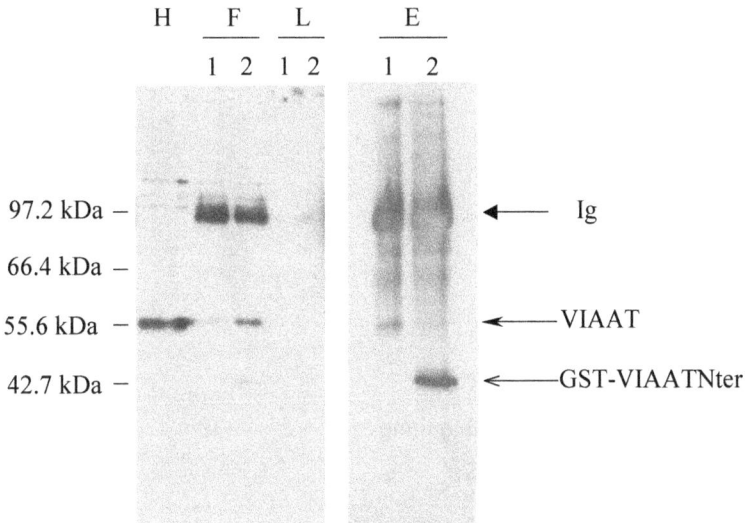

Figure II.8: Immunoprécipitation de VIAAT. Des cellules CHO exprimant VIAAT de manière stable ont été solubilisées dans du SDS (tampon de Laemmli). Après dilution dans un tampon comportant un détergent non-dénaturant, les homogénats (H) ont été incubés pendant une nuit à 4°C en présence de sérum anti-VIAAT et de protéine A-Sépharose. Dans certains échantillons (pistes 2), un excès de la protéine de fusion GST-VIAATNter a été ajouté, de manière à saturer les anticorps. Après élution de la fraction non adsorbée sur les billes de protéine A-Sépharose (fractions F), les billes ont été lavées (fractions L), et les complexes antigène-anticorps ont été élués par du tampon de Laemmli (fractions E). Les fractions ont été analysées par immunotransfert avec le sérum anti-VIAAT. *L'immunoprécipité comporte une bande immunoréactive comigrant avec VIAAT, uniquement lorsque les anticorps fixés sur les billes n'ont pas été saturés par la protéine de fusion. Noter la présence d'immunoglobulines (Ig) détectées par le sérum anti-VIAAT qui a servi à immunoprécipiter la protéine et à révéler l'immunoblot.*

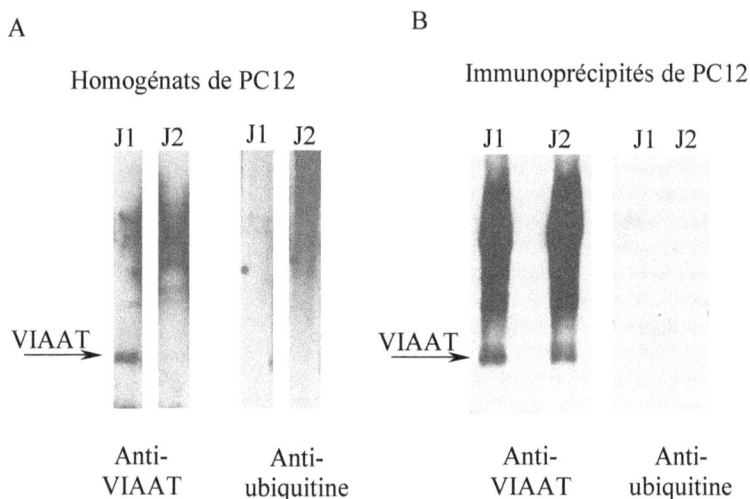

A — Homogénats de PC12   B — Immunoprécipités de PC12

Figure II.9: L'inhibition du protéasome n'induit pas l'accumulation d'une forme ubiquitylée de VIAAT. VIAAT, exprimé de manière transitoire dans des cellules PC12, a été immunoprécipité avec le sérum anti-VIAAT, 1 (J1) ou 2 jours (J2), après transfection des cellules. Les cellules ayant été analysées à 2 jours ont été incubées en présence de l'inhibiteur MG-132, à partir du deuxième jour suivant la transfection. **A.** Les homogénats cellulaires utilisés pour l'immunoprécipitation (H) ont été analysés, soit avec le sérum anti-VIAAT (gauche), soit avec un anticorps anti-ubiquitine (droite, dilué au 1:500, *Zymed laboratories Inc.*). *Noter l'immunoréactivité qui apparaît sous forme de 'traînée' dans la piste J2, indiquant une accumulation de protéines ubiquitylées dans les cellules incubées en présence de MG-132.* **B.** Les immunoprécipités (E) ont également été révélés par les deux anticorps. *Une immunoréactivité comigrant avec VIAAT est détectée par le sérum anti-VIAAT (gauche) alors qu'aucune immunoréactivité n'est détectée par l'anticorps anti-ubiquitine, même après une exposition longue (ici une nuit).*

II. DISCUSSION

Le phénomène d'instabilité métabolique de VIAAT dans diverses lignées cellulaires nous sembla intéressant à étudier en relation avec le rôle possible de la phosphorylation (cf. Chapitre III), un contrôle biologique de la protéolyse de VIAAT pouvant réguler indirectement le stockage vésiculaire des neuromédiateurs.

L'utilisation d'inhibiteurs de protéases perméants, de spécificités différentes, permit de montrer que VIAAT était dégradé par le protéasome dans les cellules PC12, ce qui suggère un défaut de trafic membranaire au niveau du réticulum (Bonifacino et Weissman, 1998). En effet, de nombreuses protéines retenues dans le réticulum, incluant des protéines résidantes du réticulum, ou des protéines mal repliées, subissent une translocation rétrograde vers le cytosol, dans lequel elles sont ubiquitylées puis dégradées par le protéasome. Nous n'avons pas pu mettre en évidence une ubiquitylation de VIAAT, mais il existe d'autres cas de protéines membranaires dégradées par le protéasome, dans lesquels une ubiquitylation n'a pas été observée, par exemple pour les chaînes lourdes du complexe MHC de classe I (Wiertz *et al.*, 1996a; Wiertz *et al.*, 1996b) ou encore la protéine CD4 (Fujita *et al.*, 1997). Bien que la localisation de VIAAT sur le réticulum n'ait pas été examinée, cette interprétation écarte l'idée d'un rôle biologique du phénomène de dégradation dans les terminaisons nerveuses.

Quelle est l'origine de l'instabilité métabolique de VIAAT dans les lignées cellulaires ? Une première hypothèse consistait à postuler la présence d'une mutation, non détectée, de la protéine, induisant un défaut de repliement. Mais la labilité de l'expression de VIAAT dans les cellules PC12 est observée pour différents clones d'ADNc, ce qui exclut un artefact dû à une mutation non détectée. Une autre hypothèse qui serait elle aussi artefactuelle, consiste à envisager une saturation de la voie de sécrétion dans les protocoles d'expression transitoire. Cette hypothèse expliquerait, d'une part, la variabilité de l'instabilité de VIAAT observée d'une lignée à l'autre, et, d'autre part, la possibilité d'obtenir des clones stables dans ces lignées sans observer de dégradation par le protéasome. L'expression stable de VIAAT dans des clones CHO n'est, par exemple, pas modifiée par un traitement par les inhibiteurs du protéasome (Bruno Gasnier, données non montrées). Enfin, la rétention de VIAAT dans le réticulum pourrait être due à un défaut d'association dans un complexe hétéro-oligomérique. Certaines sous-unités de complexes multi-protéiques qui restent non assemblées peuvent, ainsi, être retenues dans le réticulum puis dégradées par le protéasome, par exemple dans le cas de certaines chaînes du récepteur TCR (*T-cell antigen receptor*) (Bonifacino et Weissman, 1998 ; Yu *et al.*, 1997). Le partenaire de VIAAT, par exemple une protéine des vésicules synaptiques, pourrait être limitant, voire absent, de la lignée cellulaire utilisée, ce qui expliquerait les différences observées entre les lignées.

Une hypothèse séduisante serait que ce partenaire soit la protéine UNC-46. Des études génétiques chez *C. elegans* avaient en effet montré que les mutants *unc-46* présentaient un phénotype similaire à ceux des mutants *unc-47* (phénotype *shrinker*, voir l'Introduction), avec des défauts présynaptiques de la transmission GABAergique (McIntire *et al.*, 1993a; McIntire *et al.*, 1993b). Plusieurs résumés de congrès récents, disponibles sur le site internet ''Wormbase'' (http://www.wormbase.org/), rapportent l'identification moléculaire de la protéine UNC-46 chez le nématode (Schuske et Jorgensen, 2000 [wcwm2000ab222]) et suggèrent son implication dans la modulation du remplissage vésiculaire GABAergique (Carnell *et al.*, 2001 [wm2001p673]). UNC-46 est en effet une protéine des vésicules synaptiques, mal localisée en l'absence de UNC-47, ce qui suggère l'existence d'une interaction entre ces deux protéines (Schuske et Jorgensen, 2000 [wcwm2000ab222]). Par ailleurs, l'expression de UNC-47 est capable de compenser le phénotype ''*shrinker*'' des mutants *unc-46*, ce qui suggère que UNC-46 intervienne dans le remplissage vésiculaire GABAergique (Schuske et Jorgensen, 1996 [wcwm96ab140]). Cette hypothèse est renforcée par l'observation que la quantité de GABA, mesurée par HPLC dans des vésicules synaptiques préparées à partir de tissu de nématodes mutants *unc-47* ou *unc-46*, est 3 à 4 fois moindre que celle mesurée dans des vésicules préparées à partir de tissu de nématodes sauvages. Cette donnée suggère que les deux protéines agissent de concert pour moduler la quantité de GABA stockée des vésicules. Il serait donc particulièrement intéressant d'examiner si la coexpression de VIAAT et de UNC-46, dans les cellules PC12, inhibe l'instabilité métabolique de VIAAT.

CHAPITRE III

ETUDE D'UNE

PHOSPHORYLATION

DE VIAAT

RESULTATS

I.   DECOUVERTE D'UNE PHOSPHORYLATION DE VIAAT

Lors de la caractérisation de notre anticorps, nous avions observé, par immunotransfert, que la protéine native présentait de légères différences de migration électrophorétique selon les régions du cerveau examinées (voir le Chapitre II). Une observation plus attentive a révélé que la protéine migrait, en fait, sous la forme d'un doublet, avec une bande supérieure (c'est-à-dire migrant plus lentement) prédominante dans toutes les régions du cerveau examinées, sauf le bulbe olfactif et la rétine, dans lesquels l'immunoréactivité est majoritairement associée à la bande inférieure (*Figure III.1*).

Afin de déterminer l'origine de cette hétérogénéité, j'ai examiné l'effet d'un traitement par une phosphatase alcaline sur le profil électrophorétique de VIAAT. Comme le montre la *Figure III.2*, ce traitement provoque la disparition de la bande supérieure du doublet au profit de la bande inférieure, dans différents extraits de cerveau. Ce résultat indique que le retard de migration de la bande supérieure est dû à une phosphorylation. VIAAT est donc majoritairement phosphorylé dans le système nerveux central.

La découverte d'une phosphorylation d'un transporteur vésiculaire de neuromédiateurs semblait prometteuse en raison du rôle bien connu des phosphorylations dans la régulation de divers processus cellulaires. Qui plus est, la régionalisation de cette phosphorylation dans le système nerveux renforçait l'idée d'un rôle régulateur. La plus grande partie de ma thèse fut donc consacrée à l'étude de cette phosphorylation.

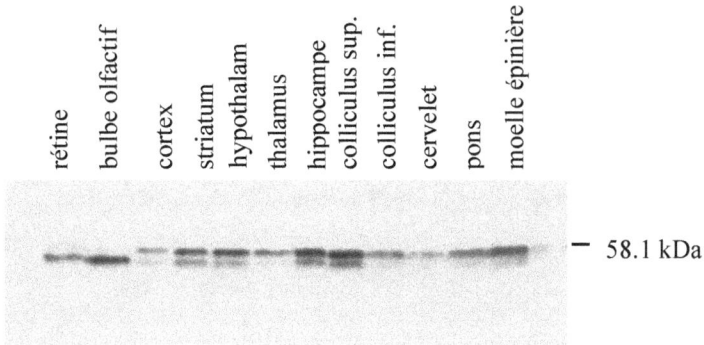

Figure III.1: Hétérogénéité biochimique de VIAAT dans le système nerveux central. Différentes régions du système nerveux central d'une ratte Sprague-Dawley ont été disséquées, homogénéisées et analysées par immunotransfert avec le sérum anti-VIAAT. Des masses équivalentes de tissu ont été déposées sur chaque piste, sauf pour la rétine, pour laquelle la quantité est deux fois moindre. *VIAAT migre sous la forme d'un doublet, avec une bande supérieure (retardée) majoritaire dans toutes les régions examinées, sauf le bulbe olfactif et la rétine.*

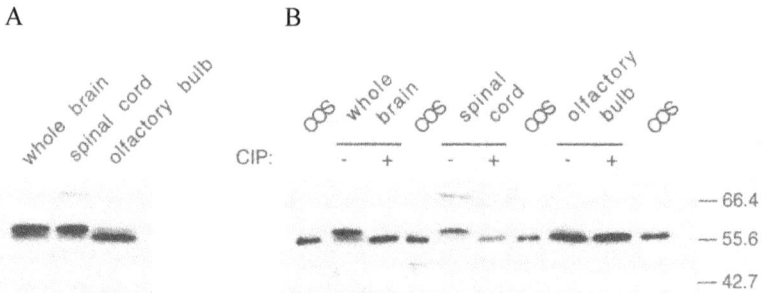

Figure III.2: Effet d'une phosphatase alcaline sur le profil électrophorétique de VIAAT. **A:** Des homogénats de cerveau total, de moelle épinière ou de bulbe olfactif de rat ont été analysés par immunotransfert avec le sérum anti-VIAAT. **B:** Les mêmes homogénats ont été solubilisés avec du SDS (concentration finale 0,05%) et incubés pendant 1 h, à 37°C, en présence ou non de phosphatase alcaline d'intestin de veau (CIP, *Calf Intestine Phosphatase*). A titre de comparaison, chaque paire d'échantillon, traité ou non, est encadrée par des membranes de cellules COS-7 exprimant le VIAAT recombinant. *La protéine, exprimée dans les cellules COS comigre, avec la forme déphosphorylée du cerveau, et sa mobilité électrophorétique n'est pas modifiée par la phosphatase alcaline (voir Figure III.9).*

II. CARACTERISATION DU CYCLE DE PHOSPHORYLATION DE VIAAT

Notre premier effort pour caractériser la phosphorylation de VIAAT a consisté à rechercher un modèle cellulaire capable de reproduire ce phénomène avec la protéine recombinante. Cependant, comme nous le verrons dans la section II.A.3, et comme cela est illustré dans la *Figure III.7* pour les cellules COS (voir plus loin), nous n'avons pas pu identifier un tel modèle. Par conséquent, les questions examinées ont été abordées principalement par des approches biochimiques *in vitro*, complétées, lorsque cela était possible, par des études *in vivo* dans des cultures de neurones.

Nous examinerons ci-dessous les résultats de ces approches pour une première question, celle de l'identité de la kinase de VIAAT.

A. RECHERCHE DE LA KINASE DE VIAAT

1. Recherche d'une activité VIAAT-kinase dans les extraits de cerveau

Nous avons, dans un premier temps, cherché à stimuler la phosphorylation de VIAAT par une kinase endogène, en incubant des extraits de cerveau avec de l'ATP. A l'époque, je n'avais pas encore mis au point la technique d'immunoprécipitation de VIAAT, si bien que le seul moyen de détection de la phosphorylation de VIAAT était le retard de migration électrophorétique.

VIAAT est majoritairement phosphorylé dans le cerveau, aussi était-il nécessaire de le déphosphoryler dans une première étape. Comme ceci sera détaillé ultérieurement (cf. § II.C.1) j'ai découvert, de manière fortuite, qu'une faible quantité de détergent induisait une conversion spontanée de la forme phosphorylée de VIAAT en sa forme non phosphorylée. J'ai tiré parti de cet effet de stimulation d'une activité phosphatase endogène, pour obtenir un VIAAT majoritairement déphosphorylé dans des extraits de cerveau (surnageants post-nucléaires ou membranes totales). Après cette étape de déphosphorylation de VIAAT, les extraits de cerveau ont été dilués, incubés en présence d'ATP, d'inhibiteurs de phosphatases et d'activateurs de kinases de spécificités différentes, puis analysés par immunotransfert. Malheureusement, aucune des conditions testées (détergents dans l'étape de déphosphorylation ou conditions de stimulation des kinases dans l'étape de phosphorylation) n'a permis d'observer une rephosphorylation de VIAAT détectable par retard électrophorétique, dans les extraits de cerveau (données non montrées).

2. Phosphorylation in vitro d'un domaine de VIAAT

L'échec des expériences précédentes nous a incités à suivre une autre approche, qui consistait à identifier le domaine de VIAAT comportant la ou les phosphorylation(s), puis à tester, *in vitro*, l'action de kinases candidates, sur une préparation recombinante purifiée de ce domaine.

Afin de localiser la phosphorylation sur la structure primaire de VIAAT, nous avons effectué des expériences de protéolyse ménagée du VIAAT natif. Parmi les différentes protéases testées, l'endoprotéinase V8, qui clive les liaisons peptidiques après les résidus aspartate ou glutamate, a donné les résultats les plus intéressants. Le traitement d'homogénats de bulbe olfactif ou de moelle épinière, par différentes quantités d'endoprotéinase V8, génère plusieurs produits de dégradation, immunoréactifs pour l'anticorps anti-VIAAT (cf. *Figure III.3*). De manière intéressante, ces produits de dégradation conservent un caractère de doublet, avec une bande supérieure prédominante dans la moelle épinière et minoritaire dans le bulbe olfactif, comme cela est observé pour le polypeptide intact. Cette observation indique que l'hétérogénéité des produits de protéolyse de VIAAT reflète la présence d'une phosphorylation dans les produits de coupure. Bien que nous ne connaissions pas les sites précis de clivage par la protéase V8, les résidus aspartate ou glutamate étant trop nombreux dans la séquence de VIAAT, cette donnée nous permet de localiser approximativement les résidus phosphorylés. En effet, dans la mesure où notre sérum est dirigé contre le domaine N-terminal (acides aminés 2-127), l'observation d'un produit immunoréactif et phosphorylé de 30 kDa (cf. *Figure III.3*) indique que les résidus sont localisés dans la moitié N-terminale de VIAAT. Comme nous le verrons dans la section III.A, nous avons, par ailleurs, montré que ces résidus sont localisés dans le cytosol, comme pour la majorité des phosphorylations. Ces données suggèrent que le(s) résidu(s) phosphorylé(s) soi(en)t localisé(s) dans le domaine N-terminal lui-même, qui est l'élément cytosolique majeur du polypeptide.

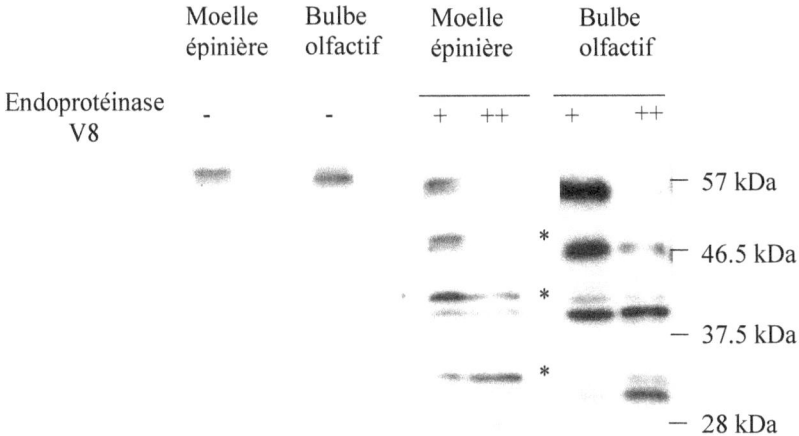

Figure III.3: Digestion ménagée d'homogénats de bulbe olfactif et de moelle épinière de rat par l'endoprotéinase V8. Des homogénats de moelle épinière (10 µg) et de bulbe olfactif (10 µg) ont été incubés pendant 1 h, à température ambiante, en présence de 0,25 (+) et 0,75 (++) unité d'endoprotéinase V8, puis analysés par immunotransfert avec le sérum anti-VIAAT. *Les produits de protéolyse (astérisques) migrent sous la forme de doublets.*

Nous avons donc, dans une deuxième étape, examiné les sites potentiels de phosphorylation du domaine N-terminal (acides aminés 2-127), à l'aide de l'algorithme de la base de données "Phosphobase" du Centre d'Analyse de Séquences Biologiques de l'Université Technique du Danemark (http://www.cbs.dtu.dk/databases/PhosphoBase; voir aussi Kreegipuu *et al.*, 1998). Selon cet algorithme, trois protéines kinases sont susceptibles de phosphoryler le domaine N-terminal de VIAAT (cf. *Figure III.4*) :

- La protéine kinase C (PKC), sur le résidu sérine numéro 17.
- La caséine kinase 2 (CK2), sur la sérine 65 et sur les thréonines 37 et 117.
- La caséine kinase 1 (CK1), sur les sérines 7 et 20 et sur la thréonine 14 (mais ces dernières phosphorylations seraient conditionnées par une phosphorylation préalable des résidus T3, S17 et T10, respectivement).

Selon le même algorithme, les protéines kinases suivantes ne phosphoryleraient pas ce domaine : la Ca^{2+}/calmoduline protéine kinase II (CaMKII), la glycogène synthase kinase 3 (GSK3), la kinase de la chaîne légère de la myosine (MLCK), p34cdc2, p70S6K, ainsi que les protéines kinases A et G.

De manière intéressante, des études antérieures avaient montré que les deux kinases candidates révélées par cette recherche, la PKC et la CK2, phosphorylent respectivement les transporteurs vésiculaires d'acétylcholine (Cho *et al.*, 2000; Krantz *et al.*, 2000) et des monoamines (Krantz *et al.*, 1997).

Dans une troisième étape, nous avons étudié la capacité des kinases candidates révélées par l'algorithme, à phosphoryler *in vitro* une préparation purifiée du domaine N-terminal. Ce domaine a été produit chez *E. coli* sous forme d'une protéine de fusion associée à la glutathion-S-transférase (GST-VIAATNter). Ces expériences ont été réalisées par incubation de la protéine de fusion en présence de $[^{32}P]ATP$ et de la kinase purifiée (de source commerciale), dans un milieu optimisé pour la kinase examinée (présence d'activateur de kinase). La radioactivité incorporée dans la protéine de fusion a ensuite été analysée par séparation électrophorétique des protéines, et détection du $[^{32}P]$ à l'aide d'un PhosphorImager.

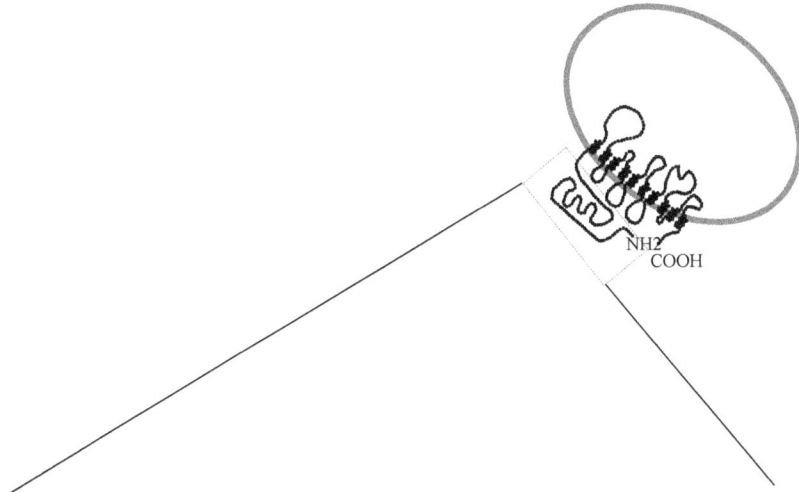

MATLLRSKLTNVATSVSNKSQAKVSGMFARMGFQAATDEEAV
GFAHCDDLDFEHRQGLQMDILKSEGEPCGDEGAEAPVEGDIHY
QRGGAPLPPSGSKDQAVGAGGEFGGHDKPKITAWEAGWNVTN

Site phosphorylable par la CK2 ⎫
⎪
Site phosphorylable par la CK1 ⎬ Prédictions établies à l'aide de
⎪ l'algorithme de la base de données ''
Site phosphorylable par la PKC ⎭ Phosphobase ''
(http://www.cbs.dtu.dk/databases/Phos

Figure III.4: Prédictions de sites de phosphorylation du domaine N-terminal du VIAAT de souris (acides aminés 1-127).

L'analyse de la phosphorylation *in vitro* de la protéine GST-VIAATNter par les caséine kinases et la PKC est présentée sur la *Figure III.5A* (présentée au verso de cette page). Elle révèle que la protéine GST-VIAATNter incorpore du phosphate radioactif en présence des caséine kinases mais pas de la PKC, même lorsque celle-ci est stimulée par un ester de phorbol, le 12-*O*-tetradecanoylphorbol 13-acetate (TPA) (Nishizuka, 1984). On notera, par ailleurs, que la phosphorylation de GST-VIAATNter par la CK2 est fortement stimulée par la polylysine, conformément aux données de la littérature (Cochet *et al.*, 1981; Meggio *et al.*, 1983). Afin de nous assurer que les phosphorylations observées sur les protéines de fusion n'étaient pas portées par la partie GST, le domaine VIAATNter, isolé de la partie GST par clivage à la thrombine, fut soumis au test de phosphorylation *in vitro*. Comme le montre la *Figure III.5B*, on observe effectivement une incorporation de [^{32}P] dans ce domaine en présence de CK2 et de CK1, mais pas de PKC. Par ailleurs, nous avons vérifié que la GST, seule, n'incorporait pas de radioactivité (données non montrées). Ces résultats montrent que le domaine N-terminal de VIAAT est phosphorylé *in vitro* par les caséine kinases. De plus, la phosphorylation par les caséine kinases provoque un retard de migration de la protéine de fusion GST-VIAATNter, visible directement sur les gels d'électrophorèse, par coloration des protéines (montré sur la *Figure III.5A*, droite, pour la CK2). Le fait que la majorité de la protéine de fusion soit retardée, après le traitement par la CK2, indique que la phosphorylation est totale avec cette enzyme. Notons que la phosphorylation, par les caséine kinases, du domaine VIAATNter isolé, provoque lui aussi un retard de migration observable par immunotransfert (données non montrées).

A

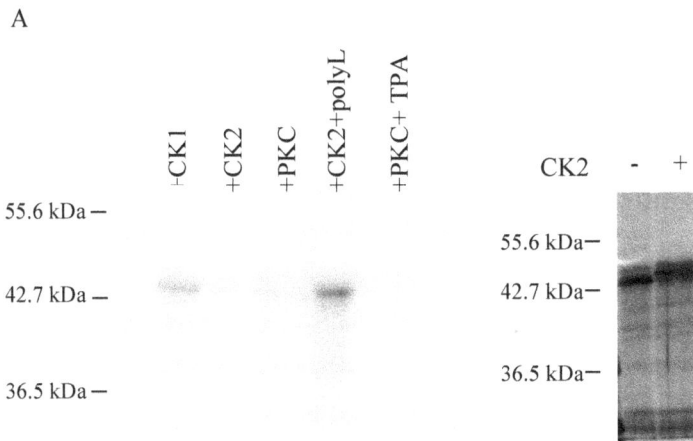

Figure III.5: Phosphorylation *in vitro* du domaine N-terminal de VIAAT par les caséine kinases et la PKC. A. Protéine de fusion GST-VIAATNter. Gauche: Le domaine N-terminal de VIAAT, fusionné à la GST, a été exprimé chez *E.coli*, purifié, puis soumis à une phosphorylation *in vitro*, pendant 20 min, à 30°C, avec différentes kinases. 1 μg de protéine GST-VIAATNter a été incubé avec du [^{32}P]ATP (125 μM, 0,5 μCi) et la caséine kinase 1 (CK1, 30 ng d'enzyme, 55 u) ou la caséine kinase 2 (CK2, 30 ng d'enzyme, 20 u) ou la protéine kinase C (PKC, 30 ng d'enzyme, 35 u), en absence (4 premières pistes) ou en présence de stimulants: pour la CK2, la polylysine (PolyL, 200 nM) et pour la PKC, le 12-O-tetradecanoylphorbol 13-acetate (TPA, 100 nM). La première piste représente un témoin, dans lequel les kinases étaient omises. Après réaction, les échantillons ont été analysés par SDS-PAGE et autoradiographie. *GST-VIAATNter est capable d'incorporer du [^{32}P] en présence de l'une ou l'autre des caséine kinases, mais pas de la PKC.* Droite: Les produits de phosphorylation de GST-VIAATNter par la CK2 (décrite en A, en présence de polylysine) ont été analysés par SDS-PAGE et coloration des protéines à l'argent. *La phosphorylation par la CK2 induit un retard de mobilité électrophorétique, comparable à celui observé pour le VIAAT du cerveau de rat.*

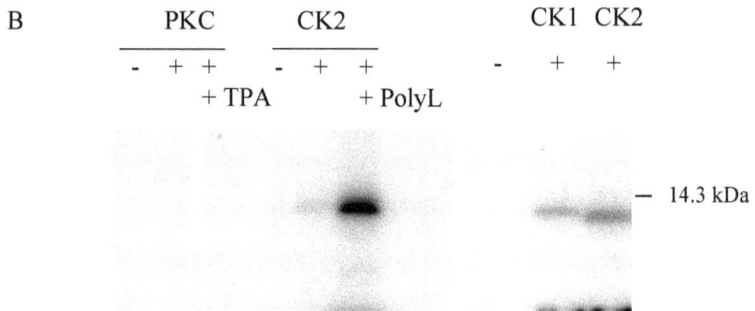

B   PKC   CK2   CK1 CK2

- + +   - + +   - +   +

+ TPA   + PolyL

— 14.3 kDa

Figure III.5: Phosphorylation *in vitro* du domaine N-terminal de VIAAT par les caséine kinases et la PKC. B.Domaine N-terminal seul. Après purification de la protéine de fusion, le domaine N-terminal de VIAAT a été séparé de la partie GST, par clivage à la thrombine, avant d'être soumis à une phosphorylation *in vitro* dans les mêmes conditions que celles décrites en A. *Le domaine N-terminal de VIAAT est capable d'incorporer du [^{32}P] en présence de l'une ou l'autre des caséine kinases, mais pas de la PKC. Notons que la même expérience, réalisée avec la GST au lieu du domaine N-terminal de VIAAT, ne fait apparaître aucune incorporation de [^{32}P] en présence des caséine kinases, ce qui démontre que c'est le domaine N-terminal de VIAAT, et non la partie GST, qui est phosphorylé in vitro dans la protéine de fusion.*

La découverte d'une phosphorylation totale de VIAAT par les caséine kinases, *in vitro*, était d'autant plus intéressante que certaines données de la littérature suggèrent une association possible de ces kinases aux vésicules synaptiques. En effet, il a été montré, par fractionnement subcellulaire de tissus de cerveau de rat, que 35% de l'activité totale de la CK2 était présente dans une fraction enrichie en synaptosomes, et que dans celle-ci, 1/3 était associée aux synaptosomes après purification, indiquant la présence de CK2 dans les terminaisons nerveuses (Girault *et al.*, 1990). Par ailleurs, M.K Bennett *et al.* ont montré que la CK2 est copurifiée lors de l'immunoprécipitation de la synaptotagmine à partir d'une fraction enrichie en vésicules synaptiques, ce qui suggère une association possible de la CK2 aux vésicules synaptiques (Bennett *et al.*, 1993). Quant à la CK1, des expériences biochimiques ont permis de montrer qu'une de ses isoformes était associée aux vésicules synaptiques (Gross *et al.*, 1995). VIAAT et les caséine kinases étaient donc susceptibles d'être en contact *in vivo*, et nous avons donc concentré nos efforts sur cette hypothèse.

Nous avons, dans un premier temps, cherché à identifier le(s) site(s) phosphorylé(s) *in vitro* par les caséine kinases. D'après les prédictions informatiques, trois sites du domaine N-terminal de VIAAT étaient potentiellement phosphorylables par la CK2 : T67, S65 et T117. En revanche, les sites prédits pour la CK1 étaient moins clairs, car, selon l'algorithme de ''Phosphobase'', ils dépendaient d'une phosphorylation préalable du domaine N-terminal, ce que nous n'avions pas observé (cf. *Figure III.5*). Nous avons donc, dans un premier temps, supprimé, par mutagenèse dirigée, les sites potentiels de phosphorylation par la CK2 de la protéine de fusion GST-VIAATNter, individuellement ou en combinaison, en remplaçant le résidu phosphorylable par une alanine (A). L'incubation des protéines de fusion mutées, purifiées, en présence de $[^{32}P]$ATP et de l'une ou l'autre des caséine kinases, a révélé que l'absence du site S65 fait disparaître l'incorporation de $[^{32}P]$ (cf. *Figure III.6)*, ainsi que le retard en SDS-PAGE (données non montrées), indiquant une phosphorylation *in vitro* principalement sur le site S65.

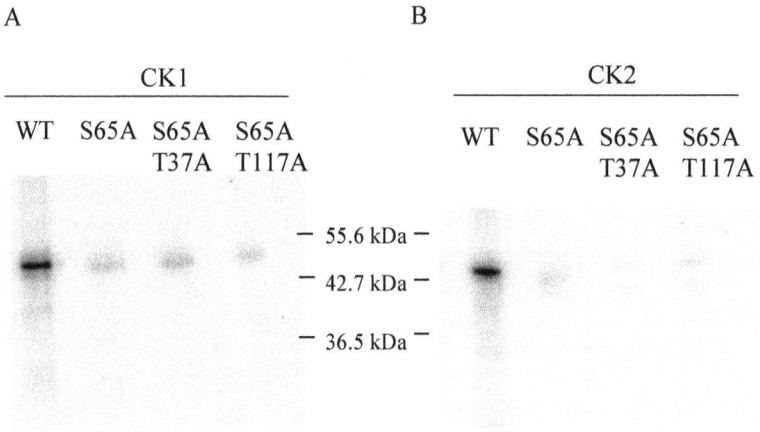

A   **B**

CK1   CK2

WT   S65A S65A S65A   WT   S65A S65A S65A
            T37A   T117A   T37A   T117A

— 55.6 kDa —

— 42.7 kDa —

— 36.5 kDa —

Figure III.6: Effet de la mutation de résidus sérine ou thréonine sur la phosphorylation *in vitro* de GST-VIAATNter par les caséine kinases. Des mutants du domaine N-terminal de VIAAT, en fusion avec la GST, dans lesquels l'un des sites potentiel de phosphorylation par la CK2 a été supprimé, seul (S65) ou de concert avec l'un ou l'autre des deux autres sites potentiels de phosphorylation par la CK2 (T37 ou T117), par remplacement du résidu concerné en alanine, ont été construits par PCR. Après expression chez *E. coli* et purification, la forme sauvage (WT), le mutant simple (S65A) et les mutants doubles (S65A/T37A et S65A/T117A) ont été soumis à une phosphorylation *in vitro* par la caséine kinase 1 (A) ou la caséine kinase 2 (B), dans les mêmes conditions que celles décrites dans la *Figure III.5* (dans le cas de la CK2, la polylysine était incluse dans le test). *La suppression du site S65 inhibe presque totalement l'incorporation de [^{32}P], par les deux caséine kinases, dans GST-VIAATNter.*

En conclusion, l'étude *in vitro* montrait que VIAAT était phosphorylable par les caséine kinases sur la sérine 65. Par ailleurs, les données de la littérature indiquaient la possibilité d'une interaction entre ces deux protéines *in vivo*. L'étape suivante consistait donc à examiner l'hypothèse d'une phosphorylation de VIAAT par les caséine kinases *in vivo*.

3. Approche in vivo : Recherche d'un modèle cellulaire qui phosphoryle VIAAT

Comme je l'ai indiqué au début de ce chapitre, nous avons recherché un modèle cellulaire d'expression de la protéine recombinante capable de reproduire la phosphorylation observée dans le cerveau, pour pouvoir bénéficier de la précision d'analyse de la biologie moléculaire. L'ADNc de VIAAT a donc été exprimé dans diverses lignées fibroblastiques (COS, CHO, HEK 293), et la mobilité électrophorétique de la protéine, examinée par immunotransfert. Cependant, contrairement à la protéine native, la protéine recombinante apparaissait sous la forme d'une seule bande, comigrant avec la bande basse du doublet présent dans le cerveau, et insensible à la phosphatase alcaline (cf. *Figure III.7)*. VIAAT n'est donc pas majoritairement phosphorylé dans ces lignées fibroblastiques. Nous avons ensuite examiné l'expression de VIAAT dans des lignées cellulaires sécrétrices : des lignées neuroendocrines, comme la lignée dopaminergique PC12 ou la lignée sérotoninergique BON, ou des lignées d'origine neuronale, telles que la lignée CAD (établie par transgenèse à partir de neurones dopaminergiques) ou la lignée NG108-15, dérivée d'un neuroblastome (Searles et Singer, 1988). Mais aucune phosphorylation de VIAAT n'a pu être mise en évidence dans ces lignées, par immunotransfert.

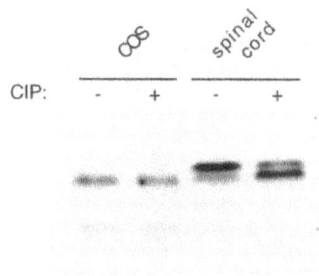

Figure III.7: Le VIAAT recombinant n'est pas phosphorylé dans les cellules COS. Des membranes de cellules COS-7 exprimant VIAAT, et des homogénats de moelle épinière, ont été traités (+) ou non (-) par la phosphatase alcaline (CIP), puis analysés par immunotransfert avec le sérum anti-VIAAT.

Notre critère d'observation d'un retard électrophorétique était peut-être trop peu sensible pour détecter la phosphorylation du VIAAT recombinant. J'ai donc réalisé des expériences de marquage métabolique sur des cellules PC12, transfectées de manière transitoire avec l'ADNc de VIAAT. Nous avions choisi la lignée PC12 pour cette étude, car elle constituait , à l'époque, le seul modèle cellulaire d'expression dans lequel VIAAT induisait une activité de transport vésiculaire de GABA (McIntire *et al.*, 1997). Compte tenu du phénomène d'instabilité métabolique de VIAAT dans cette lignée (cf. Chapitre II), le [^{32}P] a été introduit sur les cellules 12 heures après leur transfection, pendant une nuit. Les cellules ont ensuite été lysées puis incubées avec notre sérum anti-VIAAT, afin d'immunoprécipiter la protéine. Cependant, comme l'illustre la *Figure III.8*, alors que VIAAT est détectable par immunotransfert dans l'éluat d'immunoprécipitation, l'analyse des échantillons par autoradiographie n'a pas permis de détecter l'incorporation de phosphate radioactif au niveau de VIAAT.

Cette absence apparente de phosphorylation, dans toutes les lignées examinées, était plutôt défavorable à notre hypothèse sur un rôle des caséine kinases, puisque celles-ci sont ubiquitaires. Mais des régulations de leur activité ou de leur localisation, particulières aux neurones, pouvaient être responsables de l'absence de phosphorylation dans ces lignées. Nous avons alors cherché à stimuler l'interaction observée *in vitro* entre VIAAT et les caséine kinases, en coexprimant les deux protéines dans des cellules COS. Comme la CK2 est un dimère constitué d'une sous-unité catalytique α, et d'une sous-unité régulatrice β, nous avons coexprimé VIAAT soit avec la sous-unité catalytique seule, soit avec la sous-unité catalytique et la sous-unité régulatrice, au cas où cette dernière serait importante dans la régulation de l'activité de la kinase dans les cellules COS. Mais l'analyse par immunotransfert des cellules coexprimant VIAAT et la CK2, sous ses deux formes, n'a pas permis d'induire une phosphorylation de VIAAT détectable par immunotransfert (données non montrées). Nous n'avons, certes, pas pu vérifier que l'expression des sous-unités avait été effective dans ces expériences, car nous ne disposions pas des anticorps anti-CK2, mais cette expérience remettait en question l'implication de la CK2 comme kinase de VIAAT *in vivo*. Notre recherche d'un modèle cellulaire nous a également conduit à inhiber les phosphatases des cellules transfectées. Ces expériences, infructueuses, seront exposées ultérieurement dans la section II.C.2.

A   Transfection des cellules

$\downarrow$ Attente 12 h

Marquage au [^{32}P]

$\downarrow$ Incubation pendant une nuit

Grattage des cellules
Solubilisation (tampon de Laemmli)
Dilution

$\downarrow$

Homogénat de cellules

30 min 12 000g

Culot

Surnageant

+ sérum   + sérum
anti-VIAAT   préimmun
(1)   (2)

+ Protéine A Sépharose
Incubation une nuit à 4°C

30 s   F2: Fraction non retenue
F1   par le complexe anticorps/
Elution du complexe   Protéine A
anticorps/protéines
Lavages   retenues   Lavages
            (tampon de Laemmli)

E$_1$ E$_2$

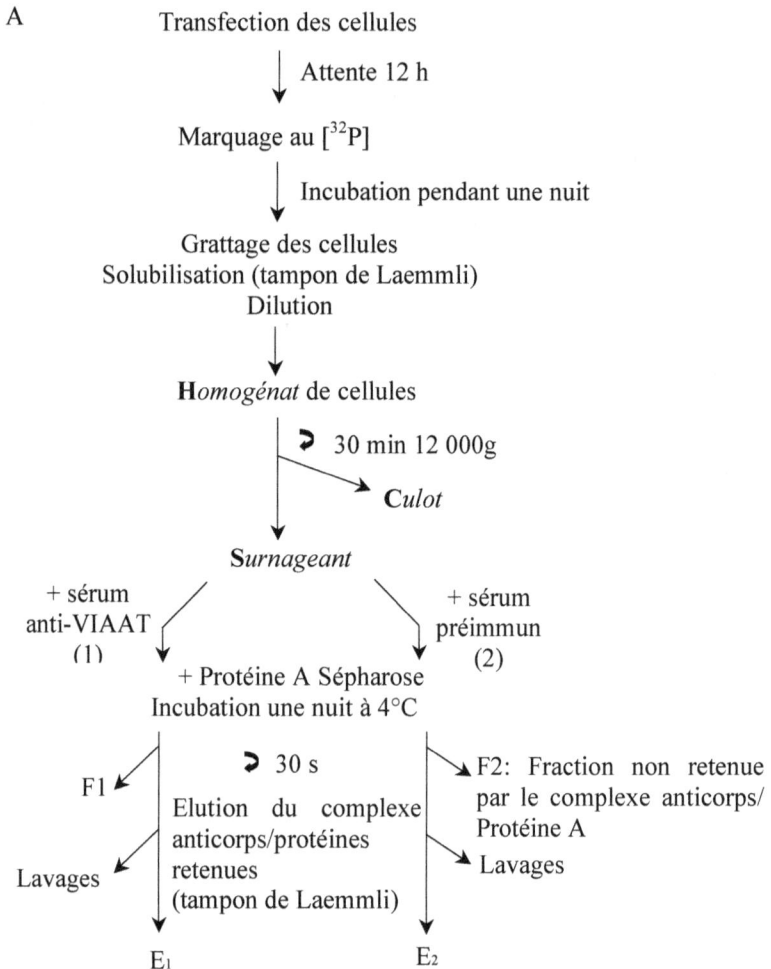

Figure III.8: Marquage métabolique au [^{32}P] de cellules PC12 exprimant VIAAT. Des cellules PC12, exprimant VIAAT de manière transitoire, ont été incubées pendant une nuit avec 1 mCi de [^{32}P] puis soumises au protocole d'immunoprécipitation schématisé en A, utilisé pour isoler

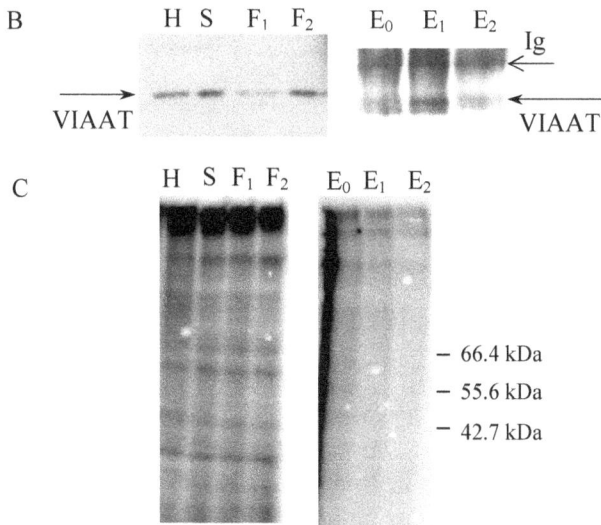

Figure III.8: Marquage métabolique au [³²P] de cellules PC12 exprimant VIAAT. B. Analyse de l'immunoprécipitation par immunotransfert avec le sérum anti-VIAAT. Les deux films correspondent au même immunoblot, mais avec deux expositions différentes. *VIAAT est bien détecté dans l'homogénat de cellules (H) et le surnageant de solubilisation (S). Une partie importante de VIAAT est retenue par le complexe anticorps/protéine A (comparer S et F_1). En revanche, la totalité de VIAAT est présente dans la fraction F_2, lorsque le sérum préimmun a été utilisé au lieu du sérum anti-VIAAT (comparer S et F_2). Une faible bande migrant à la masse moléculaire de VIAAT apparaît sélectivement dans l'éluat obtenu à partir de cellules exprimant VIAAT, incubées avec le sérum anti-VIAAT (E_1), alors qu'aucune bande n'est observée quand les cellules n'expriment pas VIAAT (E_0) ou quand les cellules exprimant VIAAT ont été incubées avec le sérum préimmun (E_2). Noter qu'une immunoréactivité des immunoglobulines (Ig) est détectée par le sérum anti-VIAAT dans les éluats, puisque le même sérum est utilisé pour immunoprécipiter et révéler la protéine.* **C. Analyse de l'immunoprécipitation de VIAAT par autoradiographie.** L'autoradiographie, révélée au PhoshorImager, correspond à l'immunoblot montré en B; les deux films correspondent à deux expositions différentes du même autoradiogramme (une nuit (gauche) ou 4 jours (droite)). *Aucun marquage par le [³²P] n'est détecté dans E_1 au niveau de VIAAT.*

---

4. Approche pharmacologique sur des cultures de neurones

Puisque aucun système d'expression hétérologue n'était capable de reproduire la phosphorylation de VIAAT observée dans le cerveau, nous nous sommes tournés vers les cultures primaires de neurones. Nous avons utilisé des cultures de neurones spinaux de rat, que j'ai effectuées dans le laboratoire d'A. Triller (INSERM U497), selon le protocole décrit par Béchade *et al.*, 1996. Comme l'illustre la *Figure III.9*, VIAAT est majoritairement phosphorylé dans ces cultures, de manière analogue au cerveau adulte, comme l'ont montré des traitements *in vitro*, par la phosphatase alcaline, d'extraits cellulaires préparés à partir des cultures (données non montrées).

Cont: neurones témoins
Bis Indolylmaleimide I 2,5 µM (BisI)
KN-62 30 µM
DRB 60 µM
Hymenialdisine 1 µM (HD)
PP2 4,5 µM
Genistein 20 µM
KT5720 10 µM
K-252a 240 nM
Staurosporine 110 nM

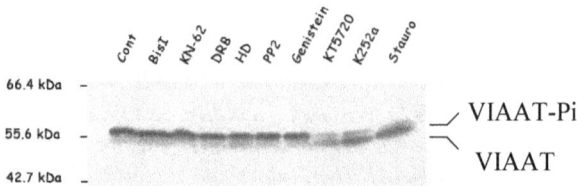

Figure III.9: Effet d'inhibiteurs de kinases sur l'état de phosphorylation de VIAAT dans les neurones en culture. Des neurones de moelle épinière de rat ont été mis en culture au stade E14. Après 12 jours *in vitro* (12 DIV, *Days In Vitro*), les cultures ont été incubées pendant une nuit avec des inhibiteurs de kinases de spécificités différentes, puis analysées par immunotransfert avec le sérum anti-VIAAT. Seuls le KT5720, le K-252a et la staurosporine inhibent la phosphorylation de VIAAT.

Inhibiteur	Concentration. utilisée (µM)	Cibles connues	Inhibition de la phosphorylation	Nombre d'observation
Staurosporine	0.065-0.12	non spécifique	+	19
K-252a	0.2-0.25	non spécifique	+	8
KT5720	10	non spécifique [a]	+	2
H7	70-30	PKA	-	2
H89	7	PKA	-	2
Bis	2-3	PKC	-	2
Ro-318220	1	PKC	-	1
KN-62	30	CaM-K	-	2
DRB	30-60	CK2	-	3
LY294002	80	CK2 [b]	-	2
Hymenialdysine	0.33-1	CK1/GSK-3β/	-	4
PD9809	50	MAP kinase	-	1
U0126	20	MEK1/MEK2	-	1
ML-7	10	MLCK	-	1
Wortmannine	1	MLCK [b]	-	1
PP2	1-5	src tyrosine kinase	-	2
AG213	40-50	tyrosine kinases	-	2
Genistein	20	tyrosine kinases	-	1

[a] souvent utilisé comme inhibiteur de PKA mais voir Davies, Reddy, Cavaino et Cohen (2000) Biochem. J. **351**, 95-105
[b] inhibe aussi la PI 3-kinase
PKA, cAMP-dependent protein kinase; PKC, protein kinase C; CK, casein kinase; GSK-3β, glycogen synthase kinase 3β; CDK, cyclin-dependent kinase, MAP kinase, mitogen-activated protein kinase; MEK, MAP kinase kinase; CaM-K, Calmodulin-dependent kinase; MLCK, myosin light chain kinase.

Tableau III.1 récapitulant l'effet d'inhibiteurs de kinases sur l'état de phosphorylation de VIAAT dans des neurones en culture

Dans le but de rechercher la kinase impliquée dans la phosphorylation de VIAAT *in vivo*, et d'examiner, en particulier, le rôle possible des caséine kinases, nous avons adopté une approche pharmacologique, consistant à incuber les cultures avec des inhibiteurs de kinases perméants et de spécificités variées (Davies *et al.*, 2000), puis à analyser l'état de phosphorylation du VIAAT endogène par immunotransfert. Les résultats des expériences sont synthétisés dans le *Tableau III.1*, tandis que la *Figure III.9* illustre l'une d'entre elles. Deux conclusions principales s'imposent:

Tout d'abord, l'hypothèse d'une phosphorylation de VIAAT, *in vivo*, par les caséine kinases, est écartée par deux types d'observation. D'une part, les inhibiteurs des caséine kinases, c'est-à-dire l'hyménialdisine (Meijer *et al.*, 2000) pour la CK1, le LY294002 (Davies *et al.*, 2000) et le DRB[20] (Meggio *et al.*, 1990) pour la CK2, ne bloquent pas la phosphorylation de VIAAT dans les neurones. D'autre part, et c'est peut-être l'argument le plus convaincant, la staurosporine inhibe la phosphorylation de VIAAT dans les neurones, alors qu'elle ne touche pas les caséine kinases aux concentrations utilisées dans ces expériences (il faudrait augmenter la concentration de staurosporine d'un facteur 2000 ou 15 000 pour toucher, respectivement, la CK2 ou la CK1 (Meggio *et al.*, 1995).

Ensuite, seuls des inhibiteurs de faible sélectivité, à savoir la staurosporine (Meggio *et al.*, 1995; Ruegg et Burgess, 1989), le K-252a (Ruegg et Burgess, 1989) ou le KT5720 (Davies *et al.*, 2000) bloquent la phosphorylation de VIAAT. Les inhibiteurs spécifiques de kinases bien caractérisées, telles que la PKC, la PKA, les CaMK, la MLCK ou Src sont inefficaces. Certes, nous n'avions aucun témoin positif attestant que l'agent pharmacologique testé ait efficacement inhibé sa cible, mais dans la mesure

---

[20] Le DRB inhibe aussi la CK1, mais avec moins d'efficacité que la CK2 (Meggio *et al.*, 1990).

où, en général, plusieurs inhibiteurs d'une même kinase ont été testés sans succès, il semble raisonnable de penser que ces kinases ne sont pas responsables de la phosphorylation de VIAAT.

En conclusion, bien que l'approche *in vitro* ait montré que les caséine kinases phosphorylent efficacement le domaine N-terminal de VIAAT sur un résidu unique, l'étude *in vivo* révèle, d'une part, que VIAAT ne semble phosphorylé que dans les neurones, et exclut, d'autre part, l'implication d'un grand nombre de kinases (en particulier les caséine kinases) dans la phosphorylation de VIAAT. Ces deux données suggèrent qu'une voie de signalisation spécifiquement neuronale puisse être responsable de la phosphorylation de VIAAT.

B. DYNAMIQUE DU CYCLE DE PHOSPHORYLATION ET DE DEPHOSPHORYLATION

Bien que le modèle des cultures de neurones ne nous ait pas permis d'identifier la kinase de VIAAT, il nous a fourni des conditions permettant de le déphosphoryler artificiellement (par incubation, pendant une nuit, avec des inhibiteurs comme la staurosporine). Il nous était donc possible d'étudier la cinétique de déphosphorylation de VIAAT, en incubant les neurones en culture, pendant des durées variables, avec ces inhibiteurs. La *Figure III.10A* montre qu'un traitement des cultures, pendant plus de 8 h, est nécessaire pour avoir une déphosphorylation maximale de VIAAT par la staurosporine (100 nM) ou le K-252a (240 nM). Notons d'ailleurs que les cinétiques de déphosphorylation semblent comparables pour les deux drogues, même si l'état final de déphosphorylation à 24 h diffère, puisqu'il est total avec la staurosporine et majoritaire avec le K-252a. Dans les deux expériences, la déphosphorylation de VIAAT apparaît donc comme un processus lent.

Après avoir déterminé la cinétique de déphosphorylation, nous avons cherché à étudier celle de sa phosphorylation. A cette fin, des neurones, traités pendant une nuit par de la staurosporine ou du K-252a, ont été lavés puis incubés une nuit supplémentaire dans un milieu conditionné par d'autres neurones[21] (voir le schéma de la *Figure III.10B*). A notre grande surprise, nous n'avons pas observé de rephosphorylation de VIAAT après

---

[21] L'utilisation de milieu conditionné est destinée à minimiser la mort cellulaire induite par le changement du milieu, qui n'est habituellement que partiellement renouvelé.

traitement par la staurosporine (*Figure III.10B*). D'ailleurs, même après plusieurs jours dans un milieu conditionné, et dans des conditions où une synthèse du transporteur a lieu, l'effet de la staurosporine sur l'état de phosphorylation de VIAAT est irréversible (voir la *Figure III.19*, présentée plus loin). En revanche, le traitement par le K-252a était réversible, ce qui me permit d'examiner la cinétique de phosphorylation, selon un protocole analogue au précédent. La *Figure III.10C* montre que le retour au niveau initial de phosphorylation nécessite entre 3 h et 7 h d'incubation, après lavage du K-252a.

Par conséquent, la déphosphorylation ou la rephosphorylation de VIAAT ont des cinétiques similaires, lentes, indiquant que cette phosphorylation est extrêmement stable dans les neurones.

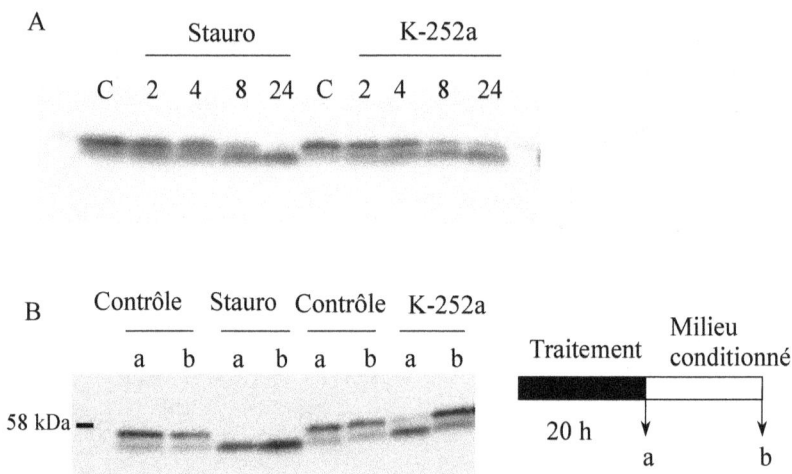

Figure III.10: Dynamique du cycle de phosphorylation et de déphosphorylation de VIAAT dans les neurones en culture. A. Cinétique de déphosphorylation de VIAAT. Des neurones de moelle épinière, en culture pendant 12 jours (12 DIV), ont été traités pendant les durées indiquées (en heures) avec 200 nM de K-252a ou 100 nM de staurosporine (stauro), puis analysés par immunotransfert avec le sérum anti-VIAAT. *Dans les deux cas, plus de 8 h d'incubation avec les inhibiteurs sont nécessaires pour arriver à une déphosphorylation majoritaire (K-252a) ou totale (staurosporine) de VIAAT.* **B. Irréversibilité de la déphosphorylation de VIAAT induite par la staurosporine.** Des neurones en culture (6 DIV) ont été incubés pendant 20 h avec de la staurosporine (100 nM) ou du K-252a (230 nM), puis analysés par immunotransfert immédiatement (a) ou après lavage puis incubation, dans du milieu conditionné par d'autres neurones, pendant 20 h (b). *Alors qu'après lavage du K-252a, VIAAT est à nouveau phosphorylé, aucune phosphorylation n'est observée après lavage de la staurosporine.*

C. *IDENTIFICATION D'UNE PHOSPHATASE DE VIAAT : LA PP2A*

1. Une PP2A déphosphoryle VIAAT in vitro

La phosphorylation de VIAAT avait été démontrée initialement par l'effet d'une phosphatase alcaline exogène (CIP, *Calf Intestine Phosphatase*). L'utilisation de cette phosphatase non spécifique avait l'avantage de ne faire aucune prédiction sur le type de résidu phosphorylé. Pour identifier la nature du résidu phosphorylé, sérine ou thréonine d'une part, tyrosine d'autre part, des homogénats de cerveau de rat ont été incubés avec les sous-unités catalytiques de phosphatases plus spécifiques (de source commerciale) : celles de la sérine/thréonine protéine phosphatase de type 1 (PP1), ou de type 2A (PP2A) ainsi que celle de la LAR (*Leukocyte Antigen Related*) tyrosine phosphatase. Malheureusement, contrairement à la CIP, aucune d'elle ne provoqua de conversion de la forme phosphorylée en la forme déphosphorylée, cet échec pouvant s'expliquer par le fait que les activités spécifiques de ces enzymes sont 1 000 fois inférieures à celle de la CIP. Cependant, les tampons recommandés pour ces phosphatases m'ont permis découvrir, de manière fortuite, qu'une très faible concentration de SDS (0,05%) induisait une conversion spontanée de la forme phosphorylée en la forme non phosphorylée. Nous avons donc cherché à déterminer quelle phosphatase endogène était responsable de ce phénomène.

La phosphatase impliquée fut identifiée par une approche pharmacologique. Plusieurs inhibiteurs de phosphatases de spécificités différentes ont été testés : l'acide okadaïque, un inhibiteur spécifique des PP1 et PP2A (Bialojan et Takai, 1988; Cohen, 1991); la cyperméthrine, un inhibiteur spécifique de la calcineurine (PP2B) (Enan et Matsumura, 1992) ; la déphostatine, un inhibiteur des tyrosine protéines phosphatases (PTP) (Imoto *et al.*, 1993) ; et l'orthovanadate de sodium, un inhibiteur général des PTP, qui agit également sur la calcineurine (Gordon, 1991; Morioka *et al.*, 1998). Comme l'illustre l'immunoblot présenté dans la *Figure III.11A*, la conversion spontanée de la forme phosphorylée de VIAAT, par le SDS 0,05%, est spécifiquement et totalement inhibée par 500 nM d'acide okadaïque, ce qui suggère que la phosphatase endogène impliquée soit la PP2A ou la PP1.

C

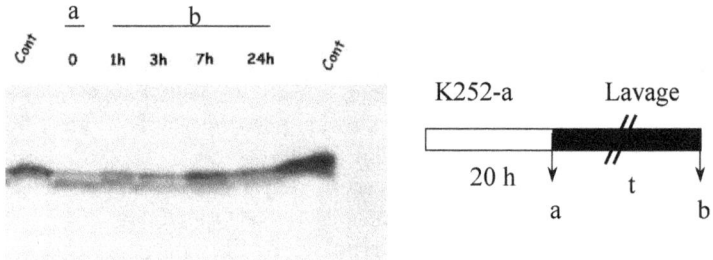

**Figure III.10: Dynamique du cycle de phosphorylation/
déphosphorylation de VIAAT dans les neurones en culture. C.
Cinétique de phosphorylation de VIAAT.** Des neurones en culture
(12 DIV) ont été incubés pendant 20 h, avec du K-252a (240 nM),
puis analysés après ce traitement (a, piste 0), ou bien lavés puis
incubés dans du milieu conditionné, pendant les durées indiquées,
avant d'être analysés par immunotransfert (b). *Après 3 h, en milieu
conditionné, la phosphorylation est à nouveau majoritaire; le niveau
de départ (Cont) est atteint après 7h.*

Afin de discriminer ces deux phosphatases, nous avons tiré parti de leurs différences d'affinité pour l'acide okadaïque : le K_D vaut 10 nM pour la PP1 et 0,1 nM pour la PP2A (Bialojan et Takai, 1988; Cohen, 1991). Des concentrations croissantes d'acide okadaïque ont donc été testées sur des homogénats de cerveau de rat dilués. Cette précaution, recommandée par P. Cohen (Cohen, 1991), est nécessaire pour s'assurer que les concentrations des phosphatases n'excèdent pas leur K_D, afin d'éviter un "effet de titration" par l'acide okadaïque qui engendrerait une surestimation des IC_{50}. Comme le montre la *Figure III.11B*, dans ces conditions, la déphosphorylation de VIAAT, induite par le SDS, est totalement inhibée par 1 nM d'acide okadaïque, ce qui exclut la PP1. Nous avons par la suite confirmé l'identification de la phosphatase, en montrant que la protamine, un activateur de la PP2A (Pelech et Cohen, 1985), induisait, en l'absence de SDS, la déphosphorylation de VIAAT dans une préparation de membranes de cerveau de rat (*Figure III.11C*). Ce point apportait une information supplémentaire, puisqu'il suggérait que la PP2A responsable de la déphosphorylation de VIAAT était associée, au moins partiellement, à une fraction membranaire.

A

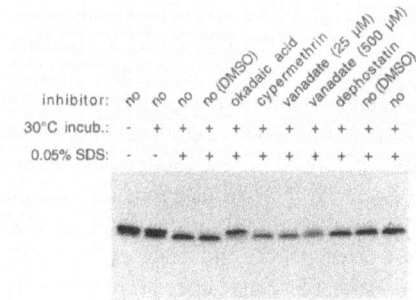

Acide okadaïque : 0,5 µM
Cyperméthrine : 0,005 µM
Orthovanadate de sodium : 25
ou 500 µM
Déphostatine : 100 µM
DMSO : 0,3% maximal

B

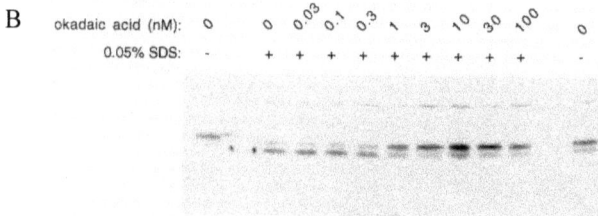

C

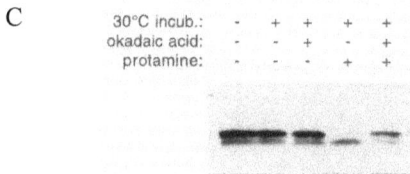

Figure III.11: VIAAT est déphosphorylé *in vitro* par une phosphatase endogène. A. Des homogénats de cerveau de rat (4 mg protéines/ml) ont été dilués 10 fois dans un tampon contenant 0,05% de SDS, puis incubés pendant 3 h, à 30°C, avec les inhibiteurs de phosphatases indiqués, avant d'être analysés par immunotransfert avec le sérum anti-VIAAT. La première piste correspond à une incubation en absence d'inhibiteurs, à 4°C, et la seconde, à une incubation à 30°C, mais sans SDS. Comme la plupart des inhibiteurs étaient dilués dans du DMSO, celui-ci fut ajouté dans certains témoins positifs (pistes 4 et 11). *Seul l'acide okadaïque inhibe la déphosphorylation spontanée de VIAAT en présence de SDS.* **B.** Des homogénats, déjà dilués 10 fois dans le tampon contenant 0,05% de SDS, ont été dilués à nouveau 5 fois, et incubés pendant 3 h à 30°C, en présence d'acide okadaïque aux concentrations indiquées. Deux témoins positifs, dans lesquels le SDS avait été omis, sont représentés aux extrémités droite et gauche de l'immunoblot. *La déphosphorylation spontanée de VIAAT, due au SDS, est totalement inhibée par 1 nM d'acide okadaïque.* **C.** Des membranes totales de cerveau de rat (2,5 mg protéines/ml) ont été incubées pendant 30 min, à 30°C, en absence de SDS, mais en présence de protamine (1 mg/ml) et/ou d'acide okadaïque (0,25 µM). *La protamine induit la déphosphorylation de VIAAT, et son effet est inhibé par l'acide okadaïque.*

2. Rôle de la PP2A in vivo?

L'identification d'une phosphatase de VIAAT, *in vitro*, était intéressante car, si son action était confirmée *in vivo*, elle pouvait orienter notre recherche de la kinase. En effet, l'absence de phosphorylation du VIAAT recombinant dans les lignées cellulaires pouvait résulter soit d'une activité kinase faible (à la limite totalement absente, comme nous l'avons suggéré plus haut), soit, au contraire, d'une activité phosphatase trop forte. Nous avons donc cherché à inhiber la PP2A dans des cellules fibroblastiques (CHO et COS) exprimant le VIAAT recombinant soit par traitement chimique des cellules avec l'acide okadaïque, soit par coexpression du petit antigène t du virus SV40 ("*small-t*"), qui a la propriété de déplacer les sous-unités régulatrices des holoenzymes de PP2A, ce qui inhibe l'activité de la sous-unité catalytique (Yang *et al.*, 1991). Aucun de ces traitements n'a malheureusement permis d'observer de phosphorylation de VIAAT détectable par immunotransfert, ce qui favorise l'hypothèse d'une kinase spécifique des neurones (données non montrées).

Afin d'étudier le rôle éventuel de la PP2A *in vivo* dans les neurones, j'ai exploité l'effet de la staurosporine. En inhibant la voie de phosphorylation de VIAAT *in vivo*, la staurosporine créait artificiellement des conditions dans lesquelles seule la réaction de déphosphorylation avait lieu, permettant ainsi d'examiner l'implication éventuelle de la PP2A dans ce processus. Des neurones ont donc été traités par la staurosporine, en absence ou en présence d'acide okadaïque. L'immunoblot présenté dans la *Figure III.12* montre que l'effet de la staurosporine est inhibé par l'addition de 100 nM d'acide okadaïque, ce qui suggère que la PP2A déphosphoryle VIAAT *in vivo*, dans les neurones (on ne peut toutefois pas exclure un rôle *in vivo* de la PP1 à cette concentration d'acide okadaïque).

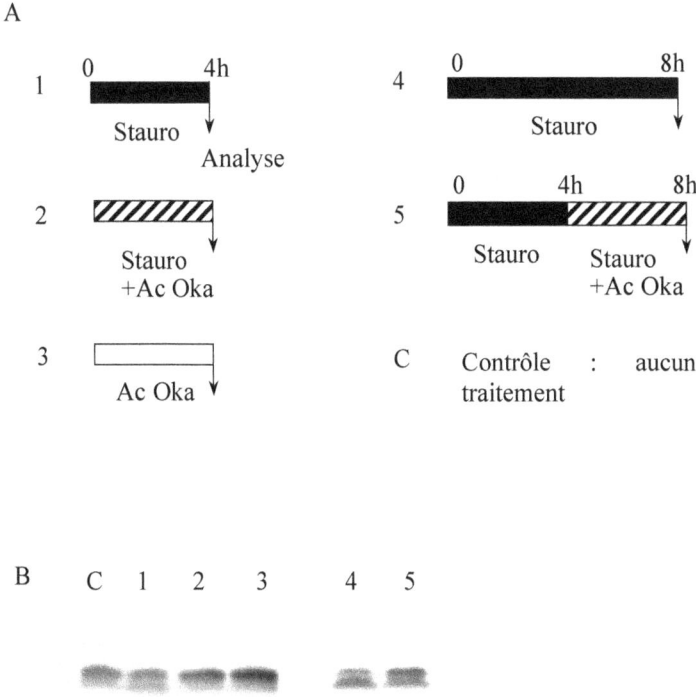

Figure III.12: Effet de l'acide okadaïque sur des neurones en culture. A. Schémas représentants les différents traitements réalisés sur des neurones en culture (20 DIV): noir = 100 nM de staurosporine (stauro); blanc = 170 nM d'acide okadaïque (Ac Oka); rayures noires et blanches = incubation en présence des deux composés, simultanément. La flèche représente le moment de l'analyse **B**. Analyse par immunotransfert avec l'anticorps anti-VIAAT après les traitements décrits en A. *Noter que la déphosphorylation, induite par une incubation pendant 4 h avec la staurosporine, est inhibée en présence d'acide okadaïque (comparer les pistes 1 et 2, ou 4 et 5). A cause de la toxicité de l'acide okadaïque, un traitement de plus de 4 h avec ce composé n'a pas pu être effectué sur les neurones, d'où le protocole décrit dans les schémas 4 et 5.*

En conclusion, cette étude, qui avait pour but de caractériser le cycle de phosphorylation de VIAAT, apporte les éléments de réponse suivants :

- L'impossibilité de reproduire la phosphorylation de VIAAT dans diverses lignées cellulaires, associée à l'absence d'effet d'inhibiteurs, spécifiques de kinases ubiquitaires dans les neurones, suggère que la voie impliquée dans la phosphorylation de VIAAT soit spécifique des neurones.

- L'inhibition spécifique de la déphosphorylation spontanée de VIAAT, *in vitro*, par une concentration nanomolaire d'acide okadaïque, démontre qu'une PP2A endogène du cerveau est capable de déphosphoryler VIAAT. L'inhibition de cette déphosphorylation dans des cultures de neurones, par une concentration sous micromolaire d'acide okadaïque, suggère que la même phosphatase soit impliquée *in vivo*.

- Les cinétiques de phosphorylation et déphosphorylation de VIAAT dans les cultures de neurones sont lentes, de l'ordre de plusieurs heures. Cette phosphorylation est donc extrêmement stable.

III. RECHERCHE DU ROLE DE LA PHOSPHORYLATION

Parallèlement à la caractérisation du cycle de phosphorylation de VIAAT, nous avons cherché à déterminer quelles pouvaient être les conséquences fonctionnelles de cette phosphorylation.

A. LA PHOSPHORYLATION MODULE-T-ELLE LE REMPLISSAGE VESICULAIRE EN NEUROMEDIATEURS ?

Puisque la fonction de VIAAT est d'accumuler les acides aminés inhibiteurs à l'intérieur des vésicules synaptiques, nous avons examiné, dans un premier temps, si la phosphorylation régulait l'activité du transporteur. En absence de système d'expression capable de reproduire la phosphorylation, nous avons abordé cette question par une approche biochimique, consistant à comparer les activités d'accumulation de neuromédiateurs de vésicules synaptiques traitées ou non par la phosphatase alcaline.

Une fraction purifiée de vésicules synaptiques a été préparée selon le protocole décrit par Hell et Jahn (Hell et Jahn, 1998; Hell *et al.*, 1988; voir aussi les Méthodes présentées en Annexes). Comme le montre la *Figure III.13*, l'enrichissement en VIAAT, pendant la purification, est parallèle à celui de la synaptophysine, un marqueur général des vésicules synaptiques (Jahn *et al.*, 1985; Wiedenmann et Franke, 1985). Pour mesurer la capacité de VIAAT à accumuler le GABA, la fraction P3, enrichie en vésicules, a été incubée en présence d'ATP, qui fournit l'énergie nécessaire au transport *via* la H^+-ATPase, et de [^{3}H]GABA. La *Figure III.14* montre que l'accumulation de [^{3}H]GABA, induite par l'ATP, est complètement inhibée par la bafilomycine A1, un inhibiteur spécifique de la H^+-ATPase vésiculaire (Bowman *et al.*, 1988). Cette donnée nous assure que l'accumulation induite par l'ATP est strictement vésiculaire et non contaminée par l'activité de transporteurs présents sur d'autres membranes (notamment le transporteur du GABA de la membrane plasmique, dont l'affinité pour le GABA est 100 à 1 000 fois supérieure à celle de VIAAT (Nelson, 1998; Palacin *et al.*, 1998)).

A

Homogénat

10 min 47000g

Culot1 (P1)

10 min 47000g

Surnageant 1 (S1)   S'1

ΣS1

40 min 120 000g

P2

S2

S2

Coussin de sucrose

2 h 260 000g

S3,L3

S3

L3

P3

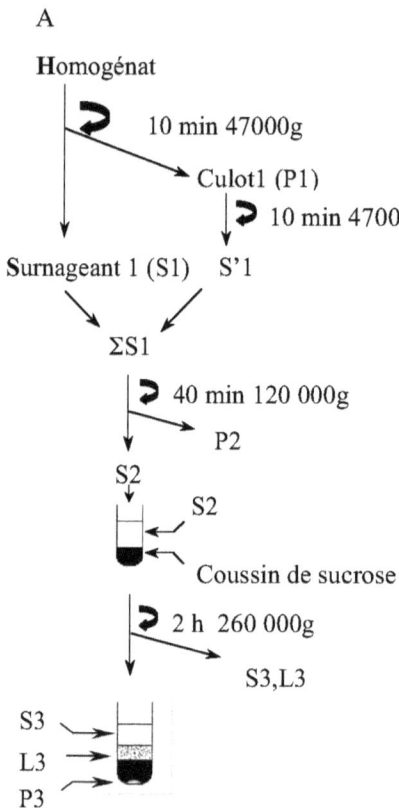

Figure III.13: L'enrichissement de VIAAT durant la purification des vésicules synaptiques est parallèle à celui de la synaptophysine. A. Schéma représentant le protocole de purification des vésicules synaptiques à partir de cerveau de rat, décrit par Hell *et al.* (1988). B. Les différentes étapes de cette purification ont été analysées par immunotransfert avec un anticorps contre VIAAT ou contre la synaptophysine, un marqueur général des vésicules synaptiques.

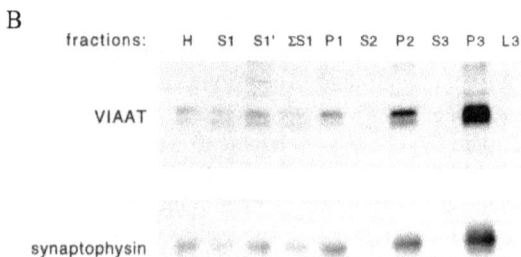

B

fractions: H   S1   S1'   ΣS1   P1   S2   P2   S3   P3   L3

VIAAT

synaptophysin

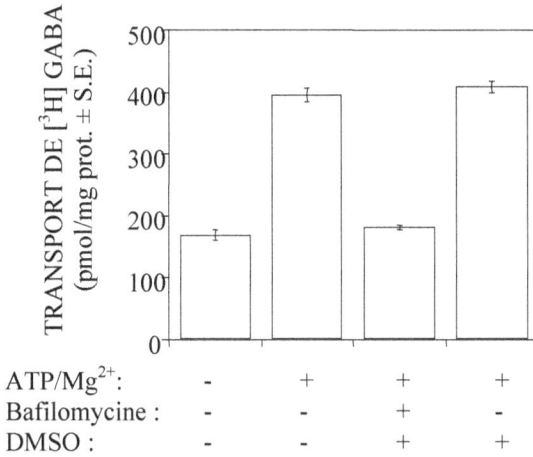

Figure III.14: Caractérisation du transport de [³H]GABA dans la fraction P3 enrichie en vésicules synaptiques. Des vésicules ont été incubées en présence ou non de 2,5 mM d'ATP, 100 nM de bafilomycine A1 (dissoute dans du DMSO) et/ou une quantité équivalente de DMSO (1% vol/vol). Le transport de 0,25 mM de [³H]GABA a été mesuré pendant 5 min, à 30°C, par filtration. La quantité de [³H]GABA retenue sur les filtres a été rapportée à la quantité de protéines de la fraction vésiculaire. Les valeurs du transport sont des moyennes ± SE de 3 déterminations.

Pour examiner le rôle de la phosphorylation de VIAAT dans le remplissage vésiculaire, j'ai incubé, avec la CIP, des vésicules synaptiques purifiées en présence d'acide okadaïque, et j'ai mesuré leur capacité à accumuler le GABA. La CIP hydrolyse une grande variété de phosphoesters, y compris l'ATP. Par conséquent, la phosphatase doit être éliminée avant le test de transport. Nous avons pour cela utilisé deux types de protocoles. Dans une première série d'expériences, les vésicules ont été lavées par dilution et centrifugation pour éliminer physiquement la CIP. Cependant, cette procédure avait pour inconvénient de réduire de manière importante l'activité de transport spécifique (cf. *Figure III.15A*). Nous avons donc également utilisé un autre protocole, sans étape de lavage, consistant à ajouter du phosphate en excès durant le test de transport, pour inhiber l'activité de la CIP (cf. *Figure III.15B*). Afin de détecter d'éventuelles variations du V_{max} ou du K_M du transport, nous avons utilisé une concentration non saturante de GABA dans ces expériences. La *Figure III.15A* et la *Figure III.15B* montrent que, quel que soit le protocole utilisé, l'accumulation vésiculaire de GABA n'est pas affectée par le traitement par la CIP, bien que VIAAT ait été complètement déphosphorylé.

A

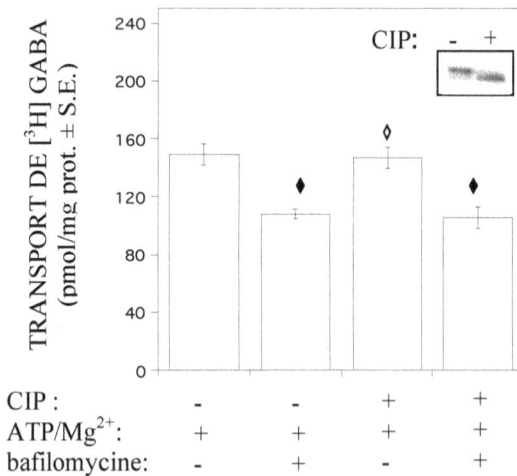

B

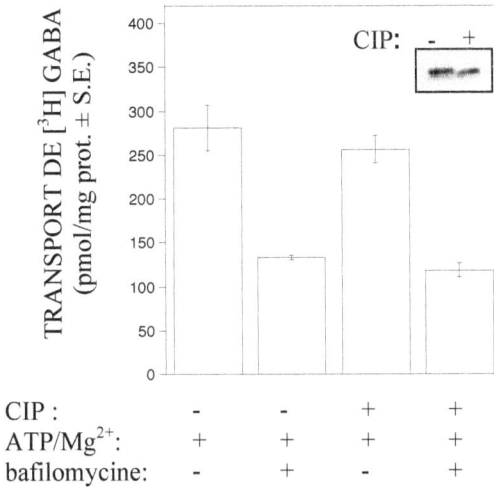

Figure III.15 : Effet de la phosphorylation de VIAAT sur le transport de [³H]GABA. Des vésicules ont été traitées pendant 1 h, à 30°C, en présence ou non de CIP (40 U/mg protéine). En **A**, les vésicules ont été lavées de la CIP par dilution puis ultracentrifugation. Le transport de [³H]GABA, en présence ou non de bafilomycine A1, a ensuite été déterminé dans les mêmes conditions de tampon que dans la *Figure III.14*. Les losanges noirs ou blancs représentent des valeurs de p dans le test de Student <0,001 et >0,05, respectivement, par comparaison avec le transport de vésicules non traitées, mesuré en absence de bafilomycine. En **B**, les vésicules n'ont pas été lavées, mais le transport de [³H]GABA a été mesuré dans un tampon contenant 50 mM de phosphate. Les valeurs du transport sont des moyennes ± SE de 6 (A) ou 3 (B) déterminations. **Les Inserts** montrent l'état de phosphorylation de VIAAT, déterminé par immunotransfert avec le sérum anti-VIAAT, dans les vésicules utilisées pour le test de transport.

La présence de VIAAT dans des terminaisons glycinergiques (Chaudhry *et al.*, 1998; Dumoulin *et al.*, 1999) indique que ce transporteur est également responsable de l'accumulation vésiculaire de glycine. Nous avons donc reproduit ces expériences en étudiant le transport de [^{3}H]glycine. Comme le montre la *Figure III.16A*, l'accumulation de [^{3}H]glycine induite par l'ATP dans la fraction P3 est elle aussi totalement inhibée par la bafilomycine A1, mais avec un rapport signal sur bruit deux fois plus faible que celui observé pour le GABA. Pour cette raison, après traitement des vésicules par la CIP, les expériences de transport ont été réalisées uniquement selon le protocole utilisant un tampon phosphate. A nouveau, comme l'illustre la *Figure III.16B*, le transport de glycine n'est pas affecté par la déphosphorylation enzymatique de VIAAT.

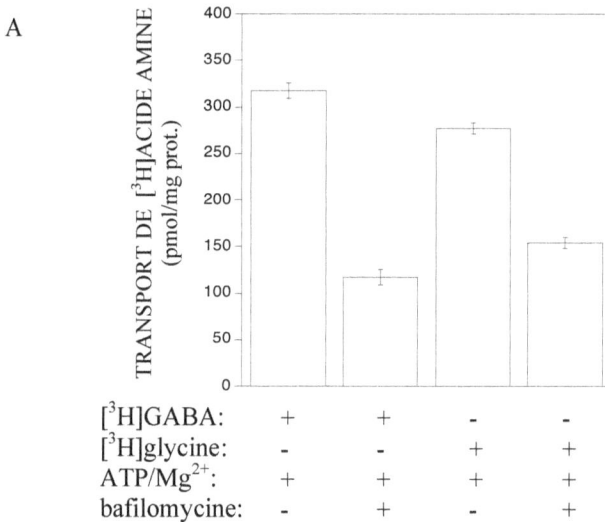

[^{3}H]GABA:	+	+	-	-
[^{3}H]glycine:	-	-	+	+
ATP/Mg^{2+}:	+	+	+	+
bafilomycine:	-	+	-	+

Figure III.16: Effet de la phosphorylation de VIAAT sur le transport de [^{3}H]glycine. A. Caractérisation du transport de [^{3}H]glycine. Des vésicules (fraction P3) ont été incubées en présence 2,5 mM d'ATP, avec ou sans bafilomycine A1 (100 nM). Le transport de 0,25 mM de [^{3}H]GABA ou de [^{3}H]glycine a été mesuré pendant 5 min, à 30°C, par filtration. Les quantités de [^{3}H]GABA ou de [^{3}H]glycine retenues sur les filtres ont été rapportées à la quantité de protéines vésiculaires. *On notera que le rapport signal sur bruit pour le transport de glycine est 2 fois plus faible que pour celui de GABA.*

B

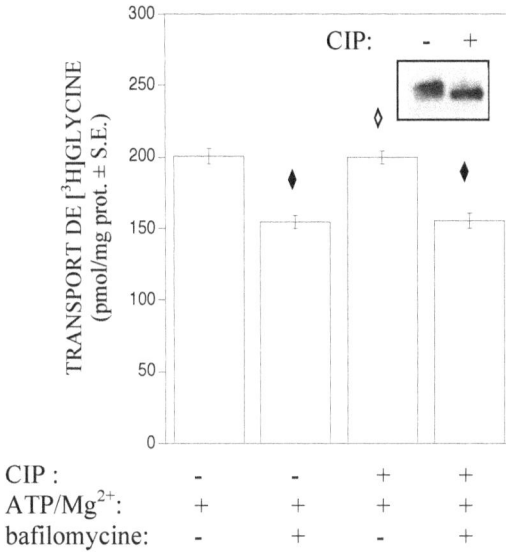

Figure III.16: Effet de la phosphorylation de VIAAT sur le transport de [³H]glycine. B. Effet d'un traitement à la CIP sur le transport de [³H]glycine. Des vésicules ont été traitées pendant 1 h, à 30°C, en présence ou non de CIP (40 U/mg protéine), puis soumises à un test de transport de [³H]glycine dans le tampon contenant 50 mM de phosphate. Les valeurs du transport sont des moyennes ± SE de 12 déterminations. Insert: analyse de l'état de phosphorylation de VIAAT dans les fractions vésiculaires correspondantes.

Les expériences précédentes, faites à des concentrations non saturantes de substrat, montrent que le rapport V_{max}/K_M n'est pas modifié par l'état de phosphorylation de VIAAT. Afin d'examiner plus directement un effet éventuel sur l'affinité pour le GABA ou la glycine, nous avons réalisé des expériences de compétition du transport de [^{3}H]GABA par ces acides aminés. Comme le montrent la *Figure III.17A* et la *Figure III.17B*, les courbes d'inhibition pour chacun des acides aminés ne sont pas modifiées par l'état de phosphorylation de VIAAT, avec des affinités respectives de ~8 et ~25 mM pour le GABA et la glycine.

A

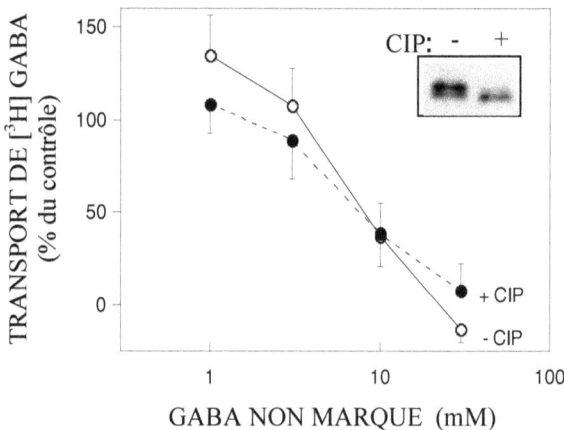

Figure III.17: Effet de la phosphorylation de VIAAT sur l'affinité pour le GABA et la glycine. Des vésicules synaptiques (fraction P3) ont été traitées pendant 1 h, à 30°C, en présence (cercles noirs) ou en absence (cercles blancs) de CIP puis soumis à un test de transport de 0,25 mM de [^{3}H]GABA, comme décrit dans la *Figure III.15B*. Des concentrations croissantes de GABA non marqué (A) ou de glycine (B) ont été ajoutées en même temps que le [^{3}H]GABA. Les résultats sont exprimés en pourcentage du transport de [^{3}H]GABA sensible à la bafilomycine A1, observé en absence d'acide aminé non marqué. **A. Inhibition par le GABA.** Un exemple représentatif de 2 expériences indépendantes est montré. Les données sont des moyennes ± S.E de 5 déterminations. **Insert:** Analyse de VIAAT par immunotransfert, dans des vésicules traitées ou non à la CIP.

B

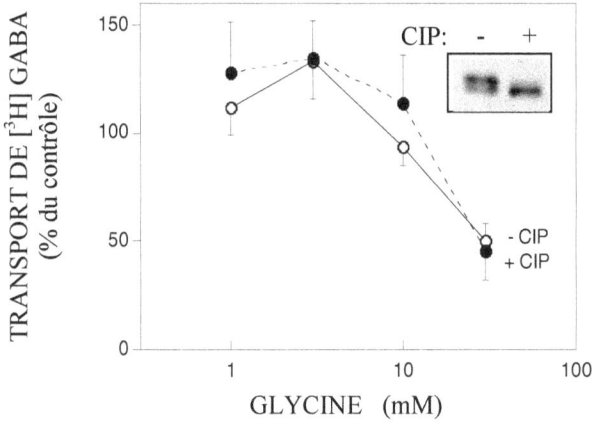

Figure III.17: Effet de la phosphorylation de VIAAT sur l'affinité pour le GABA et la glycine. Des vésicules synaptiques (fraction P3) ont été traitées pendant 1 h, à 30°C, en présence (cercles noirs) ou en absence (cercles blancs) de CIP puis soumis à un test de transport de 0,25 mM de [^{3}H]GABA, comme décrit dans la *Figure III.15B*. Des concentrations croissantes de GABA non marqué (A) ou de glycine (B) ont été ajoutées en même temps que le [^{3}H]GABA. Les résultats sont exprimés en pourcentage du transport de [^{3}H]GABA sensible à la bafilomycine A1, observé en absence d'acide aminé non marqué. **B. Inhibition par la glycine**. Les données sont des moyennes ± S.E de 5 expériences différentes. **Insert:** Analyse, par immunotransfert, d'une de ces expériences.

Une objection possible à ces expériences a surgi lorsque nous avons découvert que, de manière surprenante, la majorité des vésicules de nos préparations était ouverte (ou inversée). En effet, la quasi totalité des *N*-glycanes de la synaptophysine, présents dans la lumière des vésicules, pouvait être clivée par l'addition d'une glycosidase *en l'absence de détergent* (données non montrées). Or, certaines phosphorylations de protéines se produisent dans la lumière de la voie de sécrétion (Capasso *et al.*, 1989). Dans une telle hypothèse pour VIAAT, la fraction minoritaire des transporteurs de vésicules closes (seule fraction active pour le transport) aurait été inaccessible à la CIP, contrairement aux transporteurs des vésicules ouvertes qui, par leur nombre, dominent sur les immunoblots. Dans cette hypothèse, nos expériences ne permettaient donc pas de conclure quant au rôle de la phosphorylation de VIAAT dans le remplissage vésiculaire.

Nous avons donc cherché, en complément de ces expériences, à déterminer si la phosphorylation de VIAAT était luminale ou cytosolique. Dans ce but, des surnageants post-nucléaires de cerveau de rat, préparés extemporanément de manière à minimiser l'ouverture des vésicules, ont été traités par la CIP, en présence ou non de détergent, pour permettre ou bloquer l'accès de l'enzyme à la lumière vésiculaire. L'intégrité des vésicules a été vérifiée en examinant l'accessibilité d'une *N*-glycosidase (PNGase F) aux glycosylations de la synaptophysine. Comme le montre la *Figure III.18*, la CIP est capable de déphosphoryler totalement VIAAT dans des conditions où la majorité des vésicules synaptiques sont intactes, c'est-à-dire dans lesquelles la synaptophysine est protégée de l'action de la PNGase F par la membrane vésiculaire. Ce résultat indique que la phosphorylation de VIAAT se trouve sur une région cytosolique de la protéine, et lève l'objection à l'interprétation de nos expériences de transport.

En conclusion, cette étude montre que la phosphorylation de VIAAT n'a pas d'effet majeur sur le transport de GABA ou de glycine dans les vésicules synaptiques, tant au niveau de la vitesse de transport que dans la reconnaissance des neuromédiateurs par le transporteur. La phosphorylation de VIAAT ne semble donc pas réguler, quantitativement ou qualitativement (rapport GABA/glycine), le remplissage des vésicules inhibitrices de manière directe. On ne peut toutefois pas exclure un effet indirect, mettant en jeu des protéines perdues au cours de la purification des vésicules.

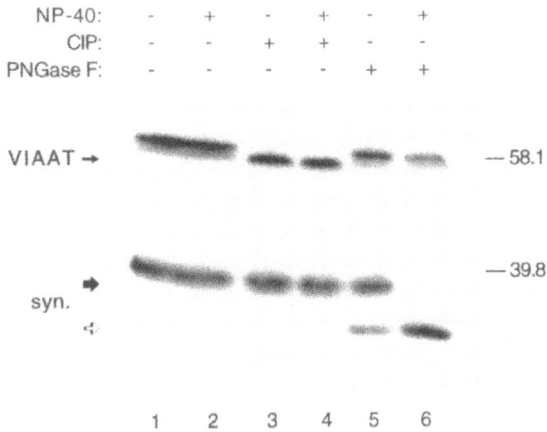

Figure III.18: Orientation topologique des résidus phosphorylés de VIAAT. Des surnageants postnucléaires de cerveaux de rat, fraîchement préparés, ont été incubés pendant 15 min, à 30°C, en absence ou en présence de phosphatase alcaline (CIP) (pistes 3 et 4), de PNGase F (pistes 5 et 6) et de Nonidet P-40 (NP-40, pistes 2, 4 et 6). Les échantillons ont ensuite été analysés par immunotransfert avec des anticorps contre VIAAT (flèche fine) ou la synaptophysine (flèches larges). La position de la synaptophysine native, est repérée par une flèche noire, celle de la forme déglycosylée, par une flèche blanche. *Alors qu'en absence de détergent, la synaptophysine est majoritairement protégée du traitement à la PNGase F par la membrane vésiculaire, VIAAT est totalement déphosphorylé par la CIP. Notons, de plus, que VIAAT n'est pas sensible à la PNGase F, confirmant que la protéine n'est pas N-glycosylée (Dumoulin et al., 1999).*

B. *L'ETAT DE PHOSPHORYLATION DE VIAAT REGULE-T-IL SA LOCALISATION INTRACELLULAIRE ?*

L'étude précédente révèle que la phosphorylation de VIAAT n'est pas impliquée dans l'activité du transporteur. Des conclusions identiques ont été obtenues par les équipes de R. Edwards et de L.Hersh pour la phosphorylation de VMAT2 par la CK2 (Krantz *et al.*, 1997) et de VAChT par la PKC (Cho *et al.*, 2000; Krantz *et al.*, 2000). En revanche, les études de ces deux laboratoires indiquent que la phosphorylation de ces deux transporteurs vésiculaires joue un rôle dans leur adressage dans les vésicules de sécrétion (voir la deuxième partie de l'Introduction). Le même phénomène se produirait-il dans le cas de VIAAT ?

J'ai abordé cette question en examinant la localisation intracellulaire de VIAAT dans des cultures de neurones, traitées par la staurosporine ou le K-252a, de manière à déphosphoryler VIAAT. La distribution intracellulaire de VIAAT a été déterminée par immunocytochimie, et comparée à celle d'un marqueur postsynaptique des terminaisons inhibitrices, la géphyrine, une protéine impliquée dans l'ancrage des récepteurs glycinergiques ou GABAergiques (Vannier et Triller, 1997).

Comme nous l'avons déjà indiqué, la staurosporine et le K-252a agissent sur un grand nombre de protéines kinases. Un effet éventuel sur la distribution de VIAAT ne permet donc aucune conclusion quant à une corrélation éventuelle avec son état de phosphorylation. Afin de pallier ce défaut de sélectivité, j'ai tiré parti des différences cinétiques de l'action de ces inhibiteurs sur l'état de phosphorylation de VIAAT: alors que l'effet du K-252a est rendu réversible par un lavage, l'effet de la staurosporine est, quant à lui, irréversible (cf. § II.B, *Figure III.10B*). J'ai donc utilisé les deux protocoles de traitement suivants :

    - Dans le premier cas, des neurones, en culture depuis neuf jours, ont été incubés pendant une nuit, avec l'un ou l'autre des inhibiteurs, puis analysés immédiatement après ce traitement (c'est-à-dire à 10 DIV, *Days In Vitro*) (cf. *Figure III.19B*).

    - Dans le deuxième cas, des neurones, en culture depuis un jour, ont été traités pendant une nuit avec le K-252a ou la staurosporine, puis lavés et incubés pendant neuf jours dans un milieu conditionné par d'autres neurones (qui permet d'optimiser leur survie, lors du changement du milieu de culture), avant d'être analysés à leur tour à 10 DIV (*Figure III.19A*).

Comme le montre l'analyse de VIAAT par immunotransfert (cf. *Figure III.19C*), une déphosphorylation de VIAAT est observée dans les deux protocoles pour la staurosporine, et uniquement immédiatement après traitement pour le K-252a.

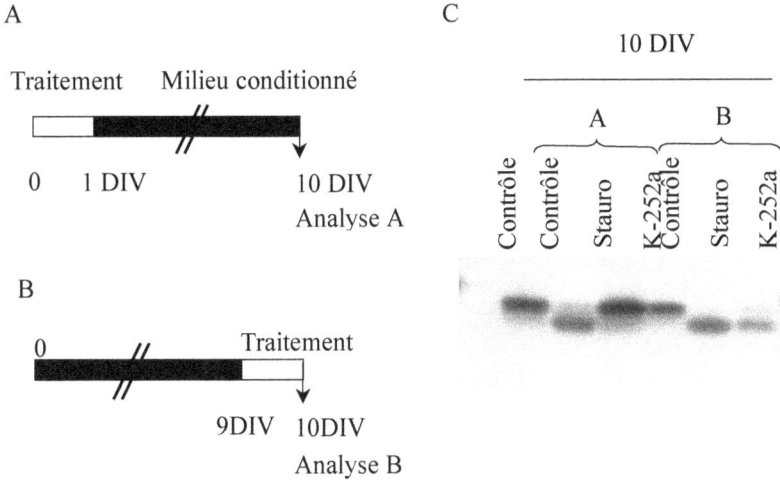

Figure III.19: Analyse de l'état de phosphorylation de VIAAT après traitement par la staurosporine ou le K-252a. A. Protocole de traitement précoce par les inhibiteurs de kinases: des cultures de neurones spinaux ont été incubées entre 0 et 1 DIV avec 100 nM de staurosporine (stauro) ou 240 nM de K-252a, puis lavées et incubées dans du milieu conditionné par d'autres neurones, avant d'être analysées par immunotransfert (C) ou par immunofluorescence (*Figure III.20*). B. Second protocole: les neurones ont été incubés entre 9 et 10 DIV avec les mêmes concentrations des deux inhibiteurs, avant d'être analysés à 10 DIV. C. Analyse de VIAAT, par immunotransfert, dans les cultures traitées selon les protocoles décrits en A ou B. Les neurones témoins (contrôles), non traités par les inhibiteurs, ont reçu la même concentration de solvant (DMSO). Des neurones non traités ont également été analysés à 1 DIV (piste la plus à gauche, VIAAT non détecté). *La staurosporine inhibe la phosphorylation de VIAAT de manière irréversible, contrairement au K252-a. La comparaison avec la piste 1 montre qu'après lavage de la staurosporine, VIAAT est synthétisé sous une forme non phosphorylée.*

Afin de rechercher une corrélation éventuelle entre l'état de phosphorylation de VIAAT et sa distribution intracellulaire, les cultures analysées par immunotransfert ont également été fixées et analysées par immunofluorescence avec l'anticorps anti-VIAAT. Comme l'illustre la *Figure III.20D*, l'immunoréactivité anti-VIAAT apparaît dans les cultures témoin sous forme de *puncta* distribués autour du corps cellulaire et des dendrites des neurones. La détection simultanée de VIAAT et de la géphyrine révèle une forte apposition des deux immunoréactivités, ce qui confirme que VIAAT est localisé dans les boutons terminaux de synapses inhibitrices. Bien que les traitements par la staurosporine semblent induire une augmentation de la brillance des *puncta* de VIAAT et de géphyrine (cf. *Figure III.20C, I, F et L*), l'analyse des cultures, traitées par le K-252a à 9 DIV, ne révèle aucune variation de l'immunoréactivité de VIAAT : ni l'intensité, ni la taille, ni la distribution des *puncta* ne semblent associées à l'état de phosphorylation de VIAAT (cf. *Figure III.20E et K*). Par conséquent, ces expériences permettent de conclure que l'état de phosphorylation de VIAAT n'affecte pas de manière majeure sa localisation dans les boutons terminaux à l'état stationnaire. Notons que la résolution de cette analyse ne permet pas d'exclure des variations de distribution au sein de la terminaison (par exemple, entre les vésicules synaptiques et la membrane plasmique présynaptique).

C. LA PHOSPHORYLATION REGULE-T-ELLE LA STABILITE METABOLIQUE DE VIAAT ?

Outre l'activité et la localisation intracellulaire de VIAAT, la phosphorylation était susceptible de réguler la stabilité métabolique du transporteur, comme cela est observé pour certaines protéines, telles que les facteurs de transcription ou les cyclines. Dans la plupart des cas, la phosphorylation stimule l'ubiquitylation de ces protéines, conduisant à leur dégradation *via* le protéasome (Laney et Hochstrasser, 1999)[22]. Dans le cas de VIAAT, la régulation de sa durée de vie, par phosphorylation, aurait un impact sur le recyclage de vésicules synaptiques fonctionnelles, à la terminaison, et pourrait donc moduler de manière indirecte leur remplissage en neuromédiateurs. Cette question présentait d'autant plus

---

[22] Noter toutefois que dans certains cas, la phosphorylation peut avoir un effet protecteur (Musti *et al.*, 1997).

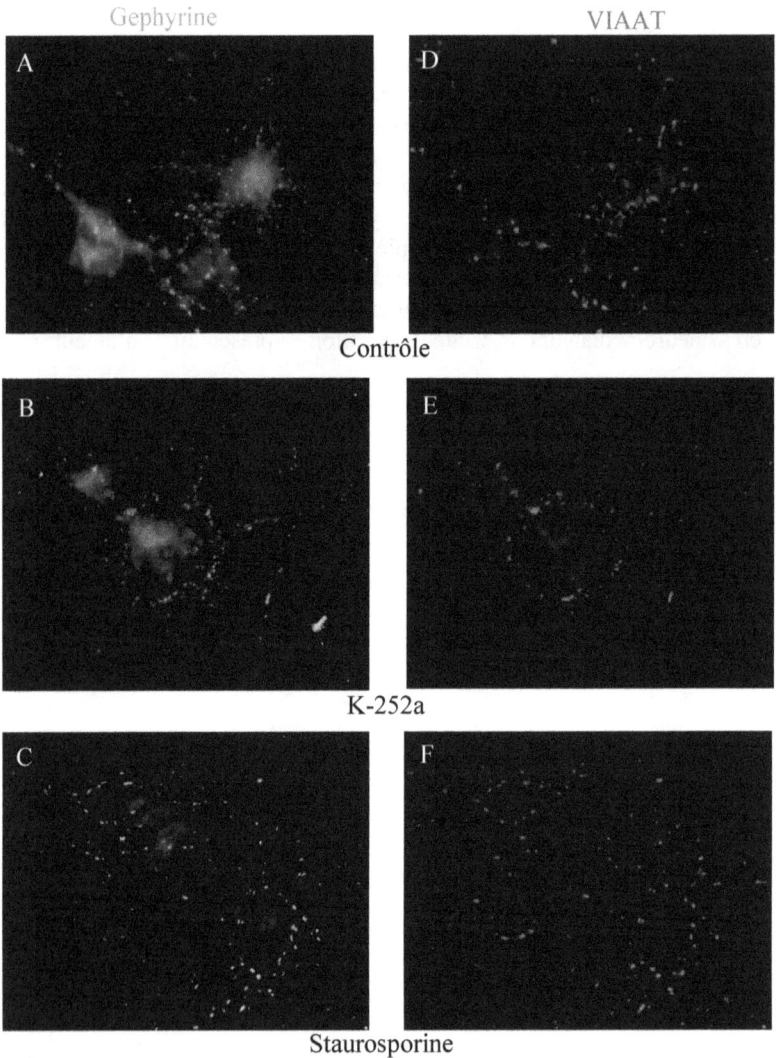

Gephyrine   VIAAT

A   D

Contrôle

B   E

K-252a

C   F

Staurosporine

**Figure III.20.A-F: Distribution intracellulaire de la géphyrine et de
VIAAT dans les cultures de neurones, après un traitement précoce
par la staurosporine ou le K-252a, selon le protocole A décrit dans
la légende de la *Figure III.19*.** Les neurones ont été marqués avec un
anticorps dirigé contre la géphyrine (A-C, vert) ou avec le sérum anti-
VIAAT (D-F, rouge), puis observés en microscopie optique
(grossissement x 630).

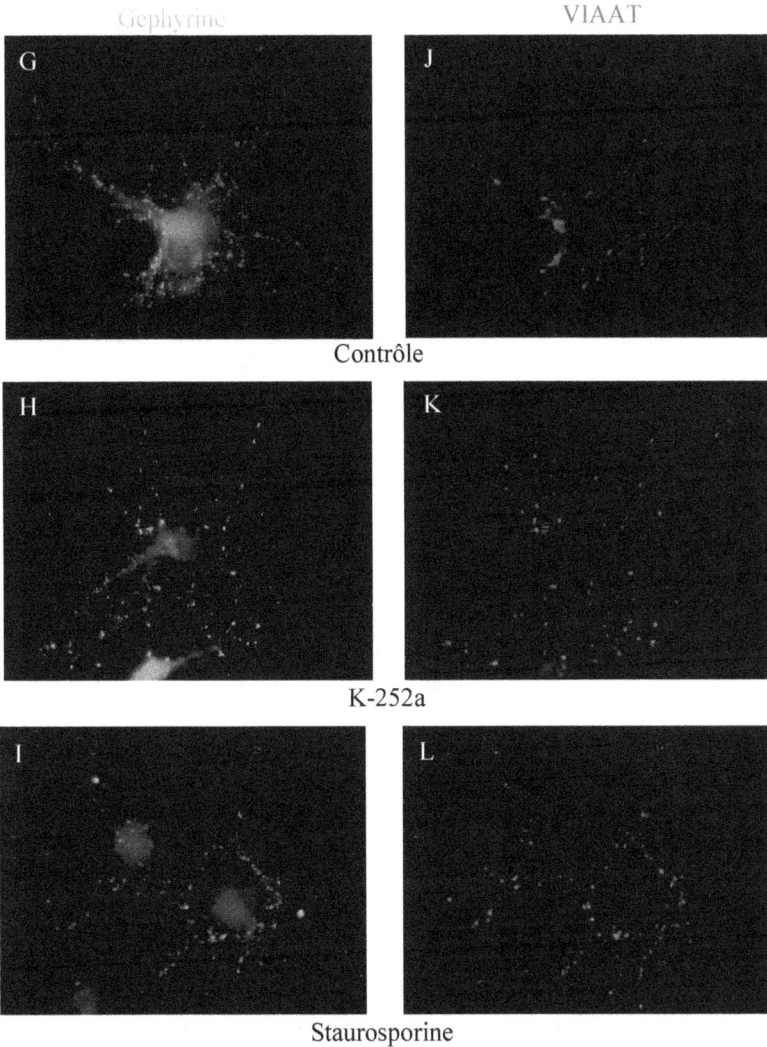

Figure III.20.G-L: Distribution intracellulaire de la géphyrine et de VIAAT dans les cultures de neurones, après un traitement à 10 DIV par la staurosporine et le K-252a, selon le protocole B décrit dans la légende de la *Figure III.19.* Les neurones ont été marqués avec un anticorps dirigé contre la géphyrine (G-I, vert) ou avec le sérum anti-VIAAT (J-L, rouge), puis observés en microscopie optique (grossissement x 630).

d'intérêt que nous avions observé une dégradation du VIAAT recombinant, non phosphorylé, dans diverses lignées cellulaires (voir le Chapitre II).

Nous avons donc cherché à examiner un rôle éventuel de la phosphorylation sur la stabilité métabolique du transporteur. Pour cela, nous avons tout d'abord utilisé une approche *in vitro*, basée sur la protéolyse spontanée de VIAAT lorsqu'on incube des homogénats de cerveau à 30°C. Pour produire des homogénats dans lesquels VIAAT était majoritairement déphosphorylé ou phosphorylé, la phosphatase endogène de VIAAT a été préalablement activée par la protamine ou, au contraire, son activité spontanée a été inhibée par l'addition d'acide okadaïque (cf. §II.C.1). Comme le montre l'immunoblot dans la *Figure III.21*, quel que soit le traitement préalable de l'homogénat, la bande immunoréactive disparaît avec la même cinétique, ce qui montre que l'état de phosphorylation de VIAAT n'altère pas sa sensibilité aux protéases *in vitro*. Notons que mes expériences de protéolyse ménagée de VIAAT, par l'endoprotéinase V8 (cf. *Figure III.3*), confirment cette conclusion dans le cas de cette protéase particulière, puisque des cinétiques de dégradation similaires étaient observées pour des homogénats de moelle épinière et de bulbe olfactif (dans lesquels VIAAT est respectivement phosphorylé ou déphosphorylé).

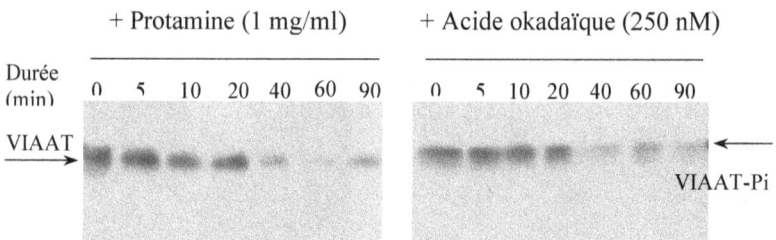

Figure III.21: La forme phosphorylée ou non de VIAAT est sensible, de manière identique, à la protéolyse *in vitro*. Des surnageants postnucléaires d'homogénat total de cerveau de rat ont été incubés, à 30°C, pendant différentes durées, en présence de protamine (1 mg/ml) ou d'acide okadaïque (250 nM) et en absence d'inhibiteurs de protéases. Après incubation, les échantillons ont été analysés par immunotransfert avec le sérum anti-VIAAT. *Quel que soit l'état de phosphorylation de VIAAT, la protéine est dégradée après 20 min d'incubation à 30°C.*

L'approche *in vitro* est toutefois susceptible d'inactiver un mécanisme de dégradation dépendant de l'intégrité cellulaire. De plus, nos expériences ignoraient des mécanismes de dégradation associés à la biosynthèse du transporteur (rappelons que c'est probablement le cas de la dégradation par le protéasome décrite dans le Chapitre II). Afin d'examiner cette question, nous avons tiré parti de l'irréversibilité de l'effet de la staurosporine sur les cultures de neurones spinaux. Cette irréversibilité permet d'obtenir une inhibition durable de la phosphorylation de VIAAT en s'affranchissant, par l'étape de lavage, de la toxicité de l'inhibiteur. Dans ces conditions, on observe une synthèse de VIAAT entre 1 et 10 DIV sous une forme déphosphorylée (cf. *Figure III.19*). Le fait que VIAAT soit synthétisé à des taux identiques dans les neurones traités ou non par l'inhibiteur permet d'écarter un rôle majeur de la phosphorylation dans les étapes de biosynthèse du transporteur.

Toutes ces données nous amènent à conclure que la phosphorylation de VIAAT ne régule pas la stabilité métabolique du transporteur.

IV. RECHERCHE DE FACTEURS REGULANT L'ETAT DE PHOSPHORYLATION DE VIAAT

L'étude des conséquences fonctionnelles de la phosphorylation de VIAAT n'ayant pas permis d'éclairer son rôle biologique, nous avons abordé cette question indirectement, en recherchant des conditions physiologiques susceptibles de modifier cette phosphorylation. Compte tenu de la localisation et du rôle de ce transporteur, une première question était de savoir si l'activité synaptique pouvait activer, ou inhiber, la phosphorylation de VIAAT.

A. L'ACTIVITE SYNAPTIQUE MODULE-T-ELLE L'ETAT DE PHOSPHORYLATION DE VIAAT ?

Dans un premier temps, cette question a été étudiée en utilisant des cultures de neurones spinaux. Les neurones d'une culture mature (12 DIV) ont été stimulés, de manière non spécifique, en les dépolarisant pendant 5 min en présence de 50 mM de KCl, ou en élevant la concentration intracellulaire de Ca^{2+}, à l'aide d'un ionophore spécifique, le A23187 (Borle et Studer, 1978) (traitement de 10 min à une concentration de 5 µM). Nous avons également étudié l'effet d'une stimulation chronique des neurones, sur une période de plusieurs jours, soit en les dépolarisant à l'aide de KCl, soit en stimulant l'activité excitatrice spontanée par l'application d'antagonistes des récepteurs ionotropiques GABAergiques (bicuculline) et glycinergiques (strychnine). A l'inverse, nous avons aussi cherché à réduire l'activité synaptique en inhibant les potentiels d'actions par l'application de tétrodotoxine (TTX). Cependant, aucun des traitements n'a inhibé la phosphorylation de VIAAT (cf. *Figure III.22A* et données non montrées). En collaboration avec Serge Marty (INSERM U106, Paris), des expériences analogues, réalisées sur des tranches d'hippocampe, ont fourni des résultats identiques.

VIAAT étant majoritairement phosphorylé dans ces préparations, ces expériences ne permettaient pas de détecter un éventuel effet activateur des stimuli étudiés. Nous avons donc répété les expériences après avoir totalement (cf. *Figure III.22B*) ou partiellement (cf. *Figure III.22C*) déphosphorylé VIAAT, en traitant les cultures de neurones par des inhibiteurs de kinases. Quel que soit le traitement utilisé, bref ou chronique, stimulateur ou inhibiteur de l'activité synaptique, aucune variation de l'état de phosphorylation de VIAAT n'a été observée. Nous avons également testé l'effet du BDNF, en raison de son rôle régulateur sur la densité de synapses inhibitrices (Marty *et al.*, 2000). Cependant, l'application de cette neurotrophine fut également sans effet sur l'état de phosphorylation de VIAAT.

Toutes ces expériences indiquaient que l'état de phosphorylation de VIAAT ne semble pas dépendre de l'activité synaptique. Cela suggérait, en particulier, que la phosphorylation n'intervienne pas dans la libération de neuromédiateurs par les terminaisons inhibitrices. Néanmoins, en raison de la nature cyclique des événements d'exocytose des vésicules synaptiques, on ne pouvait pas totalement exclure l'hypothèse d'une variation transitoire de l'état de phosphorylation de VIAAT, au cours des cycles d'exocytose.

A

Contrôle
KCl(5min)
Contrôle
KCl (12 jours)
TTX (12 jours)

— 58.1 kDa

B

K252-a

Lavage puis
traitement avec

2 : rien
3 : BDNF
4 : TTX
5 : bicuculline
+strychnine

Une nuit   4h

Piste   C   1   2 à 5

C 1 2 3 4 5

C

Staurosporine   Incubation avec

2 : KCl (55 mM)
3 : A23187 (20 mM)
4 : A23187 (20 mM)
    + CaCl$_2$ (1 mM)

4h   5 min

Piste   C   1   2 à 4

C 1 2 3 4

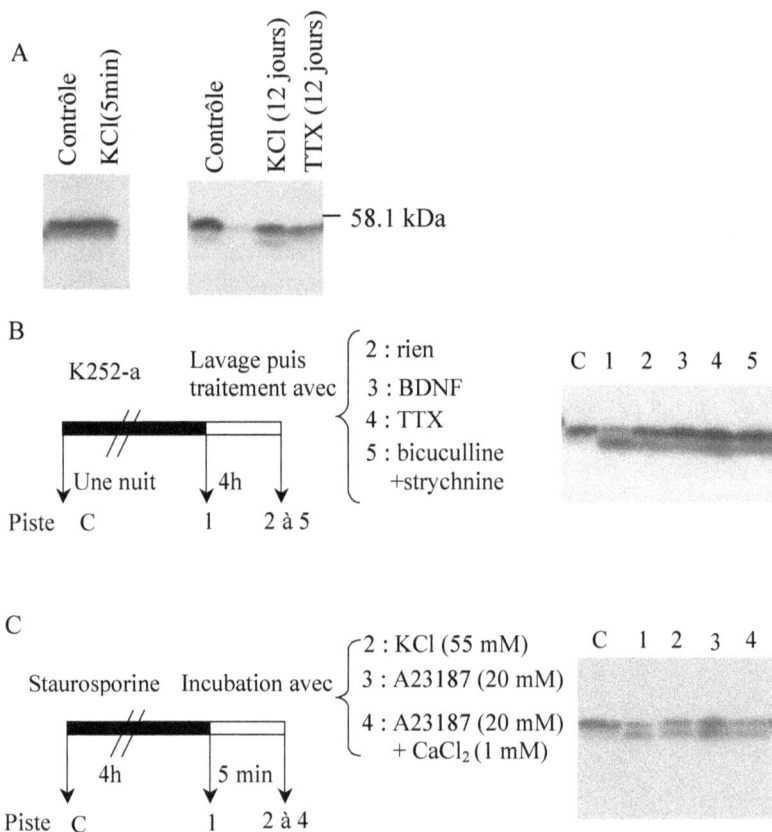

Figure III.22: Effet de la modification de l'activité neuronale sur l'état de phosphorylation de VIAAT. A. Des neurones ont été dépolarisés brièvement pendant 5 min, par 50 mM de KCl, ou traités pendant 12 jours par 40 mM de KCl ou 200 nM de TTX, avec renouvellement des composés tous les 4 jours. Dans les deux cas, les neurones ont été analysés par immunotransfert avec le sérum anti-VIAAT. **B.** Des neurones (10 DIV) ont été incubés pendant une nuit avec du K-252a, puis lavés et incubés pendant 4 h dans un milieu conditionné par d'autres neurones, en présence de BDNF (100 ng/ml), de TTX (200 nM) ou d'un mélange de bicuculline (10 µM) et de strychnine (5 µM), avant d'être analysés par immunotransfert. **C.** Des neurones (8 DIV) ont été incubés pendant 4 h avec de la staurosporine (stauro), puis stimulés pendant 5 min par dépolarisation au KCl, ou par augmentation de la concentration intracellulaire de Ca^{2+} avec l'ionophore A23187.

B. *LA PHOSPHORYLATION EST-ELLE IMPLIQUEE DANS LE CYCLE D'EXO- ET D'ENDOCYTOSE DES VESICULES SYNAPTIQUES ?*

Afin d'examiner cette question, l'état de phosphorylation de VIAAT a été comparé à celui de protéines connues pour être déphosphorylées momentanément lors de l'endocytose des vésicules. Plusieurs protéines associées au manteau de clathrine sont, en effet, phosphorylées de manière constitutive dans les terminaisons nerveuses, et déphosphorylées, de manière transitoire, par une phosphatase dépendante du calcium, la calcineurine, lors de la dépolarisation des terminaisons (voir la revue de Cousin et Robinson, 2001). La phosphorylation de ces protéines, observée seulement au niveau des terminaisons nerveuses, bloque leurs interactions réciproques, ce qui a pour effet d'inhiber l'endocytose constitutive dans ce compartiment du neurone. Leur déphosphorylation, sous l'effet du calcium, permet de lever temporairement cette inhibition pour stimuler l'endocytose des vésicules, après la libération des neuromédiateurs (Slepnev *et al.*, 1998).

Un phénomène analogue se produisait-il dans le cas de VIAAT ? Pour répondre à cette question, j'ai étudié l'effet d'une stimulation brève de synaptosomes purifiés (Dunkley *et al.*, 1986; Krueger *et al.*, 1977) sur l'état de phosphorylation de deux protéines de la machinerie d'endocytose, les amphiphysines I et II, et sur celui de VIAAT. Les amphiphysines ont été choisies en raison de la possibilité de suivre leur état de phosphorylation par des variations de leur mobilité électrophorétique (Bauerfeind *et al.*, 1997; Slepnev *et al.*, 1998), comme pour VIAAT. Les synaptosomes ont été stimulés par incubation à 37°C, pendant 1 min, en présence de 55 mM de KCl, puis analysés, par immunotransfert, avec le sérum anti-VIAAT ou avec des séra anti-amphiphysine I ou II. Comme le montre la *Figure III.23*, alors que deux bandes immunoréactives autour de 100 kDa sont observées à l'aide de chacun des anticorps anti-amphiphysine dans des synaptosomes non stimulés, la bande supérieure, correspondant à une forme phosphorylée de ces protéines qui est enrichie dans les terminaisons (Bauerfeind *et al.*, 1997; Wigge et McMahon, 1998), disparaît lorsque les synaptosomes sont dépolarisés par le KCl. A l'opposé, dans le cas de VIAAT, aucune variation n'est observée (cf. *Figure III.23C*). Par conséquent, contrairement aux amphiphysines et à d'autres protéines du manteau de clathrine, l'état de phosphorylation de VIAAT n'est pas associé au cycle d'exo- et d'endocytose des vésicules synaptiques.

L'ensemble de ces expériences montre donc que l'activité synaptique, et en particulier les cycles d'exo- et endocytose des vésicules synaptiques, ne modifient pas l'état de phosphorylation de VIAAT.

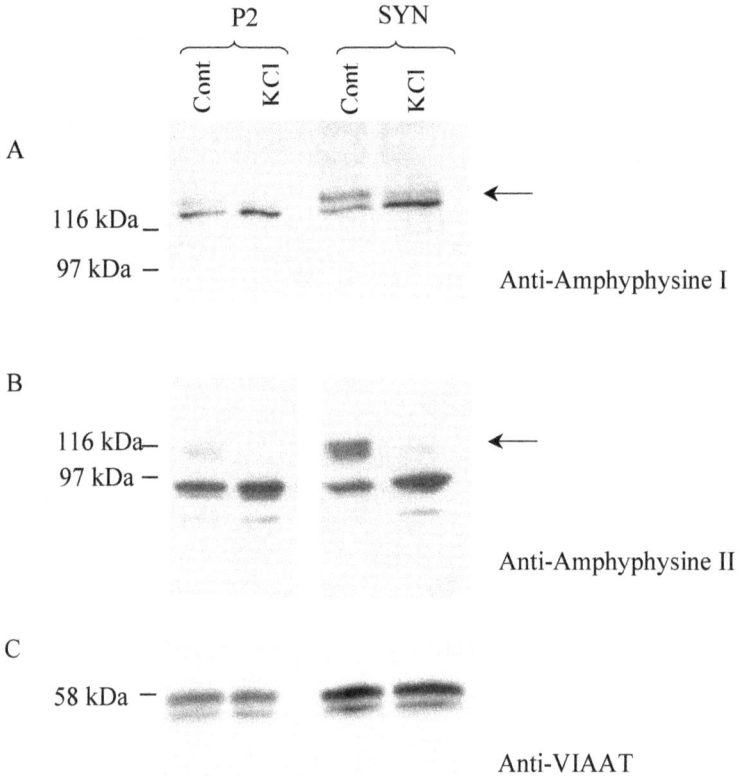

Figure III.23: Effet de la stimulation des terminaisons nerveuses sur l'état de phosphorylation de VIAAT. Une fraction brute (P2) ou purifiée sur gradient de Percoll (SYN) de synaptosomes a été incubée pendant 1 min dans un tampon témoin (Cont) ou dans un tampon contenant 55 mM de KCl (KCl), puis analysée par immunotransfert avec (A) un sérum anti-amphiphysin I *(Synaptic System GmbH)*, (B) un sérum anti-amphiphysine II *(don de Corinne Leprince)* ou (C) notre sérum anti-VIAAT. *Alors que les formes phosphorylées des amphiphysines, identifiables par leur retard électrophorétique (bandes indiquées par des flèches), disparaissent après la stimulation, l'état de phosphorylation de VIAAT n'est pas affecté par la dépolarisation des terminaisons nerveuses.*

C. *LA PHOSPHORYLATION DE VIAAT EST REGULEE AU COURS DU DEVELOPPEMENT*

L'état de phosphorylation de plusieurs protéines neuronales varie au cours du développement. Par exemple, l'isoforme phosphorylée de la protéine associée aux microtubules, MAP-1B, disparaît au cours du développement du cerveau du rat (Fischer et Romano-Clarke, 1990). Au contraire, l'isoforme phosphorylée de la syntaxine 1, une protéine du complexe SNARE impliquée dans l'exocytose des vésicules synaptiques, augmente d'un facteur 10 entre le stade embryonnaire E18 et le stade adulte (Foletti *et al.*, 2000). Nous avons donc comparé l'état de phosphorylation de VIAAT chez l'embryon et chez l'adulte.

1. Etude in vivo

Pour examiner cette question, j'ai analysé, par immunotransfert, diverses régions de cerveau de rat prélevées à différents stades de développement (2 stades embryonnaires, E14 et E18, et 4 stades postnataux, P1, P7, P21 et adulte), en collaboration avec Serge Marty. Pour améliorer la détection de VIAAT aux stades embryonnaires, j'ai tiré parti de l'observation, par Marie Isambert, selon laquelle une faible quantité de SDS (0,05%) améliore l'immunodétection de VIAAT (cette observation est en accord avec le fait que la dénaturation de VIAAT améliore son immunoprécipitation par l'anticorps, comme nous l'avons vu dans le Chapitre II). Afin de nous assurer de l'identité de la bande détectée, le sérum anti-VIAAT a été préincubé avec l'antigène recombinant GSTVIAAT-Nter dans des expériences témoin. De manière intéressante, cette analyse révéla que, dès qu'il est détectable, c'est-à-dire au stade E14 pour la moelle épinière et au stade E18 pour les autres régions, VIAAT apparaît sous la forme d'une seule bande comigrant avec la protéine non phosphorylée (cf. *Figure III.24*). En revanche, la bande phosphorylée apparaît dès le stade E18 pour la moelle épinière, au stade P1 pour le cervelet et l'hippocampe, et au stade P7 pour le cortex (cf. *Figure III.25*). Dans le bulbe olfactif, VIAAT reste majoritairement déphosphorylé, conformément à nos observations précédentes chez l'adulte (cf. *Figure III.1*).

VIAAT est donc synthétisé initialement sous une forme non phosphorylée et sa phosphorylation apparaît progressivement au cours du développement *in vivo*, avec une cinétique différente selon les régions du cerveau.

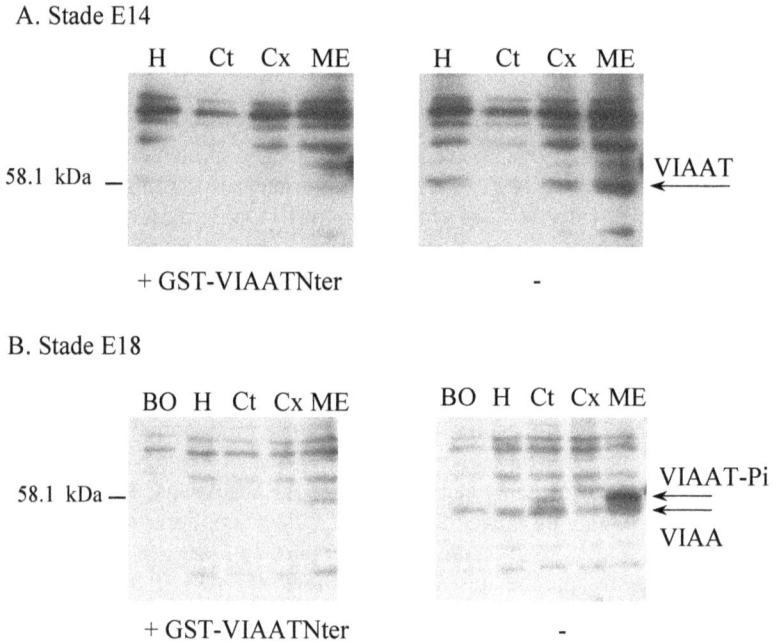

A. Stade E14

+ GST-VIAATNter   -

B. Stade E18

+ GST-VIAATNter   -

Figure III.24: VIAAT est présent dans le cerveau à des stades embryonnaires. Les tissus homogénéisés de différentes régions du cerveau de rat, prélevées sur des embryons au stade E14 (A) ou E18 (B), ont été analysés par immunotransfert avec le sérum anti-VIAAT, en absence (-) ou en présence de l'antigène ayant servi à la production du sérum (+ GST-VIAATNter), afin de repérer la bande immunoréactive pour VIAAT. BO: bulbe olfactif, H: hippocampe, Ct: cervelet, Cx: cortex, ME: moelle épinière. *VIAAT est détecté dans l'hippocampe, le cortex et la moelle épinière dès le stade E14, sous la forme d'une seule bande. Au stade E18, une bande supplémentaire apparaît dans la moelle épinière, avec un retard électrophorétique par rapport à la bande unique détectée dans les autres régions, ce qui indique la présence d'une forme phosphorylée majoritaire dans la moelle épinière dès ce stade de développement.*

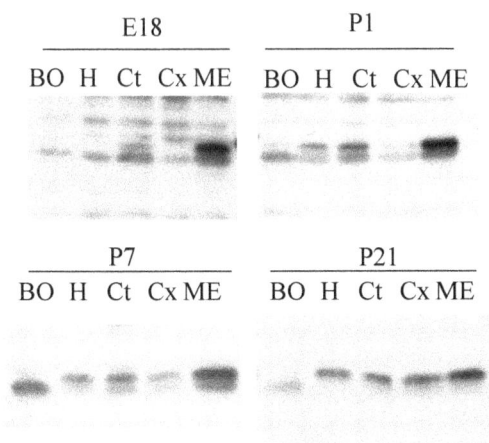

Figure III.25: Apparition de la phosphorylation de VIAAT *in vivo*. Les tissus homogénéisés des différentes régions du cerveau (présentées dans la légende de la *Figure III.24*), prélevés aux stades de développement indiqués, ont été analysés par immunotransfert avec le sérum anti-VIAAT. *La forme phosphorylée de VIAAT devient majoritaire à différents stades de développement selon les régions étudiées: stade E18 dans la moelle épinière, stade P1 dans le cervelet et l'hippocampe et stade P7 dans le cortex. Le VIAAT du bulbe olfactif n'est, en revanche, jamais majoritairement phosphorylé, même chez l'adule (où le profil pour toutes les régions est identique à celui observé au stade P21).*

Afin de comparer la cinétique de biosynthèse de VIAAT à celle d'autres marqueurs vésiculaires, nous avons également analysé, par immunotransfert, la synaptophysine, un marqueur général des terminaisons nerveuses (Jahn *et al.*, 1985; Wiedenmann et Franke, 1985), et le transporteur vésiculaire du glutamate, VGLUT1, un marqueur d'une sous-population de vésicules glutamatergiques (Bellocchio *et al.*, 2000; Takamori *et al.*, 2000).

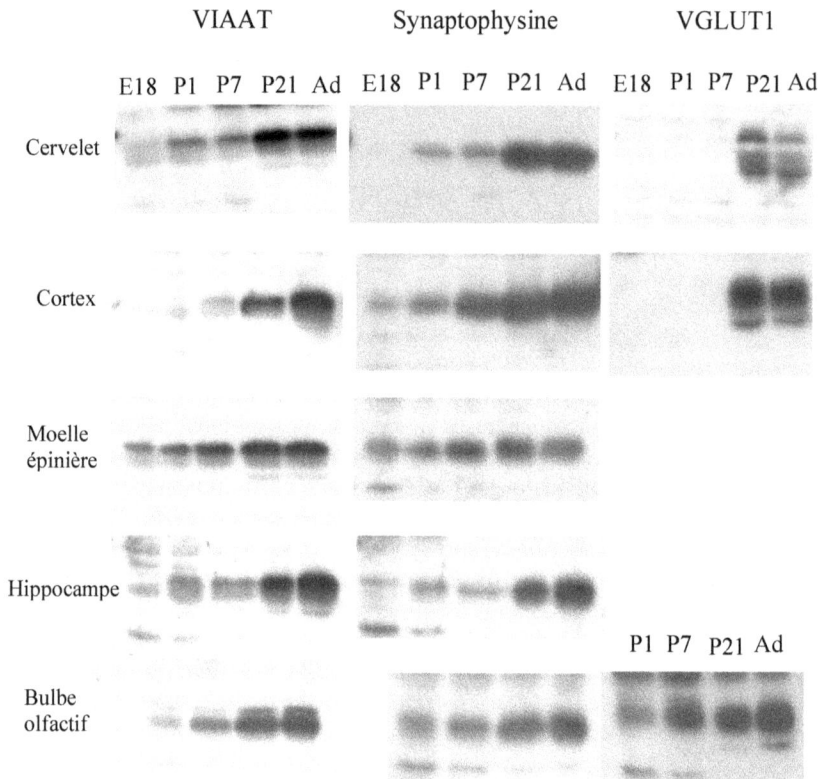

Figure III.26: Cinétique d'apparition des terminaisons nerveuses *in vivo*. Différentes régions du cerveau ont été disséquées sur des rats Sprague-Dawley à différents stades du développement. Après homogénéisation des tissus, ceux-ci ont été analysés par immunotransfert avec notre sérum anti-VIAAT, un sérum anti-synaptophysine (*don de Thierry Galli*) ou un sérum anti-VGLUT1 (*don de Bruno Giros*). *On observe un parallélisme entre la cinétique d'apparition de VIAAT, marqueur des terminaisons inhibitrices, de VGLUT1, marqueur d'une sous-population de terminaisons excitatrices, et de la synaptophysine, marqueur général des terminaisons nerveuses. On notera, en particulier, une forte augmentation de l'intensité de l'immunoréactivité de tous ces marqueurs entre les stades P7 et P21, dans le cortex, le cervelet et l'hippocampe, suggérant une augmentation quantitative du nombre de synapses dans toutes ces régions, après la première semaine postnatale.*

Comme le montre la *Figure III.26*, si la cinétique d'ontogenèse de ces protéines varie d'une région à l'autre, l'augmentation de ces trois protéines au cours du développement suit des décours similaires dans chaque région, ce qui suggère une biogenèse concomitante de l'ensemble des vésicules inhibitrices et excitatrices. La forte augmentation d'intensité des trois marqueurs entre P7 et P21 est révélatrice d'une maturation importante des terminaisons nerveuses au cours des premières semaines postnatales, en accord avec les données de la littérature (Bahler *et al.*, 1991; Knaus *et al.*, 1986; Lohmann *et al.*, 1978; Shimohama *et al.*, 1998). Notons que l'apparition de la phosphorylation de VIAAT, située en fin de période embryonnaire pour la moelle épinière, et entre la fin de la période embryonnaire et la première semaine postnatale pour les autres régions (hormis le bulbe olfactif), précède le pic de biosynthèse vésiculaire situé entre P7 et P21.

2. Etude ex vivo

Afin de pouvoir analyser ce phénomène *ex vivo*, j'ai étudié le décours de la biogenèse de VIAAT dans des cultures de neurones spinaux, établies à partir d'embryons de rat au stade E14. Comme le montre l'immunoblot présenté dans la *Figure III.27*, VIAAT apparaît sous une forme non phosphorylée, comme c'est le cas *in vivo*, la phosphorylation augmentant progressivement dans la culture pour devenir majoritaire dès 4 jours de culture *in vitro* (4 DIV). Notons qu'à ce stade, le nombre de synapses inhibitrices formées dans la culture est encore limité (Dumoulin *et al.*, 2000). Ces données indiquent donc une association de la phosphorylation de VIAAT à la maturation des neurones inhibiteurs, et une corrélation possible avec des événements précoces de la synaptogenèse (cf. Discussion).

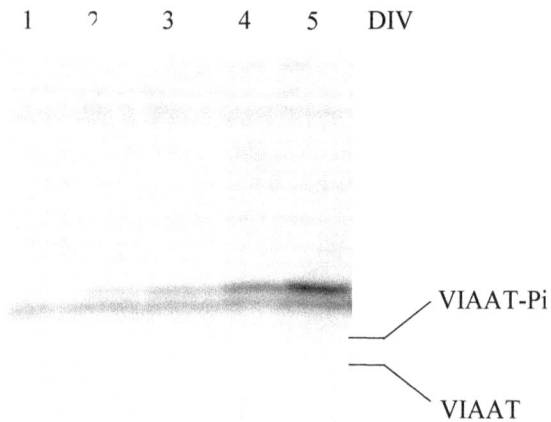

1   2   3   4   5   DIV

VIAAT-Pi

VIAAT

Figure III.27: La phosphorylation de VIAAT apparaît progressivement pendant la maturation des cultures de neurones. Des neurones de moelle épinière, prélevés sur des embryons de rat au stade E14, ont été mis en culture, puis analysés aux jours de culture *in vitro* indiqués. *La phosphorylation de VIAAT augmente progressivement au cours de la maturation des neurones pour devenir majoritaire après 4 DIV.*

La caractérisation de la période à laquelle la phosphorylation de VIAAT apparaît dans les cultures de neurones nous a incités à réexaminer la question d'une corrélation possible avec l'activité synaptique, en nous focalisant sur cette période des 4 premiers jours de culture *in vitro*. Notons que, en ce qui concerne l'élément postsynaptique, l'activité synaptique semble jouer un rôle dans la différenciation de certaines synapses (voir la revue de Craig, 1998). Nous avons donc examiné si un traitement pharmacologique précoce des cultures, par du KCl, par la TTX ou par des antagonistes sélectifs de divers récepteurs ionotropiques ou métabotropiques de neuromédiateurs, était capable de modifier la cinétique de phosphorylation de VIAAT. Ces agents pharmacologiques ont été introduits quelques heures après la mise en culture des neurones, et l'analyse, par immunotransfert, a été réalisée à 2 et 4 DIV, de manière à détecter un éventuel effet stimulateur ou inhibiteur. Cependant, comme l'illustre la *Figure III.28*, l'état de phosphorylation de VIAAT n'est pas altéré par ces traitements. Afin d'explorer de manière préliminaire le rôle possible des neurotrophines, nous avons également étudié l'effet d'une application de NGF ou de BDNF. A nouveau, aucune altération de l'état de phosphorylation de VIAAT n'a été observée. Le développement possible de cette approche expérimentale est détaillé dans la discussion.

En conclusion, l'ensemble des résultats, fourni par les études *in vivo* et *in vitro*, montre l'existence d'une régulation de la phosphorylation de VIAAT au cours de la maturation des neurones inhibiteurs. Cette découverte donne un premier indice sur le rôle potentiel de la phosphorylation, en l'associant à la maturation neuronale et/ou à la différenciation présynaptique, de manière toutefois indépendante de la transmission synaptique.

Composé	Cible	Concentration utilisée
TTX	canaux sodiques[a]	200 nM
NBQX	récepteurs AMPA[b]	4 µM
D-APV	récepteurs NMDA[c]	50 µM
MCPG	récepteurs métabotropiques du glutamate[d]	1 mM
Bicuculline	récepteurs GABA$_A$[e]	10 µM
CGP55845A	récepteurs GABA$_B$[f]	1 µM
Strychnine	récepteurs glycine[g]	5 µM
DPCPX	récepteurs adénosine[h]	200 nM

Références : a, Kao, 1972 ; b, Gill *et al.*, 1992/Zeman et Lodge, 1992; c, Evans *et al.*, 1982; d, Jane *et al.*, 1993/Eaton *et al.*, 1993; e, Curtis *et al.*, 1970; f, Davies *et al.*, 1993; g, Curtis *et al.*, 1971; h, Bruns *et al.*, 1987.

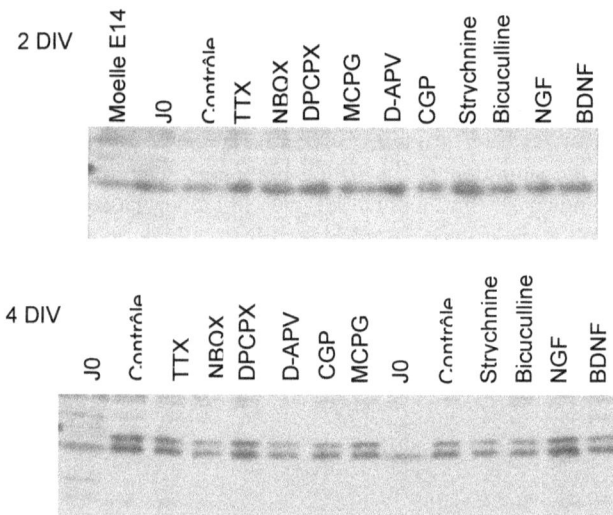

Figure III.28: Effet de l'inhibition ou de la stimulation chronique de l'activité neuronale sur l'état de phosphorylation de VIAAT. Des neurones ont été traités dès la mise en culture avec divers inhibiteurs de l'activité synaptique (cf tableau ci-dessus) ou bien avec des facteurs de croissance (BDNF, 100 ng/ml et NGF, 50 ng/ml), puis analysés à 2 DIV et 4 DIV, par immunotransfert, avec le sérum anti-VIAAT. J0 = neurones dissociés, analysés juste avant la mise en culture ; moelle = échantillon de tissu de moelle épinière, prélevé au stade E14, avant dissociation des neurones.

DISCUSSION

I. RECAPITULATION

A. VIAAT EST PHOSPHORYLE DANS LE SYSTEME NERVEUX

L'observation d'une hétérogénéité biochimique de VIAAT dans le cerveau de rat nous a amenés à en rechercher l'origine. Trois arguments indépendants permettent de conclure que la bande supérieure du doublet, observée sur les électrophorèses, correspond à une forme phosphorylée de la protéine. En effet, la bande supérieure peut être convertie en bande inférieure par trois types d'action :
- *in vitro*, par l'addition d'une phosphatase exogène, la CIP.

in vitro, par une enzyme endogène, identifiée comme une phosphatase, par sa sensibilité à l'acide okadaïque.
- *in vivo*, par l'action d'inhibiteurs de protéines kinases.

VIAAT est donc phosphorylé *in vivo*. La prédominance de la bande supérieure indique que cette phosphorylation est majoritaire dans la plupart des régions, sauf dans le bulbe olfactif et la rétine.

B. LA PP2A EST UNE PHOSPHATASE DE VIAAT

Une phosphatase sensible à l'acide okadaïque déphosphoryle VIAAT dans les extraits de cerveau. L'acide okadaïque est un inhibiteur spécifique des sérine/thréonine protéines kinases de type 1 (PP1) et 2A (PP2A) (Bialojan et Takai, 1988; Cohen *et al.*, 1990; Schonthal, 1998), avec des sensibilités différentes, ce qui m'a permis d'écarter la PP1, en montrant qu'une concentration nanomolaire d'acide okadaïque suffit à inhiber la déphosphorylation (Cohen, 1991). La phosphatase endogène de VIAAT serait donc un membre de la famille des PP2A, une famille d'holoenzymes hétérotrimériques, constituées d'un dimère de sous-unités catalytique et structurale, associé à une diversité de sous-unités régulatrices (Janssens et Goris, 2001; Sontag, 2001).

Cette phosphatase pourrait aussi être un membre de la famille des PP5, découvertes plus récemment (Chinkers, 2001), et qui présentent aussi une affinité subnanomolaire pour l'acide okadaïque. Cependant, nos expériences de déphosphorylation ont montré l'association partielle, voire totale, de la phosphatase de VIAAT aux membranes. Or, des études ont montré que, dans le cerveau, et contrairement aux autres tissus, une forte proportion de PP2A est associée aux membranes (Sim *et al.*, 1994), alors que la PP5 est très majoritairement cytosolique (Bahl *et al.*, 2001). Par conséquent, nous assimilerons, par la suite, la phosphatase endogène de VIAAT à une PP2A, mais en gardant à l'esprit l'hypothèse, non totalement écartée, d'une PP5.

La PP2A est-elle capable de déphosphoryler VIAAT *in vivo* ? L'inhibition de la déphosphorylation de VIAAT dans les cultures de neurones (induite artificiellement par un inhibiteur de kinase), par l'acide okadaïque, suggère une implication de la PP2A *in vivo*. Mais la concentration d'acide okadaïque utilisée dans ces expériences (100 nM) ne permet pas d'exclure l'intervention d'une PP1 *a priori*. Une publication de Favre *et al.* indique toutefois qu'un traitement de cellules MCF7 par 100 nM d'acide okadaïque induit une inhibition de l'activité PP2A (mesurée *in vitro* sur les extraits cellulaires, après traitement) sans qu'aucune inhibition de l'activité PP1 ne soit détectée (Favre *et al.*, 1997). La PP2A pourrait donc participer activement à la régulation du taux de phosphorylation de VIAAT *in vivo*.

L'identification d'une phosphatase de VIAAT pouvait-elle nous aiguiller sur la caractérisation ou la signification biologique de sa phosphorylation ? Les PP2A sont certes classées parmi les sérine/thréonine phosphatases, mais elles possèdent également une faible activité tyrosine phosphatase (Janssens et Goris, 2001; Sontag, 2001), ce qui ne nous permet pas de déterminer de manière définitive la nature du résidu phosphorylé dans VIAAT, même s'il est plus probablement de type sérine ou thréonine. Par ailleurs, les protéines phosphatases ne possèdent en général pas de sites consensus (Mumby et Walter, 1993). L'identification d'une PP2A ne permet donc pas de localiser le résidu phosphorylé sur la séquence de VIAAT.

Elle ne constitue pas non plus un indice permettant de nous orienter vers la fonction biologique de la phosphorylation de VIAAT. Les PP2A sont en effet une famille de phosphatases ubiquitaires qui représentent environ 1% du total des protéines cellulaires, et dont les sous-unités régulatrices conditionnent leur spécificité de substrat, déterminent leur localisation subcellulaire ou régulent leur activité (Janssens et Goris, 2001; Sontag, 2001). Par conséquent, les PP2A déphosphorylent une myriade de protéines et sont impliquées dans la régulation de quasiment tous les mécanismes cellulaires, depuis la régulation du cycle cellulaire à l'apoptose, en passant par diverses transductions du signal (voir les revues de Janssens et Goris, 2001 ; Schonthal, 1998; Sontag, 2001), notamment par leur capacité à réguler l'activité de kinases (Millward *et al.*, 1999), le trafic membranaire intracellulaire (Molloy *et al.*, 1999), ou encore le maintien de l'intégrité du cytosquelette (Price et Mumby, 1999). Cette multiplicité de fonctions biologiques des PP2A ne permet donc pas de dégager une signification biologique pour la phosphorylation de VIAAT.

C. *IDENTITE DE LA KINASE DE VIAAT ?*

Plusieurs protéines des vésicules synaptiques sont des substrats physiologiques de kinases bien identifiées (voir le *Tableau III.3* ci-contre, ainsi que les revues de Fernandez-Chacon et Sudhof, 1999 et de Turner *et al.*, 1999. Parmi toutes ces protéines, l'exemple le plus documenté concerne la synapsine I. La phosphorylation par la CaMKII, stimulée par l'entrée de Ca^{2+} lors de la dépolarisation des terminaisons nerveuses, diminue l'affinité de la synapsine I pour les vésicules synaptiques et le cytosquelette d'actine, permettant ainsi une mobilisation des vésicules du ''*pool*'' de réserve (Greengard *et al.*, 1993; Hilfiker *et al.*, 1999a). La phosphorylation sur les sites des MAPK est, en revanche, inhibée lors de la dépolarisation de neurones en culture ou de synaptosomes, de manière dépendante du Ca^{2+} (Jovanovic *et al.*, 1996; Jovanovic *et al.*, 2001), mais stimulée par les neurotrophines (Jovanovic *et al.*, 1996); elle diminue également l'affinité de la synapsine I pour le cytosquelette d'actine *in vitro* (Jovanovic *et al.*, 1996 ; Matsubara *et al.*, 1996) mais pas celle pour les vésicules synaptiques (Jovanovic *et al.*, 1996). La phosphorylation d'autres protéines des vésicules synaptiques pourrait réguler des interactions entre protéines : ainsi, la phosphorylation de la synaptotagmine par la CaMKII, ou de SV2 par la CK1, inhibe, *in vitro*, leur interaction respective avec la syntaxine 1 (Verona *et al.*, 2000) ou la synaptotagmine (Pyle *et al.*, 2000). Les phosphorylations des transporteurs VMAT2 et VAChT semblent, quant à

---

elles, réguler leur trafic subcellulaire (ce point sera abordé ultérieurement dans la discussion).

	CaMKII	CaMKI	PKC	PKA	MAPK	CK1	CK2	pp60[c-src]
Synapsine I	+[a]	+[a]		+[a]	+[b]			
Synaptotagmine	+[c,d]		+[d]				+[d,e]	
Synaptobrévine	+[f]						+[f]	
Synaptophysine	+[g]							+[h]
Synaptogyrine								+[i]
SV2						+[j]		
SVAPP-120	+[k]							
Rabphiline	+[l,m]			+[j]	+[m]			
VMAT2							+[n]	
VAChT			+[o]					
VIAAT	-	-	-	-	-	-	-	-
Origine de l'exclusion de la kinase	Ca²⁺, KN-62	Ca²⁺, KN-62	BisI Rottleri n	H7, H89	PD9809	Hyménial-disine	DRB, LY294002	PP2, genistei

Tableau III. 3. Protéines des vésicules synaptiques identifiées comme étant des substrats physiologiques des kinases indiquées. a, Greengard et al., 1993; b, Jovanovic et al., 1996; c, Popoli, 1993/Verona et al., 2000; d, Hilfiker et al., 1999; e, Bennett et al., 1993/Davletov et al., 1993; f, Nielander et al., 1995; g, Rubenstein et al., 1993; h, Pang et al., 1988/Linstedt et al., 1992/Barnekow et al., 1990; i, Baumert et al., 1990/Janz et Südhof, 1998; j, Gross et al., 1995/Pyle et al., 2000; k, Bähler et al., 1991; l, Fykse, 1998; m, Lonart et Südhof, 1998; n, Krantz et al., 1997; o, Krantz et al., 2000/Barbosa et al., 1997/Cho et al., 2000. Notons l'existence d'une phosphorylation in vitro, dans des vésicules synaptiques, de la synaptobrévine par une PKC exogène (Nielander et al., 1995) ou de SVAPP-120 par une PKC ou une PKA exogène (Bähler et al., 1991), ainsi que la phosphorylation in vitro de la synapsine I purifiée par la cyclin-dependant 5 kinase (Matsubara et al., 1996).

Le *Tableau III.3* permet ainsi de dresser la liste des kinases connues pour phosphoryler des protéines des vésicules synaptiques dans un contexte physiologique. Nous avons recherché si l'une d'entre elles était capable de phosphoryler VIAAT *in vivo*, en examinant l'effet d'inhibiteurs spécifiques de chaque kinase sur les cultures de neurones (cf. *Figure III.9*). Mais aucun des inhibiteurs spécifiques ne bloque la phosphorylation de VIAAT *in vivo* (voir la dernière ligne du *Tableau III.3*) et seuls des inhibiteurs à large spectre, tels que la staurosporine (Meggio *et al.*, 1995; Ruegg et Burgess, 1989; Tamaoki *et al.*, 1986), le K-252a (Kase *et al.*, 1986; Ruegg et Burgess, 1989) ou le KT5720 (Davies *et al.*, 2000) sont efficaces [23]. L'approche pharmacologique sur les cultures de neurones indique donc que la voie de phosphorylation de VIAAT ne fait pas intervenir des kinases déjà connues pour phosphoryler d'autres protéines des vésicules synaptiques.

L'impossibilité de reproduire la phosphorylation de VIAAT dans de nombreux modèles cellulaires non neuronaux pourrait être révélateur d'une kinase exprimée spécifiquement dans les neurones. L'observation d'une phosphorylation du VIAAT recombinant dans des neurones en culture, après étiquetage de la protéine afin de la distinguer du VIAAT endogène, nous permettrait d'étayer cette hypothèse et de vérifier que l'absence de phosphorylation, dans les divers systèmes expérimentés, ne provient pas d'un artefact dû au transporteur recombinant. Des transfections de neurones spinaux par un ADNc de VIAAT, étiqueté en C-terminal par un épitope c-myc, ont déjà été testées, mais la protéine recombinante n'a pas pu être détectée par immunotransfert ou immunofluorescence. Des analyses

---

[23] Notons que le KT5720 est souvent considéré comme un inhibiteur spécifique de la PKA, mais qu'un travail récent du laboratoire de P. Cohen révèle qu'il est, en fait, peu spécifique (Davies *et al.*, 2000).

ultérieures ont montré que l'expression dans les cellules PC12 d'un ADNc de VIAAT, fusionné à la GFP en C-terminal, était toxique pour les cellules, alors qu'une construction similaire avec la protéine du nématode restaure le phénotype d'animaux mutants chez cette espèce (McIntire *et al.*, 1997). Par ailleurs, lorsqu'une construction de VIAAT, étiquetée par un épitope V5 en C-terminal, est exprimée dans les cellules BON, l'épitope est majoritairement excisé de la protéine dans la fraction active pour le transport de GABA (G.C. Bellenchi, données non publiées). Un nouvel essai d'expression de VIAAT dans les neurones nécessitera donc l'optimisation préalable de son étiquetage.

D. *COMPARAISON AVEC LES AUTRES TRANSPORTEURS VESICULAIRES*

Outre la kinase qui en est responsable, une particularité de la phosphorylation de VIAAT, par rapport à celle des autres protéines vésiculaires, est son caractère total, constitutif et extrêmement stable. VIAAT est le premier transporteur vésiculaire dont la phosphorylation ait été démontrée *in vivo* dans le cerveau. A titre de comparaison, les mises en évidence des phosphorylations de VMAT2 par la CK2 (Krantz *et al.*, 1997) et de VAChT par la PKC (Cho *et al.*, 2000; Krantz *et al.*, 2000) sont certes très convaincantes, mais elles ont été réalisées par marquage métabolique, au $[^{32}P]$, des protéines recombinantes exprimées dans les cellules PC12. Or ceci ne rend compte ni du taux de phosphorylation dans ce modèle, ni de la pertinence physiologique de ces observations pour le système nerveux. Aucune donnée actuelle ne démontre une phosphorylation de VMAT2 dans le cerveau. Quant à VAChT, la seule donnée suggérant une phosphorylation de la protéine native par la PKC est le travail de Barbosa *et al.*, montrant, dans des synaptosomes d'hippocampe, une incorporation de $[^{32}P]$ par VAChT *in vitro*, stimulée par l'ester de phorbol 12-*O*-tetradecanoylphorbol 13-acetate (TPA), connu pour activer la PKC (Barbosa *et al.*, 1997). A l'heure actuelle, aucune preuve de la présence d'une phosphorylation *in vivo* de l'un ou l'autre de ces transporteurs dans le système nerveux central n'existe, et VIAAT est donc unique à cet égard.

II. ORIGINE DE LA PHOSPHORYLATION DE VIAAT

Mes approches pour tenter d'élucider le rôle de la phosphorylation de VIAAT de manière directe, en recherchant, par exemple, un effet sur l'activité de transport ou sur la localisation de la protéine, ont été infructueuses. Nous avons donc abordé cette question indirectement, en recherchant quels signaux pouvaient stimuler ou réduire l'état de phosphorylation de VIAAT.

A. *LA PHOSPHORYLATION DE VIAAT EST INDEPENDANTE DE L'ACTIVITE SYNAPTIQUE*

Nous avons, dans un premier temps, examiné l'effet de l'activité synaptique sur l'état de phosphorylation de VIAAT, dans la mesure où elle module l'état de phosphorylation de plusieurs protéines présynaptiques. Par exemple, les phosphorylations de la synapsine I (Greengard *et al.*, 1993; Jovanovic *et al.*, 2001), de la rabphiline (Fykse, 1998; Lonart et Sudhof, 1998) ou de la synaptotagmine (Hilfiker *et al.*, 1999b) sont stimulées lors de la dépolarisation des terminaisons nerveuses, vraisemblablement par activation des kinases CaMKII et PKC, provoquée par l'entrée de Ca^{2+}. Outre les protéines des vésicules synaptiques, certaines protéines appartenant à la machinerie d'endocytose voient elles aussi leur état de phosphorylation varier en fonction de l'activité synaptique. A l'état basal, ces protéines sont phosphorylées de manière constitutive dans les terminaisons nerveuses, ce qui inhibe leurs interactions mutuelles ; une dépolarisation des terminaisons provoque leur déphosphorylation transitoire par la calcineurine, stimulant ainsi l'endocytose des vésicules après leur exocytose (Slepnev *et al.*, 1998).

L'effet de l'activité synaptique sur l'état de phosphorylation de VIAAT a été examiné par une approche pharmacologique sur des neurones spinaux différenciés *in vitro* ou sur des terminaisons nerveuses intactes de rats adultes. Des inhibiteurs perméants, spécifiques des canaux sodiques ou de divers récepteurs de neuromédiateurs d'une part, ou du KCl et d'un ionophore à Ca^{2+} d'autre part, ont été utilisés pour bloquer ou stimuler, respectivement, l'activité synaptique. L'inhibition ou la stimulation chronique ou phasique de l'activité neuronale dans les cultures a été sans effet sur l'état de phosphorylation de VIAAT, aussi bien à l'état stationnaire que dans un état dynamique, créé par inhibition de la kinase de VIAAT par la staurosporine. De même, dans des conditions où la dépolarisation des terminaisons nerveuses induit une déphosphorylation des amphiphysines, qui font partie des protéines interagissant dans le complexe qui stimule l'endocytose (Bauerfeind *et al.*, 1997; Slepnev *et al.*, 1998), aucun effet sur l'état de phosphorylation de VIAAT n'a pu être observé. La phosphorylation de VIAAT est donc indépendante de l'activité synaptique de neurones matures.

B. *LA PHOSPHORYLATION DE VIAAT EST REGULEE AU COURS DU DEVELOPPEMENT*

L'état de phosphorylation de plusieurs protéines neuronales est altéré au cours du développement ; c'est par exemple le cas de la protéine associée aux microtubules, MAP-1B (Fischer et Romano-Clarke, 1990), ou de la protéine du complexe SNARE, syntaxine 1 (Foletti *et al.*, 2000). Nous avons donc examiné si l'état de phosphorylation de VIAAT était lui aussi régulé au cours du développement.

L'analyse, par immunotransfert, de différentes régions de cerveau de rat prélevées sur des animaux à divers stades de développement embryonnaires ou postnataux, révèle que VIAAT est synthétisé à des stades embryonnaires tardifs, sous forme non phosphorylée, sa phosphorylation apparaissant progressivement au cours du développement, avec des variations régionales reflétant celles de la cinétique de biosynthèse du transporteur. La synthèse de VIAAT non phosphorylé à des stades embryonnaires tardifs coïncide, ainsi, avec une période de neurogenèse importante de la plupart des populations neuronales (Bayer et Altman, 1995). L'apparition de la phosphorylation est plus tardive, située entre la fin de la période embryonnaire et la première semaine postnatale. Des analyses ultrastructurales, réalisées dans l'hippocampe (Steward et Falk, 1991; Marty *et al.*, sous presse) et dans le cortex somatosensoriel (Micheva et Beaulieu, 1996), font apparaître une augmentation quantitative du nombre et de la densité des synapses au cours des deuxièmes et troisièmes semaines postnatales. Dans ces régions, la phosphorylation de VIAAT apparaît donc avant la phase quantitative de la synaptogenèse, mais après la neurogenèse. Les autres régions n'ont apparemment pas fait l'objet d'études aussi précises. Néanmoins, les cinétiques d'ontogenèse de VIAAT et d'autres marqueurs vésiculaires, tels que la synaptophysine (un marqueur général des terminaisons nerveuses (Jahn *et al.*, 1985; Wiedenmann et Franke, 1985)) et VGLUT1 (un marqueur d'une sous-population des terminaisons excitatrices (Bellocchio *et al.*, 2000; Takamori *et al.*, 2000)), révèlent une augmentation de l'intensité de l'immunoréactivité associée à ces trois protéines, variable d'une région à l'autre, mais avec des décours similaires. En particulier, une forte augmentation de l'intensité des trois marqueurs est observable entre les stades P7 et P21 dans le cortex, l'hippocampe et le cervelet (elle semble moins marquée dans le bulbe olfactif et la moelle épinière, cf. *Figure III.26*), indicatrice d'une maturation importante de toutes les terminaisons nerveuses, ce qui est en accord avec les données quantitatives des études dans l'hippocampe et le cortex somatosensoriel citées précédemment. La même séquence d'événements semble donc se généraliser à d'autres régions, c'est-à-dire d'abord l'expression de VIAAT sous forme majoritairement déphosphorylée, puis l'apparition de la forme phosphorylée, et enfin l'augmentation quantitative du nombre de synapses. Cette séquence d'événements suggère une corrélation de la phosphorylation de VIAAT à des événements précoces de la synaptogenèse.

Cette hypothèse est étayée par les études dans les cultures de neurones spinaux. La phosphorylation de VIAAT apparaît en effet de manière progressive au cours de la maturation des cultures *in vitro* (cf. *Figure III.29* ci-contre). L'analyse des décours temporels de la maturation des terminaisons nerveuses inhibitrices dans ces cultures (Dumoulin *et al.*, 2000) et de la phosphorylation de VIAAT révèle que la phosphorylation devient majoritaire à un stade (4 DIV) auquel la mise en place des synapses inhibitrices commence à peine, et dans lequel les contacts synaptiques sont encore pour la plupart immatures (cf. *Figure III.29*).

L'ensemble des études *in vivo* et *ex vivo* suggère que la phosphorylation de VIAAT soit associée à l'établissement des premiers contacts synaptiques.

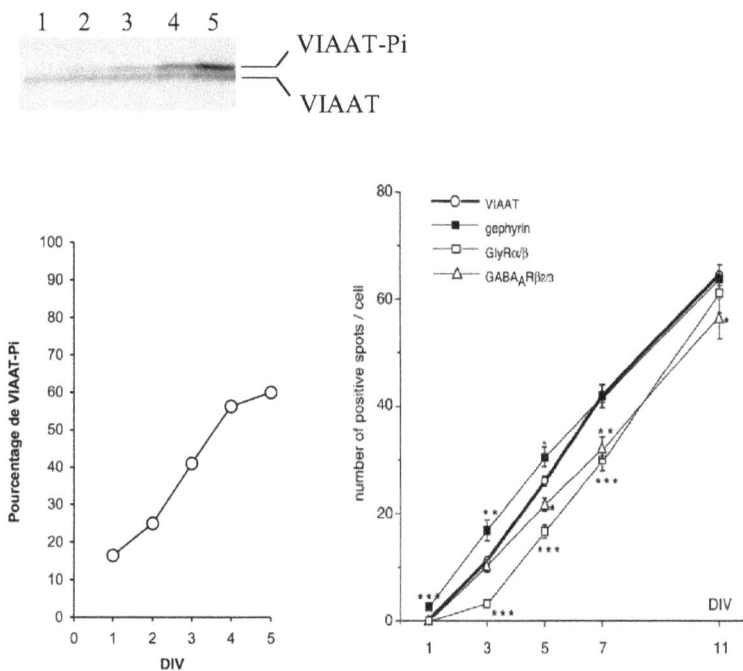

Figure III.29: Décours temporels de la phosphorylation de VIAAT et de la maturation des terminaisons nerveuses inhibitrices dans les cultures de neurones spinaux. A. Cinétique de phosphorylation de VIAAT dans les cultures de neurones. Des neurones spinaux, prélevés au stade E14 sur des embryons de rat, ont été cultivés *in vitro* puis analysés, aux temps indiqués, avec le sérum anti-VIAAT. L'intensité des bandes immunoréactives pour les deux isoformes de VIAAT a été quantifiée au moyen du logiciel ImageQuant. Le graphe indique l'évolution du pourcentage de VIAAT phosphorylé (VIAAT-Pi) entre 1 et 5 DIV. B. Cinétique d'apparition de marqueurs des terminaisons inhibitrices. Le graphe représente les analyses quantitatives du nombre moyen, par neurones, de *puncta* positifs pour VIAAT, la géphyrine, ou les récepteurs postsynaptiques glycerniques (GlyRα/β) et GABAergiques (GABA$_A$Rβ $_{2/3}$) (Dumoulin *et al*., 2000, avec l'aimable autorisation d'A. Triller). La comparaison de ces 2 graphes révèle que la cinétique de phosphorylation de VIAAT est plus rapide que celle de la maturation des contacts synaptiques.

III. PERSPECTIVES

A. NOUVELLE RECHERCHE DE LA VOIE DE PHOSPHORYLATION DE VIAAT

La découverte d'une association de la phosphorylation de VIAAT à la maturation des neurones GABAergiques permet de réexaminer, sous un nouvel angle, la question de l'identité de la kinase de VIAAT, ou plutôt de l'identité de la voie de signalisation impliquée. En effet, plusieurs voies de signalisation, régulant différents aspects de la maturation des neurones, ont été décrites. Il conviendra donc d'examiner le rôle possible de ces voies dans la phosphorylation de VIAAT.

1. Quelles seraient les voies de phosphorylation possibles ?

La phosphorylation de VIAAT pourrait être liée à des événements tels que l'établissement de la polarité neuronale et la croissance de l'axone. La régulation de la dynamique du cytosquelette semble être un des facteurs clef dans ces processus (voir les revues de Bradke et Dotti, 2000 et de Tanaka et Sabry, 1995). La déstabilisation des filaments d'actine par des agents pharmacologiques est, par exemple, suffisante pour induire la formation de l'axone dans des cultures de neurones (Bradke et Dotti, 1999). Le traitement de cultures de neurones par de faibles doses de vinblastine, qui inhibe la dynamique des microtubules sans les détruire, bloque, en revanche, le mouvement d'exploration du cône de croissance, ainsi que l'élongation axonale (Tanaka *et al.*, 1995). Les voies de signalisation qui pourraient conduire à ces modifications du cytosquelette impliquent, entre autres, la famille des petites GTPases Rho/Rac/Cdc42 et la famille des protéines associées aux microtubules, MAP.

Les protéines de la famille de Rho font partie de la super-famille des petites GTPases Ras, et sont impliquées dans diverses fonctions cellulaires en rapport avec l'actine (Hall, 1994). En particulier, des données récentes révèlent qu'elles jouent un rôle dans la régulation de la morphologie du cône de croissance et dans les processus de croissance axonale et dendritique (Dickson, 2001; Luo *et al.*, 1996b ; Mackay *et al.*, 1995). Dans des cultures de neurones, l'expression de mutants de Cdc-42, actifs de manière constitutive, induit par exemple, une pousse neuritique (Brown *et al.*, 2000). D'un autre coté, l'inhibition de la voie dépendante de Rho suffit à déstabiliser le cytosquelette d'actine et contrôler l'initiation de l'axonogenèse (Bito *et al.*, 2000). Dans cette étude, Bito *et al.* utilisent des outils génétiques et pharmacologiques pour montrer que ce processus fait intervenir la kinase associée à Rho, ROCK, ainsi que la kinase LIM-1, substrat de ROCK régulant la dépolymérisation de l'actine (Maekawa *et al.*, 1999). Ces données établissent donc un lien moléculaire entre la voie de signalisation dépendante de Rho et l'établissement de la polarité neuronale (voir le schéma de la *Figure III.30*).

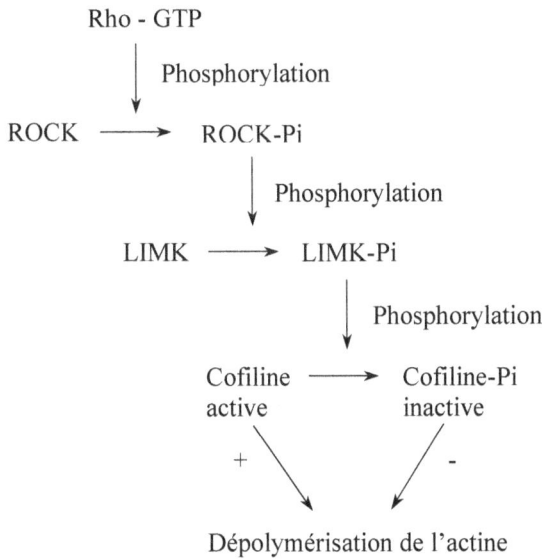

Rho - GTP
│ Phosphorylation
▼
ROCK ⟶ ROCK-Pi
│ Phosphorylation
▼
LIMK ⟶ LIMK-Pi
│ Phosphorylation
▼
Cofiline ⟶ Cofiline-Pi
active   inactive
+   -
Dépolymérisation de l'actine

Figure III.30: Voie de signalisation dépendante de Rho (d'après Maekawa *et al.*, 1999 et Bito *et al.*, 2000). L'activation de Rho, par le GTP, provoque une cascade de phosphorylations qui aboutissent *in fine* à l'inactivation de la cofiline et à l'inhibition de la dépolymérisation de l'actine, ce qui provoque la stabilisation du cytosquelette d'actine et l'inhibition de la neuritogenèse.

Des études génétiques chez la souris ou la drosophile ont montré que des modifications de l'activité de Rac provoquent des défauts dans la croissance axonale (Luo *et al.*, 1996a; Luo *et al.*, 1994). Deux publications récentes lèvent le voile sur la voie de signalisation dépendante de Rac, dans ce processus (Nikolic *et al.*, 1998; Nikolic et Tsai, 2000). Nikolic *et al.* montrent que Rac interagit à la fois avec la kinase dépendante de la cycline 5 (Cdk5) liée à sa protéine régulatrice p35 (complexe p35/Cdk5), et avec Pak1, une autre protéine kinase, substrat de p35/Cdk5, et connue pour agir sur la dynamique du cytosquelette d'actine (Bagrodia et Cerione, 1999). Leurs données révèlent que le complexe, formé par l'association de ces trois partenaires, est présent dans le cône de croissance de neurones en culture, et que la phosphorylation de Pak1 par p35/Cdk5 dépend de l'activation de Rac par le GTP. Comme, par ailleurs, la phosphorylation de Pak1 par p35/Cdk5 semble impliquée dans la régulation de l'activité de Pak1 envers l'actine, les auteurs proposent que, dans les neurones, la phosphorylation de Pak1, régulée par p35/Cdk5 de manière dépendante de Rac, soit impliquée dans le remodelage du cytoquelette lors de la croissance neuritique (voir la *Figure III.31*).

La famille des MAP est un autre exemple de protéines qui semblent jouer un rôle dans la régulation de la différenciation neuronale à des stades précoces. Des études génétiques chez la drosophile ont permis d'identifier une nouvelle protéine associée aux microtubules, Futsch, impliquée dans la régulation de la croissance axonale et dendritique, ainsi que dans l'organisation des microtubules (Hummel *et al.*, 2000; Roos *et al.*, 2000). Or la modification de l'état de phosphorylation des MAP est un des mécanismes régulant la dynamique des microtubules (Drewes *et al.*, 1998). Les voies de signalisation agissant sur leur état de phosphorylation sont donc susceptibles d'intervenir dans la régulation de la différenciation neuronale. Parmi les kinases capables de phosphoryler les MAP, on retrouve la kinase p35/Cdk5, impliquée dans divers aspects du développement neuronal *in vivo* et *in vitro* (voir la revue de Paglini et Caceres, 2001). Des études sur des cultures primaires de neurones ont ainsi montré une redistribution de Cdk5 et de p35, du corps cellulaire vers l'extrémité de l'axone, lors de l'établissement de la polarité neuronale (Nikolic *et al.*, 1996; Pigino *et al.*, 1997). De plus, l'expression de mutants dominants négatifs de Cdk5, dans des cultures de neurones corticaux, inhibe la pousse neuritique (Nikolic *et al.*, 1996), tandis que la suppression de l'expression de Cdk5 par des oligonucléotides anti-sens, dans des cultures de macroneurones du cervelet, inhibe l'élongation de l'axone, la phosphorylation de MAP-

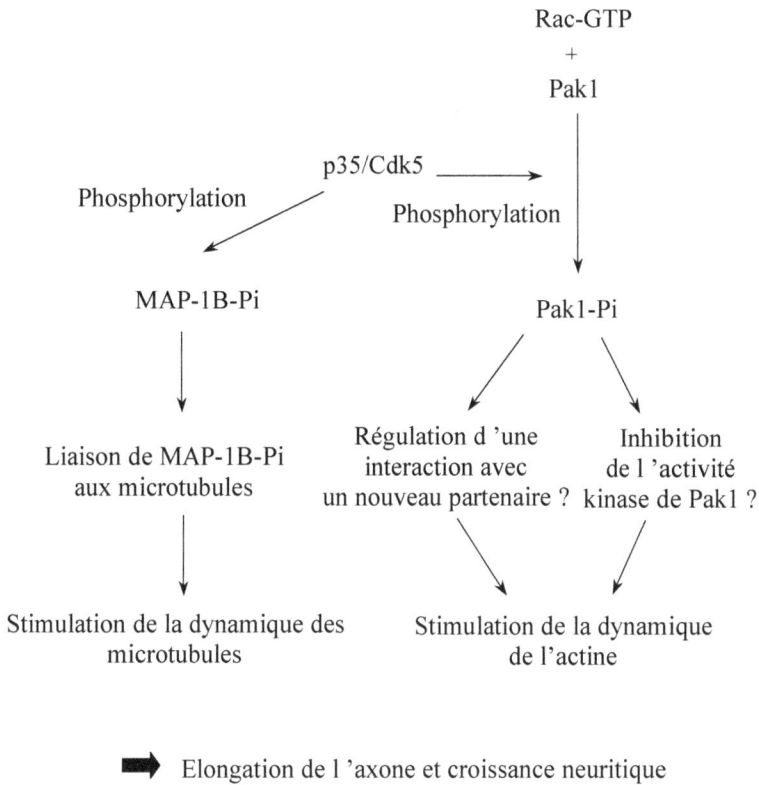

Figure III.31: Voies de signalisation indiquant les mécanismes de régulation possibles de la croissance axonale par p35/Cdk5 (d'après Paglini, 2001 et Nikolic *et al.*, 2001). Dans une première voie, la phosphorylation de MAP-1B par p35/Cdk5 provoquerait la liaison de MAP-1B aux microtubules et stimule leur dynamique. Dans une seconde voie, p35/Cdk5 phosphorylerait Pak1 associée à Rac sous forme GTP, régulant ainsi l'activité de Pak1 envers l'actine.

1B, et la liaison de celle-ci aux microtubules (Pigino *et al.*, 1997). Les travaux de Pigino *et al.* suggèrent ainsi l'existence d'une voie de signalisation dans laquelle la dynamique des microtubules dépendrait de l'état de phosphorylation MAP-1B, régulé par la Cdk5 (Paglini et Caceres, 2001).

En intervenant à la fois dans la voie Rac, qui module la dynamique du cytoquelette d'actine, et en régulant l'état de phosphorylation des MAP, qui contrôle la dynamique des microtubules, p35/Cdk5 apparaît comme un élément clef qui pourrait orchestrer la mise en œuvre de la polarité neuronale et de la croissance axonale (cf. *Figure III.31*).

La phosphorylation de VIAAT pourrait également être associée à la différenciation de la terminaison présynaptique, qui s'effectue au cours de la synaptogenèse sous l'influence de signaux provenant de la cible postsynaptique. Peu de voies de signalisation sont connues pour les synapses centrales, la majorité des études réalisées concernant surtout les synapses de la jonction neuromusculaire (voir Sanes et Lichtman, 1999 pour une revue sur ce sujet). Des travaux récents ont cependant dévoilé certaines voies capable d'induire la différenciation présynaptique dans les synapses centrales (voir les revues de Chang et Balice-Gordon, 2000; Davis, 2000; Schaefer et Nonet, 2001).
Ainsi, l'une d'elle met en jeu l'interaction entre les neuroligines, protéines membranaires d'adhésion cellulaire enrichies au niveau de la densité postsynaptique (Song *et al.*, 1999) et leur ligands β-neurexines[24] (Cantallops et Cline, 2000; Davis, 2000; Scheiffele *et al.*, 2000). Scheiffele

---

[24] Les neurexines sont des protéines identifiées à l'origine comme récepteurs du venin d'araignée α-latrotoxine (Ushkaryov *et al.*, 1992), dont il existe plus de mille variants générés par épissage alternatif (Missler *et al*, 1998).

et al. ont utilisé un système original de coculture, dans lequel des cellules non neuronales, modifiées génétiquement pour exprimer la neuroligine-1, induisent la formation de structures présynaptiques fonctionnelles dans des axones de la protubérance, cultivés en leur présence, et qui les contactent. L'ajout d'une forme soluble de β-neurexine, dans le milieu de culture de ce modèle ou dans celui d'un modèle reproduisant la synaptogenèse entre les axones de la protubérance et leurs cibles *in vivo*, inhibe le processus de différenciation. Ces données indiquent que les neuroligines sont des signaux suffisants pour induire la formation des synapses, vraisemblablement *via* leur interaction avec les β-neurexines (Scheiffele *et al.*, 2000).

Une autre voie met en jeu la protéine WNT-7a (Burden, 2000; Davis, 2000; Hall *et al.*, 2000). La famille des protéines sécrétées WNT est impliquée dans diverses voies de signalisation au cours du développement (Wodarz et Nusse, 1998), dont la voie canonique est bien documentée : la liaison de WNT à son récepteur provoque l'inhibition de la protéine kinase glycogène synthase 3β (GSK-3β), induisant une accumulation de la β-caténine, qui est alors 'transloquée' dans le noyau, où elle régule l'expression de certains gènes (Peifer et Polakis, 2000; Pleasure, 2001; voir aussi le schéma de la *Figure III.32*). Hall *et al.* ont utilisé un système de culture *in vitro* entre des cellules granulaires du cervelet et des axones de fibres moussues, qui reconstitue la formation des synapses *in vivo* entre ces deux partenaires, pour montrer que la sécrétion de WNT7-a, par les cellules granulaires, induit le remodelage de l'axone des fibres moussues, par un mécanisme impliquant la GSK-3β (Hall *et al.*, 2000). WNT régule aussi la polarité embryonnaire, et dans ce cas, son effet est médié par son interaction avec la sérine/thréonine kinase PAR-1 (Sun *et al.*, 2001) (cf. *Figure III.32*). Or, une kinase homologue, SAD-1, intervient dans la différenciation présynaptique chez *C. elegans*, (Crump *et al.*, 2001) et pourrait donc médier les effets des WNT dans ce processus, de manière similaire à PAR-1.

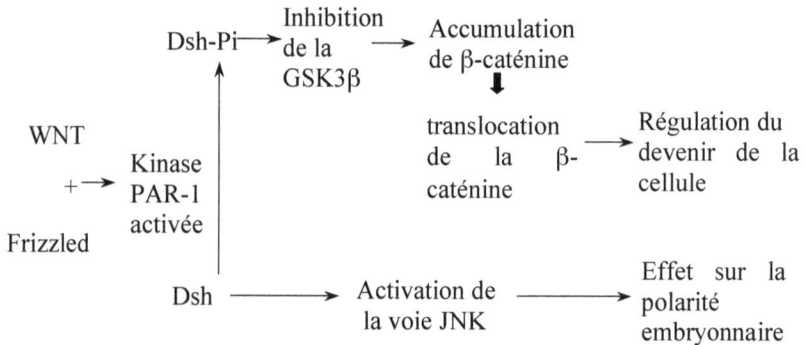

Figure III.32: Voie de signalisation dépendante de WNT (d'après Peifer et Polakis, 2000 et Sun *et al.*, 2001). La liaison de WNT à son récepteur Frizzled stimule l'activité kinase de PAR-1, qui phosphoryle la protéine Dsh (Dishevelled). Dsh agit comme un interrupteur, qui, sous forme non phosphorylée, active la voie Jun kinase (JNK), contrôlant la polarité embryonnaire, ou, sous sa forme phosphorylée, active la voie canonique de WNT. Dans cette voie, Dsh phosphorylée inhibe l'activité de la glycogène synthase kinase 3β, provoquant une accumulation de β-caténine dans le cytosol, qui peut ensuite entrer dans le noyau et y réguler l'expression génique.

D'autres voies de signalisation induisant la différenciation de la terminaison présynaptique pourraient impliquer des protéines d'adhésion cellulaire, telles que la fascicline II (Schuster *et al.*, 1996) ou les intégrines (Chavis et Westbrook, 2001); des composants de la lame basale, tels que l'agrine (Campagna *et al.*, 1995; Ferreira, 1999) ou la laminine β2 (Son *et al.*, 1999) ; ou bien encore RPM-1 et HIW, qui appartiennent à une nouvelle famille de protéines récemment identifiées (voir la revue de Chang et Balice-Gordon, 2000). Notons toutefois que dans la plupart des cas évoqués ci-dessus, les mécanismes impliqués restent obscurs et que la preuve d'une implication au niveau des synapses centrales reste à établir.

2. Quelles expériences pour évaluer ces hypothèses ?

Une manière rapide de déterminer si la phosphorylation de VIAAT passe par l'une des voies de signalisation décrites précédemment, consisterait à examiner l'action d'agents pharmacologiques ou d'outils recombinants sur des cultures de neurones (cf. *Tableau III.4*). Les résultats obtenus pourraient ensuite être validés par des outils recombinants plus précis tels que l'expression de mutants de kinases : dominants actifs de Rho, Rac, ROCK ou Cdc42 (Bito *et al.*, 2000; Brown *et al.*, 2000), dominants négatifs de Rho, de ROCK (Bito *et al.*, 2000), de Cdk5 (Nikolic *et al.*, 1996) ou de l'orthologue humain de SAD-1, par analogie avec le travail effectué sur PAR-1 dans la voie WNT (Sun *et al.*, 2001).

Voie de signalisation	Rho/Rac/Cdc42		Cdk5	WNT	neuroligine
agent pharmacologique	toxine B[a]	Y-27632[b]	olomoucine[c] roscovitine[c]	lithium[d] rottlerine[e]	
cible	voie Rho	ROCK	Cdk5	GSK-3β	
effet attendu sur l'état de phosphorylation de VIAAT	↘	↘	↘	↗	
outil recombinant				Faux récepteur Frizzled[d]	β-neurexine[f]
cible				WNT	neuroligine
effet attendu sur l'état de phosphorylation de VIAAT				↘	↘

Tableau III.4. Composés à tester sur des cultures de neurones pour distinguer les différentes voies de signalisation candidates dans la phosphorylation de VIAAT. a, Bradke et Dotti, 1999; b, Bito et al., 2000; c, Meijer et al., 1997; d, Hall et al., 2000; e, Davies et al., 2000; f, Scheiffele et al., 2000.

L'approche précédente présente le défaut d'être limitée par notre connaissance préalable des voies de signalisation impliquées dans la différenciation ou la maturation des neurones. Une approche indépendante et indirecte, pour évaluer l'association ou non à la synaptogenèse, consisterait à déterminer si la phosphorylation de VIAAT s'effectue dans la terminaison présynaptique ou dans le corps cellulaire.

J'ai tenté d'examiner la localisation intracellulaire de VIAAT, par immunofluorescence, au cours de la maturation des cultures de neurones. Malheureusement, l'immunoréactivité pour VIAAT était très faible avant 3 DIV, et se distinguait mal du signal son spécifique, ce qui rendait difficile l'interprétation des résultats (données non montrées). Notons toutefois que Dumoulin *et al.*, dans leur étude sur la mise en place des terminaisons inhibitrices dans les cultures de neurones, indiquent que l'immunoréactivité pour VIAAT est diffuse à 3 DIV, et localisée dans le compartiment somato-dendritique, ainsi que dans des régions correspondant vraisemblablement à des axones (ou au cône de croissance). Ce marquage diffus disparaît au cours de la maturation des cultures et l'immunoréactivité pour VIAAT se localise dans les terminaisons synaptiques. Cependant, en absence d'un anticorps phosphospécifique, ce type d'approche reste trop qualitative et trop peu résolutive pour aborder la question du ''lieu'' de la phosphorylation et en tirer des conclusions définitives

Cette question reste toutefois accessible expérimentalement, même sans connaître le(s) résidu(s) phosphorylé(s), grâce à l'existence de souris défectueuses dans le transport axonal des protéines vésiculaires (Yonekawa *et al.*, 1998). Ces souris meurent un jour après la naissance, âge auquel VIAAT est totalement phosphorylé dans la moelle épinière. Par conséquent, l'analyse, par immunotransfert, de l'état de phosphorylation de VIAAT, dans la moelle épinière de souris au stade P1, permettrait de déterminer où s'effectue la phosphorylation de VIAAT. Notre laboratoire a déjà contacté celui de N. Hirokawa qui a produit ces souris, mais nous n'avons pas encore reçu de réponse.

B. *ROLES POSSIBLES DE LA PHOSPHORYLATION*

Les recherches pour déterminer l'origine de la phosphorylation de VIAAT devraient nous éclairer sur son rôle au cours du développement. A cet égard, le résultat de l'expérience sur les souris génétiquement modifiées sera particulièrement déterminant : une apparition de la phosphorylation de

VIAAT dans le corps cellulaire orienterait les recherches vers un rôle dans les étapes précoces de la biogenèse des vésicules (trafic membranaire au sein du corps cellulaire ou transport axonal d'un précurseur), tandis que son apparition dans la terminaison suggérerait une implication dans la biogenèse finale (trafic au niveau de la membrane plasmique ou des endosomes, ou rôle dans les cycles locaux des vésicules à la terminaison). A l'heure actuelle, nous ne pouvons que spéculer sur divers rôles potentiels pour cette phosphorylation, au cours d'une des étapes des cycles des vésicules synaptiques.

1. Quelles hypothèses possibles ?

Une première hypothèse consiste à envisager que la phosphorylation de VIAAT régule son trafic intracellulaire, comme c'est par exemple le cas pour l'endoprotéase furine ou bien pour deux autres transporteurs vésiculaires, VMAT2 et VAChT (voir la seconde partie de l'Introduction). Le trafic de la furine entre le *trans*-Golgi (TGN), les endosomes et la membrane plasmique est dépendant de sa phosphorylation par la CK2 et, à certaines étapes, de sa déphosphorylation par une PP2A (Molloy *et al.*, 1999; Molloy *et al.*, 1998). La phosphorylation de la furine par la CK2 stimule en effet son interaction avec PACS-1, un nouvel adaptateur qui connecte les protéines membranaires à la machinerie de tri dépendant de la clathrine (Wan *et al.*, 1998). Cette interaction provoque soit le retour de la furine vers le TGN à partir des endosomes, soit, dans une autre étape, son recyclage à la membrane plasmique (Molloy *et al.*, 1999). De manière analogue, le trafic de VMAT2 entre le TGN et les LDCV, dans les cellules PC12, semble régulé par sa phosphorylation : la phosphorylation de VMAT2 par la CK2 provoque le retrait du transporteur des LDCV, vraisemblablement par inactivation d'un signal de rétention de VMAT2 dans les LDCV, contenu dans son domaine C-terminal (Waites *et al.*, 2001). Dans le cas de VAChT, des mutations, mimant ou supprimant sa phosphorylation par la PKC, modifient sa distribution intracellulaire dans les cellules PC12. La nature du compartiment vers lequel ce transporteur est redistribué n'est cependant pas déterminée, dans la mesure où les deux études aboutissent à des résultats contradictoires (Cho *et al.*, 2000; Krantz *et al.*, 2000).

Une hypothèse intéressante à examiner, dans le cas d'une phosphorylation de VIAAT au sein du corps cellulaire, serait l'implication de la phosphorylation dans la régulation du transport axonal de VIAAT à la terminaison, comme c'est par exemple le cas pour MAP-1B. Cette protéine

---

possède deux isoformes, différant par leur état de phosphorylation, et qui sont notamment régulées différemment au cours du développement (Fischer et Romano-Clarke, 1990; Ulloa *et al.*, 1993). Une étude récente de Ma *et al.* révèle que l'état de phosphorylation de MAP-1B est corrélé à sa cinétique de transport axonal (Ma *et al.*, 2000). Le marquage métabolique de neurones des racines des ganglions dorsaux permet, en effet, de suivre le transport axonal des protéines *in vivo* dans le nerf sciatique, en analysant en SDS-PAGE et fluorographie, des sections consécutives de ce nerf, différents jours après le marquage radioactif. Dans le cas de MAP-1B, les deux isoformes de la protéine ont des cinétiques de transport axonal différentes, ce qui suggère un rôle possible de la phosphorylation dans des associations avec des composants particuliers lors du transport axonal (Ma *et al.*, 2000). Il serait intéressant d'examiner si, de manière analogue, la phosphorylation est impliquée dans le transport axonal de VIAAT. Notons toutefois que, dans les cultures de neurones, la synthèse de VIAAT sous forme déphosphorylée, induite artificiellement par une application de staurosporine (inhibiteur irréversible) au moment de la mise en culture, n'empêche pas la localisation du transporteur à la terminaison dans les neurones matures. La présence d'une phosphorylation n'est donc pas indispensable pour l'adressage de VIAAT à la terminaison. Cependant, cette donnée n'exclut pas l'implication de la phosphorylation dans une régulation cinétique du transport axonal de VIAAT.

Considérons maintenant que la phosphorylation de VIAAT ait lieu lors de la différenciation de la terminaison présynaptique. Une première hypothèse consiste à envisager que la phosphorylation de VIAAT soit un des événements intervenant au cours de la mise en place de la zone active. La cascade de signalisation qui détermine la spécialisation régionale de la membrane présynaptique en zone active reste mal connue, même si des données récentes commencent à lever le voile sur les mécanismes cellulaires conduisant à son assemblage (Ahmari *et al.*, 2000; Zhai *et al.*, 2001). Cependant, un rôle de la phosphorylation dans un tel mécanisme est suggéré par l'étude de Foletti *et al.* sur la syntaxine 1. Leurs données révèlent en effet que l'isoforme phosphorylée de la syntaxine 1 est régulée au cours du développement *in vivo*, et qu'elle est localisée dans des domaines discrets de l'axone, au niveau de sites non synaptiques, ce qui suggère que la phosphorylation de cette protéine soit impliquée pour discriminer la zone active dans l'axone (Foletti *et al.*, 2000).

La phosphorylation de VIAAT pourrait également être impliquée dans les cycles locaux des vésicules synaptiques à la terminaison, par exemple, dans les cycles d'exo/endocytose et de mobilisation/reconstitution du "*pool*" de réserve. Des modifications rapides de l'état de phosphorylation de diverses protéines sont en effet capable de réguler ces processus : outre l'exemple des protéines de la machinerie d'endocytose discuté précédemment (cf. § II.A), celui de la synapsine I révèle que des variations de son état de phosphorylation, dépendant de l'activité synaptique, sont susceptibles de réguler le trafic des vésicules synaptiques entre le "*pool*" de réserve et le "*pool*" libérable (cf. § I.C) (Greengard *et al.*, 1993). Mes expériences de stimulation de cultures de neurones ou de terminaisons nerveuses excluent une régulation de ces processus par des variations rapides de l'état de phosphorylation de VIAAT, en réponse à l'activité synaptique. En revanche, la présence de VIAAT à la terminaison, sous un état phosphorylé, pourrait être nécessaire pour réguler l'activité synaptique, en stimulant par exemple l'interaction avec d'autres protéines impliquées dans l'un ou l'autre de ces cycles.

Enfin, la phosphorylation pouvait être un mécanisme régulant le remplissage vésiculaire. Nous avons donc examiné si la suppression de la phosphorylation de VIAAT, par un traitement enzymatique, modifiait son activité de transport d'acides aminés dans une fraction purifiée de vésicules synaptiques. Ces expériences montrent que l'accumulation de GABA et de glycine est identique quel que soit l'état de phosphorylation VIAAT, ce qui indique que la phosphorylation de VIAAT ne régule pas directement la taille du quantum vésiculaire. Nous ne pouvons néanmoins pas exclure un mécanisme indirect, *via* une protéine régulatrice, dont l'interaction avec VIAAT pourrait être régulée par la phosphorylation.

2. Quelles expériences pour examiner ces hypothèses ?

Compte tenu du caractère plutôt spéculatif de cette partie, nous nous limiterons à des considérations d'ordre assez général, contrairement aux propositions d'expériences précises faites pour la recherche de la voie de signalisation de la phosphorylation. L'analyse du rôle de la phosphorylation nécessitera l'identification des sites phosphorylés, puisque seule l'utilisation de mutants non phosphorylables ou phosphomimétiques pourra apporter des réponses définitives. L'identification des sites pourra être abordée par une approche protéomique sur la protéine native, purifiée sous forme phosphorylée. Marie Isambert, dans notre équipe, purifie actuellement VIAAT dans ce but. La mutagenèse systématique des résidus phosphorylables et l'expression dans les neurones constituera une approche indépendante, qui nécessitera des optimisations techniques, notamment celle de l'étiquetage de la protéine, comme nous l'avons discuté précédemment. L'expression dans les neurones sera, de toute manière, nécessaire à l'analyse de la fonction de la phosphorylation de VIAAT.

C. SIGNIFICATION BIOLOGIQUE DES VARIATIONS REGIONALES DU TAUX DE PHOSPHORYLATION

De manière intrigante, la phosphorylation de VIAAT fait apparaître une hétérogénéité régionale : VIAAT est majoritairement phosphorylé dans la plupart des régions du cerveau, à l'exception du bulbe olfactif et de la rétine. Quelle pourrait en être l'origine ?

Nos données à ce sujet sont extrêmement limitées et nous ne pouvons à nouveau que spéculer sur des significations possibles, en accord avec les données de la littérature. Par exemple, une particularité du bulbe olfactif est l'existence d'un fort taux de renouvellement de certaines de ses populations neuronales. Ce renouvellement touche, entre autres, et de manière très importante au plan quantitatif, les cellules granulaires et périglomérulaires, toutes deux GABAergiques. Chez l'adulte, ces cellules sont produites en permanences au niveau de la zone sous ventriculaire dans les hémisphères cérébraux (Doetsch et al., 1999; Doetsch et al., 1997). Les neuroblastes produits migrent ensuite en chaînes selon une voie bien caractérisée, la *"rostral migratory stream"* (RMS, Lois et Alvarez-Buylla, 1994; Lois et al., 1996). De ce fait, coexistent en permanence dans le bulbe olfactif adulte, des neuroblastes à destin GABAergique en cours de migration, des neurones GABAergiques en cours de différenciation, et des cellules matures. Comme la phosphorylation de VIAAT est associée à la maturation des neurones, une région dans laquelle une forte proportion de cellules est immature fera apparaître VIAAT majoritairement sous son isoforme déphosphorylée. Cependant, un tel renouvellement n'a pas été décrit pour la rétine. Même s'il existait, il ne serait probablement pas aussi important que celui observé dans le bulbe et ne pourrait donc pas, à lui seul, expliquer l'état déphosphorylé de VIAAT dans cette autre région.

Une particularité qui est en revanche partagée par ces deux régions est la présence d'un grand nombre de contacts synaptiques réciproques. Ceux-ci sont particulièrement bien caractérisés dans le bulbe olfactif, dans lequel les dendrites des cellules mitrales excitent les cellules granulaires, qui, réciproquement, inhibent les cellules mitrales voisines, *via* des synapses dendro-dendritiques (Isaacson, 2001). Les cellules périglomérulaires contactent elles aussi les dendrites des cellules mitrales et forment également des synapses dendro-dendritiques réciproques avec celles-ci. Dans la rétine, les cellules amacrines GABAergiques établissent des contacts réciproques avec les cellules bipolaires (Vaughn *et al.*, 1981) : il existe un circuit d'inhibition dans la rétine, dans lequel les cellules bipolaires dépolarisent les cellules amacrines GABAergiques, qui, en réponse, sont capables d'hyperpolariser les cellules bipolaires (Tachibana et Kaneko, 1988). L'utilisation de GABA comme neuromédiateur dans ces contacts synaptiques réciproques suggère que VIAAT soit présent dans les dendrites de ces cellules. Peut-être existe-t-il une corrélation entre l'état de phosphorylation de VIAAT et sa localisation dendritique ou axonale ? Cette hypothèse pourra être examinée en comparant les localisations de VIAAT, au niveau ultrastructural, dans diverses régions du cerveau, avec un anticorps phosphospécifique, capable de discriminer les deux isoformes de la protéine.

IV. CONCLUSION

Mes études pour rechercher l'origine de la phosphorylation de VIAAT permettent de tirer plusieurs conclusions. Tout d'abord, VIAAT se distingue des autres protéines des vésicules synaptiques par le fait qu'aucune kinase, connue pour phosphoryler des protéines vésiculaires, n'est impliquée dans la voie de phosphorylation de VIAAT. De plus, VIAAT n'est phosphorylé que dans les neurones. Ces deux données suggèrent qu'une voie de signalisation spécifiquement neuronale puisse être responsable de la phosphorylation de VIAAT. Ensuite, contrairement à des protéines dont l'état de phosphorylation varie rapidement en réponse à une stimulation des terminaisons nerveuses, l'état de phosphorylation de VIAAT n'est pas modifié par la dépolarisation.

De manière intéressante, la phosphorylation de VIAAT est régulée au cours du développement *in vivo* et *ex vivo*, en association avec les étapes précoces de la synaptogenèse. Elle pourrait donc jouer un rôle dans l'établissement des premiers contacts synaptiques, par exemple dans la mise en place de la polarité neuronale, dans la croissance neuritique ou dans la différenciation de la terminaison synaptique, dont certaines voies commencent à être décrites. L'identification de la voie de signalisation impliquée dans la phosphorylation de VIAAT devrait apporter un éclairage sur son rôle, et permettre de déterminer l'origine des variations régionales du taux de phosphorylation de VIAAT dans le cerveau.

CONCLUSION

CONCLUSION

Cette thèse comprend deux axes de recherche qui ont en commun de chercher à caractériser les modifications post-traductionnelles des transporteurs responsables du remplissage en neuromédiateurs des vésicules de sécrétion. Plus de 20 classes de modifications post-traductionnelles différentes régulent et/ou diversifient les protéines des eucaryotes (Wells, 2001). Leur caractérisation constitue un maillon essentiel de l'analyse moléculaire des protéines, entre la connaissance de la séquence primaire, facilement accessible par la génétique moléculaire ou – plus récemment– la génomique, et celle de la structure tridimensionnelle, très difficile dans le cas des protéines membranaires.

Un premier axe concernait l'étude des glycosylations du transporteur vésiculaire des monoamines (VMAT). Ce transporteur intervient dans la libération des catécholamines, de la sérotonine ou de l'histamine, par les neurones et par certaines cellules endocrines ou circulantes. Une approche de mutagenèse dirigée m'a permis d'identifier les trois sites N-glycosylés de l'isoforme neuronale de VMAT, et de montrer que ces modifications n'influencent pas son activité. J'ai aussi observé que la présence des N-glycanes stimule le taux de transporteur exprimé, en accord avec le rôle de ces modifications dans le contrôle du repliement des protéines sécrétées, par des chaperones du réticulum endoplasmique. De manière inattendue, cette étude m'a aussi permis de découvrir l'existence de O-glycosylations de VMAT. Contrairement aux N-glycosylations, les O-glycosylations jouent, en général, un rôle plus tardif dans la voie de sécrétion. Leur fonction peut être purement structurale, notamment dans le cas fréquent de poly-O-glycosylations, où les sucres protègent la glycoprotéine contre des protéases ou, au contraire, en rigidifiant le domaine glycosylé, facilitent l'accessibilité d'un domaine adjacent en l'éloignant de la membrane. Les sucres peuvent également, comme dans le cas des N-glycosylations, intervenir directement dans des mécanismes de reconnaissance moléculaire. Un tel mécanisme pourrait expliquer des observations récentes d'un rôle des O-glycanes dans le ciblage des protéines apicales des cellules épithéliales. L'identification précise des sites de O-glycosylations permettra d'explorer ces diverses hypothèses dans le cas de VMAT.

L'identification, par le laboratoire, du transporteur vésiculaire des acides aminés inhibiteurs (VIAAT), responsable de la libération de GABA et/ou de glycine par les neurones, m'a amenée à initier un second axe consacré à ce nouveau transporteur. J'ai mis en évidence un phénomène de dégradation protéasomique de VIAAT, après expression hétérologue. Alors que les protéines de la voie de sécrétion sont normalement dégradées par les lysosomes, le protéasome est responsable de la dégradation des protéines résidantes du réticulum, ou de celles retenues dans ce compartiment, en raison d'un défaut de repliement ou de l'absence d'un partenaire d'association quaternaire. L'hypothèse d'une mutation cryptique ayant été éliminée, celle d'une association hétéro-oligomérique de VIAAT semble d'autant plus séduisante que des travaux, non publiés, du groupe d' E. Jorgensen (Utah) ont révélé une interaction génétique, et peut-être physique, entre l'orthologue de VIAAT du nématode, UNC-47, et une nouvelle protéine des terminaisons GABAergiques, UNC-46.

Enfin, l'observation d'une hétérogénéité biochimique de VIAAT sur les électrophorèses m'a permis de découvrir l'existence d'une phosphorylation de ce transporteur. Les phosphorylations sont connues pour réguler une multitude de processus cellulaires, une idée renforcée ici par l'existence d'une variation régionale du taux de phosphorylation de VIAAT, dans le système nerveux. J'ai donc consacré la majeure partie de mes recherches à l'étude de ce phénomène, dans le but, entre autres, d'examiner l'hypothèse séduisante d'une régulation du remplissage des vésicules inhibitrices (cf. Introduction).

Dans un premier temps, j'ai établi l'existence de cette phosphorylation, vraisemblablement sur des résidus sérine ou thréonine de VIAAT, en montrant qu'elle pouvait être supprimée par l'action, *in vitro*, d'une phosphatase exogène, par la stimulation d'une phosphatase endogène de type PP2A, ou par l'action, *in vivo*, d'inhibiteurs de protéines kinases.

Dans un deuxième temps, j'ai cherché à examiner les conséquences de cette modification. Pour cela, j'ai d'abord comparé l'activité de transport des formes phosphorylée et non-phosphorylée de VIAAT, en analysant la capacité de vésicules synaptiques, traitées ou non, par la phosphatase alcaline, à accumuler les neuromédiateurs. Cette analyse n'a pas révélé de différences dans les transports de GABA ou de glycine, ce qui implique que la phosphorylation ne régule pas directement le remplissage des vésicules inhibitrices, sans toutefois pouvoir écarter l'idée d'une régulation indirecte faisant intervenir, par exemple, des protéines qui sont perdues au cours de la purification des vésicules. Le traitement des neurones par les inhibiteurs de kinases n'a pas non plus révélé d'altération majeure dans la localisation intracellulaire de VIAAT.

Je me suis alors tournée vers la question de l'origine de cette phosphorylation. J'ai d'abord cherché à identifier la kinase de VIAAT par une approche pharmacologique, sans succès cependant. L'utilisation d'inhibiteurs spécifiques m'a néanmoins permis de démontrer qu'aucune des kinases connues pour phosphoryler des protéines vésiculaires (CaMKII, PKC, PKA, caséine kinases…) n'était impliquée dans le cas de VIAAT. J'ai ensuite examiné l'hypothèse d'une association au cycle d'exo/endocytose des vésicules synaptiques, en comparant l'état de phosphorylation de VIAAT à celui de protéines de la machinerie d'endocytose, telles que les amphiphysines, lors de stimulation des terminaisons nerveuses. Alors que les amphiphysines, également phosphorylées de manière constitutive, sont déphosphorylées de manière transitoire, lors de la dépolarisation, l'état de phosphorylation de VIAAT ne subit pas de variation, ce qui permet d'écarter l'hypothèse d'une association au cycle des vésicules.

Enfin, j'ai examiné l'hypothèse d'une régulation au cours du développement et observé, tant *in vivo* qu'*in vitro*, une induction de la phosphorylation de VIAAT pendant la phase précoce de la maturation des neurones. Par conséquent, cette phosphorylation semble associée à un aspect de la maturation neuronale, comme, par exemple, la mise en place de leur polarité, la croissance des neurites ou la différenciation des terminaisons présynaptiques. L'inhibition ou l'activation de voies de signalisation connues pour être impliquées dans ces phénomènes devrait permettre de préciser l'origine de la phosphorylation de VIAAT et de ré-examiner la question de son effet.

ANNEXES

MATERIEL

Pour les expériences biochimiques, les produits chimiques que nous avons utilisés étaient le plus souvent de source commerciale :
La provenance des différents agents pharmacologiques testés sur les cultures de neurones est listée dans le *Tableau* présenté au verso de cette page.
Les produits radioactifs, utilisés pour les expériences de transport de substrat ($[^3H]$GABA ; $[^3H]$glycine, $[^3H]$sérotonine), de liaison de ligand ($[^3H]$dihydrotétrabénazine) ou de marquage métabolique ($[^{32}P]$) provenaient tous de la société *Amersham*.

Les préparations de vésicules synaptiques ou de synaptosomes ont été réalisées à partir de cerveaux de rattes de souche Sprague-Dawley (220-240 g), provenant de l'élevage *Janvier*, France.

Pour la culture cellulaire, les milieux de culture, les solutions salines, les séra et les réactifs proviennent tous de la société *Life Technologies*. Les supports de culture proviennent pour leur part de la société *Polylabo*.

METHODES

1. Dissection et dissociation

Les cultures de neurones que j'ai utilisées ont été mises au point dans le
laboratoire d'Antoine Triller (Unité INSERM U261 ; Béchade *et al.*, 1996).
Des rattes de souche Sprague-Dawley (élevage *Janvier*) sont asphyxiées au
CO_2 au 14ème jour de gestation. Les embryons sont prélevés par césarienne
et immergés dans le tampon de dissection (''HBSS complet'', voir
composition ci-après). Les moelles épinières sont ensuite disséquées sous
une loupe binoculaire, dans le même tampon, découpées en une dizaine de
morceaux puis incubées pendant 15 min, à 37°C, dans une solution de
trypsine (2.5 mg/ml dans du milieu HBSS), à raison d'environ 2,5 ml pour
10 moelles.

Après l'incubation, la trypsine est inactivée par l'ajout de sérum fœtal de
veau (SFV, 5% final) puis la solution est éliminée par aspiration à la pipette
Pasteur. Les moelles sont resuspendues dans du milieu ''HBSS complet''
supplémenté par du SFV (5% final) et de la DNAse I (20 µg/ml final,
Sigma), dans un volume identique à celui de la solution de trypsine. Après
une incubation de 5 min à 37°C, le milieu est éliminé et les moelles sont
resuspendues dans du milieu ''HBSS complet''+SFV 5%, incubées à
nouveau pendant 5 min à 37°C, puis lavées dans du milieu ''HBSS
complet'' sans SFV. Après 5 min d'incubation à 37°C et élimination du
milieu ''HBSS complet'', les moelles sont resuspendues dans du milieu de
culture (Neurobasal-B27, voir composition ci-après) et dissociées
mécaniquement à la pipette Pasteur, par 30 à 40 pipetages avec une pipette
de diamètre standard, suivis de 10 à 15 pipetages avec une pipette à
ouverture réduite (diamètre de moitié par rapport à celui d'une pipette
Pasteur standard). Après comptage, les cellules sont diluées dans du milieu
Neurobasal-B27, de manière à ensemencer les cultures à raison de 75 000
cellules/cm^2.

---

2. Préparation des supports de culture

Les cellules ont été cultivées, soit dans des boîtes de diamètre 35 mm, pour les analyses par immunotransfert, soit sur des lamelles en verre de diamètre 12 mm déposées dans des boîtes 24 puits, pour les analyses par immunofluorescence.

Ces différents supports sont préalablement traités pour faciliter l'adhésion des neurones. Dans un premier temps, ils sont recouverts d'une solution de poly-D,L-ornithine (50 µg/ml, *Sigma*) et incubés pendant une nuit à 37°C, en atmosphère humide contenant 5% de CO_2 (conditions de maintien des neurones). Après élimination de la poly-D,L-ornithine, les supports sont laissés à sécher pendant 15 min sous rayonnement ultraviolet. Ils sont ensuite recouverts d'une solution composée de milieu Leibowitz L15 contenant 5% de SFV et 20 mM de bicarbonate de sodium, et laissés dans l'incubateur pendant toute la durée de la préparation de la culture. Cette solution est ensuite remplacée par la suspension cellulaire (1,5 ml d'une suspension à 5.10^5 cellules/ml pour les boîtes de diamètre 35 mm ou 0.5 ml d'une suspension à 3.10^5 cellules/ml pour les puits des boîtes 24 puits).

3. Préparation des milieux

Le milieu utilisé pour la dissection des neurones, le ''HBSS complet'', est composé de solution saline équilibré de Hans sans calcium ni magnésium (HBSS, *Hank's Buffer Saline Solution*, 1X) tamponnée par de l'HEPES 10 mM à pH=7,3 et supplémentée en antibiotiques (pénicilline 50 U/ml et streptomycine 50 µg/ml).

Le milieu de culture des neurones est composé de Neurobasal, un milieu exempt de sérum qui permet de limiter la prolifération des cellules non neuronales, supplémenté par le substitut de sérum B27 (1X), de la glutamine (2 mM) et des antibiotiques. La combinaison Neurobasal-B27 permet d'optimiser la survie des neurones en culture (Brewer *et al.*, 1993).

4. Conditions de culture

Comme indiqué ci-dessus, les neurones étaient cultivés sous atmosphère humide contenant 5% de CO_2, à 37°C.

Environ 3 à 4 h après ensemencement, le milieu des cultures est complètement remplacé afin d'éliminer les débris cellulaires. Pour le maintien des cultures sur plusieurs jours, le milieu est partiellement renouvelé (par quart), tous les 4 jours.

Les différents agents pharmacologiques utilisés (voir le *Tableau* des composés utilisés, présentés au recto des 'Matériels') étaient dilués dans une aliquote de milieu Neurobasal-B27, prélevée sur la culture (typiquement 100 µl), qui était réintroduite dans la culture, une fois l'inhibiteur dilué. Cette précaution permettait de perturber le moins possible les neurones.

Pour les expériences de rephosphorylation de VIAAT, les neurones étaient incubés pendant une nuit avec de la staurosporine ou du K-252a ; le milieu était alors complètement retiré, les neurones étaient lavés 2 fois avec du milieu Neurobasal-B27, puis incubés dans un milieu conditionné par d'autres neurones. Cette précaution était destinée à minimiser la mort cellulaire induite par le changement du milieu, qui n'est habituellement que partiellement renouvelé.

EXPRESSION TRANSITOIRE DES PROTEINES RECOMBINANTES

Nous utilisons un protocole d'électrotransfection pour réaliser l'expression de l'ADNc de protéines dans diverses lignées cellulaires. Les protocoles ont été optimisés pour obtenir une efficacité de transfection maximale pour chaque lignée, déterminée en examinant le taux d'expression d'une 'protéine reportrice', la GFP (plasmide pEGFP-C1, *Clontech Laboratories*). Je ne détaillerai que les protocoles mis au point pour les cellules COS et PC12, qui sont les deux lignées que j'ai le plus utilisées au cours de ma thèse. Ces deux lignées cellulaires sont cultivées à 37°C, sous 5 % de CO_2.

1. Electrotransfection de cellules PC12

Les cellules PC12 (clone NJW) sont cultivées dans un milieu de culture constitué de milieu RPMI 1640, contenant 10 % de SFV et 5 % de sérum de cheval, et supplémenté en antibiotiques (pénicilline 100 U/ml et streptomycine 100 µg /ml). Les cellules PC12 adhèrent mal sur le plastique ; aussi, les supports de culture sont-ils prétraités par une solution de collagène (collagène type VII, *rat tail*, *Sigma*, à 20 µg/ml dans une solution contenant 30% d'éthanol et 0,02% d'acide acétique), pendant une nuit, à température ambiante.

A partir de flacons venant d'arriver à confluence, les cellules sont lavées dans du PBS puis décollées par trypsinisation. La trypsinisation est arrêtée par du milieu de culture et les cellules sont dissociées à la pipette. Les cellules sont centrifugées pendant 5 min à 1000 g, lavées dans 20 ml de milieu RPMI 1640 sans sérum, recentrifugées dans les mêmes conditions et lavées dans 10 ml de tampon A (Optimix®, EKIT E1, *Equibio*). Après centrifugation dans les mêmes conditions, le culot cellulaire est resuspendu dans le tampon B (Optimix®, EKIT E1, *Equibio*), contenant de l'ATP et du glutathion, à raison de 500 µl par flacon initial, soit environ 2.10^7 cellules/ml. Les cellules sont stockées sur glace.

Pour chaque électrotransfection, 50 µl de suspension glacée de cellules sont mélangés à 2-3 µg de plasmide (qualité Maxiprep, *Qiagen*) puis déposés dans une boîte de Pétri. Les cellules sont transfectées par 4 chocs électriques (350V, 5 ms, fréquence 1Hz) délivrés par un électroporateur (*Jouan*). Après les chocs, les cellules sont diluées par 10 ml de milieu de culture, réparties dans des boîtes de cultures prétraitées au collagène, puis placées dans l'incubateur.

2. Electrotransfection de cellules COS

Les cellules COS sont cultivées dans un milieu de culture constitué de milieu Dulbecco's MEM, riche en glucose, avec glutamax-I, comportant 7,5 % de SFV et des antibiotiques. Contrairement aux cellules PC12, les cellules COS sont très adhérentes et les supports de culture n'ont pas besoin de traitement préalable.

Le protocole commence de manière identique à celui décrit dans la section précédente, c'est-à-dire par une trypsinisation de cellules provenant d'un flacon à confluence. Après centrifugation (5 min, 1000 g), les cellules sont lavées dans 45 ml de tampon phosphate salin isotonique (PBS, pH=7,4).

Après une nouvelle centrifugation dans les mêmes conditions, les cellules sont resuspendues dans du PBS, à raison de 100 µl par flacon initial (environ 2.10^7 cellules/ml), puis stockées sur glace.

Pour chaque électrotransfection, 50 µl de suspension glacée de cellules sont mélangés à 7 µg de plasmide puis déposés dans une boîte de culture. Les cellules sont électroporées par 8 chocs électriques (250V, 3 ms, fréquence 1Hz). Après les chocs, les cellules sont diluées par 10 ml de milieu de culture puis placées dans l'incubateur.

IMMUNOFLUORESCENCE

Les protocoles que nous avons utilisés pour les immunofluorescences sur les lignées cellulaires ou sur les neurones sont similaires. La première étape permet de fixer et perméabiliser les cellules, la seconde étape est la réaction immunocytochimique, et la troisième étape consiste à monter les lamelles pour les observer en microscopie optique. Toutes les étapes décrites ont lieu à température ambiante.

1. Méthode de fixation des cellules

Le milieu de culture est aspiré et les cellules sont lavées dans du PBS contenant 0,1 mM de calcium et 0,1 mM de magnésium. Les cellules sont ensuite fixées pendant 15 min dans une solution de paraformaldéhyde (*Sigma*) à 4% dans du PBS supplémenté en calcium et en magnésium. Les cellules sont ensuite incubées pendant 15 min dans du NH_4Cl (33 mM dans du PBS), pour saturer les sites aldéhydes libres. Enfin, les cellules sont perméabilisées pendant 5 min au Triton X-100, préparé à 0,1% dans du PBS contenant 0,12% de gélatine (w/v, PBSg), pour permettre l'accessibilité des anticorps à leurs antigènes intracellulaires. Chacune de ces étapes est suivie de rinçages dans du PBSg.

2. Réaction immunocytochimique et montage

Après fixation, les cellules sont incubées pendant 1 h avec l'anticorps primaire dilué dans du PBSg, rincées abondamment dans du PBSg, puis incubées pendant 45 min avec l'anticorps secondaire couplé à un fluorochrome. Après un rinçage abondant dans du PBSg puis dans de l'eau, les cellules sont montées dans du Moviol (protocole maison) et observées au microscope optique.

Les anticorps primaires ont été utilisés seuls ou en combinaison : le sérum anti-VIAAT (polyclonal, anti-lapin, produit au laboratoire) était dilué au 1:2000 et l'anticorps anti-géphyrine (monoclonal, anti-souris, *Boehringer*) était dilué au 1:100. Les sites de liaison des anticorps primaires à leurs antigènes étaient révélés, soit par un anticorps d'âne anti-lapin, couplé au carboxy-méthylindocyanine-3 (CY-3), dilué au 1:400 (*Jackson Laboratories*), soit par un anticorps de chèvre anti-souris, couplé au carboxy-méthylindocyanine-2 (CY-2), dilué au 1:200 (*Jackson Laboratories*).

IMMUNOTRANSFERT

Cette technique analytique fut très largement utilisée dans cette étude pour détecter l'état de phosphorylation de VIAAT, *ex vivo* (dans les lignées cellulaires ou les cultures de neurones) et *in vivo*.

Pour les expériences *ex vivo*, les cellules étaient lavées dans du PBS glacé puis récupérées par grattage dans du PBS glacé contenant les inhibiteurs de protéases et de phosphatases suivants (tampon ''PBS+Inhib'') : aprotinine/leupeptine/pepstatine (5 µg/ml chacun, *Euromedex*) ; éthylène glycol-bis(β-aminoéthyléther) (EGTA ; 1 mM) ; parfois du phénylméthylsulfonyl fluoride ajouté extemporanément (PMSF ; 0,5 mM, *Sigma*) ; et enfin de l'acide okadaïque (100 nM, *RBI*). Après centrifugation à 12 000 g, pendant 5 min, au froid, le culot de cellules était soit repris dans du tampon de Laemmli 1X {62,5 mM Tris/HCl, pH=6,8 ; 10% de glycérol (w/v) ; 5% de β-mercaptoéthanol (v/v) ; 0,002% de bleu de bromophénol (w/v) ; 2% de sodium dodécyl sulfate (SDS) (w/v)}, soit congelé à l'azote liquide et conservé à -80°C.

Pour les expériences *in vivo*, des rattes ont été tuées par décapitation et les différents tissus ont été prélevés, disséqués et homogénéisés manuellement dans du ''PBS+Inhib'' au moyen d'un Potter verre-téflon. Les homogénats étaient soit solubilisés dans du tampon de Laemmli 1X, soit congelés à l'azote liquide et conservés à -80°C.

L'analyse des homogénats est réalisée selon des protocoles standard. Les protéines des homogénats sont séparées par électrophorèse sur gel de SDSpolyacrylamide (SDS-PAGE). La plupart du temps, nous avons utilisé des gels à 10%, et la migration était prolongée après que le front eut atteint le bas du gel, afin d'obtenir une meilleure résolution du doublet de VIAAT.

Après électro-transfert des protéines sur une membrane de nitrocellulose (Protran, *Schleicher & Schuell*), les sites non spécifiques sont bloqués par incubation de la membrane pendant 1 h à température ambiante dans une solution de PBS contenant 0,02% de tween-20 (w/v) (tampon PBSt) et 5% de lait en poudre. La membrane est ensuite incubée avec l'anticorps primaire pendant 1 h, à température ambiante, lavée, puis incubée pendant 30 à 60 min avec l'anticorps secondaire, couplé à un réactif chimiluminescent. La liaison des anticorps primaires à leurs sites est alors révélée sur films (*Kodak X-Omat AR*), par chimiluminescence, au moyen du réactif Lumi-Light^{PLUS} (*Roche Diagnostics*).

Les anticorps primaires que nous avons utilisés étaient tous des anticorps anti-lapin polyclonaux, dilués dans du tampon PBSt (voir le *Tableau* ci-contre). Dans certains cas, afin d'améliorer la détection des sites de liaisons des anticorps anti-VIAAT à leurs antigènes, nous avons ajouté 0,05% de SDS au tampon PBSt dans cette étape. Pour la révélation des sites de liaisons des anticorps primaires, nous avons utilisé un anticorps de chèvre anti-lapin couplé à la peroxydase de raifort (*Sigma*), dilué au 1:300 000 dans le tampon PBSt.

IMMUNOPRECIPITATION DE VIAAT

L''immunoprécipitation de VIAAT nécessite la dénaturation de la protéine au SDS. En effet, sans cette étape de solubilisation au SDS (environ 2% final), la quantité de protéine immunoprécipitée est extrêmement faible.

Les cellules exprimant VIAAT (typiquement 1 boîte de diamètre 10 cm à confluence) sont collectées par grattage et reprises dans du tampon ''PBS+Inhib'' glacé (voir composition ci-dessus). Après centrifugation des cellules au froid, à 12 000 g, pendant 5 min, le culot cellulaire est solubilisé dans 50 µl de tampon de Laemmli 1X (contenant 2% de SDS, voir § précédent), puis incubé pendant 10 min, à 37°C. Le SDS est dilué en ajoutant 600 µl de tampon TNET (50 mM Tris/HCl, pH=7,4 ; 150 mM NaCl ; 5 mM EDTA, 1% Triton-X100) supplémenté en inhibiteurs de protéases et en acide okadaïque (mêmes conditions que pour le tampon ''PBS+Inhib''). Cette dilution est nécessaire pour ne pas dénaturer les anticorps lors de l'étape d'immunoprécipitation. La suspension cellulaire est ensuite centrifugée au froid, pendant 30 min, à 12 000 g, et le surnageant S est conservé pour la réaction d'immunoprécipitation.

Pour l'immunoprécipitation, le surnageant (qui contient alors environ 0,15% de SDS) est incubé en présence d'1 µl de sérum anti-VIAAT et de 25 µl de protéine A-Sépharose 6 MB (suspension à 1 mg de protéine A par ml de gel, *Pharmacia*), équilibrée, au préalable, dans du tampon TNET ; l'ensemble est incubé toute la nuit, au froid, sur agitateur rotatif.

Les étapes de récupération de l'immunoprécipitat sont réalisées à température ambiante. Le complexe anticorps/antigène, lié aux billes de Sépharose par la protéine A, est séparé du surnageant par centrifugation (30 sec, 12 000 g). Les billes sont ensuite lavées 4 fois avec 800 µl de tampon TNET (c'est-à-dire, vortex et centrifugation de 30 sec à 12 000 g, sauf au 3ème lavage où les billes ne sont pas centrifugées mais laissées à sédimenter sous la gravité, pendant 10 min, sur glace). Après le 4ème lavage, le complexe anticorps/antigène est élué des billes dans 25 à 50 µl de tampon de Laemmli (2X), pendant 15 min, à 37°C.

L'immunoprécipitat était ensuite déposé sur gel SDS-PAGE pour être analysé par autoradiographie ou immunotransfert. Afin de vérifier la spécificité de la liaison de l'antigène à l'anticorps, j'ai parfois inclus la protéine GSTVIAAT-Nter (qui a servi à produire l'anticorps) dans l'étape d'immunoprécipitation (1 µl de GSTVIAAT-Nter à 500 ng/µl pour 1µl de sérum anti-VIAAT).

J'ai mis au point ce protocole d'immunoprécipitation afin d'examiner, par marquage métabolique au [^{32}P], si le VIAAT recombinant exprimé dans les lignées cellulaires était phosphorylé. Les expériences de marquage métabolique ont été réalisées dans le modèle cellulaire PC12, qui à l'époque, était le seul modèle dans lequel l'activité de VIAAT avait été démontrée (MacIntire *et al.*, 1997).

Des cellules PC12 à confluence ont été transfectées (selon le protocole décrit plus haut) avec l'ADNc de VIAAT (pcDNA3-VIAAT) ou le vecteur vide (pcDNA3, témoin négatif), et incubées à 37°C. 6 h après transfection, les cellules ont été lavées avec du milieu de culture sans phosphate, puis incubées pendant toute la nuit (20 h) dans ce même milieu, en présence de [^{32}P] (100 µl de [^{32}P] à 10 mCi/ml, 9000 Ci/mmol). Le lendemain, les cellules ont subi le protocole d'immunoprécipitation décrit ci-dessus. Notons que les cellules ont été récupérées un peu plus de 24 h après leur transfection, ce qui constituait des conditions optimales pour observer l'expression de VIAAT dans ce modèle cellulaire (voir le Chapitre II).

PREPARATION DE SYNAPTOSOMES ET DE VESICULES SYNAPTIQUES

1. Préparation de synaptosomes

Les synaptosomes sont des terminaisons nerveuses intactes qui peuvent être isolées par centrifugations différentielles et qui constituent d'excellents modèles pour étudier la libération des neuromédiateurs. Nous avons utilisé des préparations brutes de synaptosomes, qui sont contaminées par des membranes mitochondriales et de la myéline, ou des préparations purifiées sur gradient de Percoll, enrichies en synaptosomes.

Les fractions brutes de synaptosomes ont été préparées d'après le protocole décrit par Krueger *et al.*, 1977. Les cerveaux de rattes, tuées par décapitation, sont prélevés et rincés dans un tampon isotonique glacé (tampon d'homogénéisation : 320 mM saccharose ; 4 mM Tris/HCl pH=7,4). Chaque hémisphère est ensuite rapidement disséqué sur glace : le cervelet, le tronc cérébral, le mésencéphale, la plupart de la substance blanche et les méninges sont retirés pour ne garder majoritairement que le cortex cérébral. Toutes les étapes qui suivent sont réalisées sur glace ou à 4°C.

Après dissection, les cortex sont immergés dans 2 fois leur volume de tampon d'homogénéisation, et homogénéisés dans un Potter verre-téflon "lâche" (0,2 mm de jeu) par 12 allers-retours à 900 tours/min. Après dilution par ½ volume de tampon d'homogénéisation, l'homogénat est centrifugé à 1000 g_{max} pendant 10 min, et le surnageant S_1 est conservé (volume V_1). Afin d'augmenter le rendement, le culot contenant des débris nucléaires et des gros fragments cellulaires est réextrait dans un volume valant ½ V_1 de tampon d'homogénéisation, est homogénéisé dans le Potter verre-téflon (4 allers-retours à 900 tours/min) puis recentrifugé dans les mêmes conditions que précédemment. Le surnageant obtenu est combiné au premier, et le mélange est centrifugé pendant 15 min, à 12 500 g_{max}.

Le surnageant S_2 (volume V_2), qui contient des fragments cellulaires de petite taille (microsomes par exemple) et des protéines solubles, est retiré. Le culot P_2 est lavé par pipetage dans un volume égal à V_2 de tampon d'homogénéisation, et recentrifugé pendant 15 min à 12500g_{max}. Le surnageant S'_2 est retiré.

Le culot P_2' est resuspendu, au final, dans du tampon Krebs-Ringer glacé (KRB : 132 mM NaCl ; 4,8 mM KCl ; 2,4 mM $MgSO_4$; 10 mM glucose ;

1,1 mM $CaCl_2$; 0,1 mM EGTA ; 20 mM HEPES/NaOH pH=7,4) et correspond à une fraction brute de synaptosomes, qui peut être utilisée telle quelle pour des expériences de dépolarisation. A titre indicatif, la resuspension, dans 10 ml de tampon KRB, d'une fraction P_2' préparée à partir de 2 cerveaux donne une concentration en protéines de l'ordre de 2-3 mg de protéines/ml {déterminée par le réactif *Coomassie Protein Assay* (*Pierce*)}.

La fraction P_2' peut également être purifiée sur un gradient de Percoll. Le Percoll est un milieu qui est beaucoup moins visqueux que le saccharose ou le Ficoll par exemple, ce qui permet une sédimentation plus rapide, à des forces de centrifugation plus faibles. De plus, l'isolement sur gradient de Percoll est compatible avec le maintien de l'isotonicité, contrairement à l'isolement sur gradient de saccharose par exemple, ce qui constitue un point crucial pour le maintien de l'intégrité des synaptosomes.

Le protocole que j'ai utilisé est celui décrit par Dunkley *et al.*, 1986. Le gradient de Percoll est constitué de 4 solutions glacées à 23%, 15%, 10% et 3% de Percoll, préparées dans du 'tampon de gradient' (320 mM saccharose ; 1 mM EDTA ; 0,25 mM Dithiothreitol ; 4 mM Tris/HCl pH=7,4) et ajustées à pH=7,4 avec du HCl. Le gradient est réalisé en coulant précautionneusement, à la pipette, 2 ml de chaque solution, de la plus dense à la moins dense (voir le schéma ci-contre).

Pour la purification, le culot P_2' brut, obtenu selon le protocole décrit ci-dessus, est repris dans du 'tampon de gradient' glacé à la place du tampon KRB, à raison de 15 ml pour un culot obtenu à partir d'1 g de cortex (soit environ 3,5 mg de protéines/ml). 2 ml de cette suspension de P_2' sont déposés sur le haut du gradient et centrifugés à 32 500 g_{max} pendant 5 min (le temps de centrifugation n'inclut pas les temps d'accélération et de décélération du rotor). Après centrifugation, il se crée des interfaces entre chaque solution de Percoll de densité différente. La 4ème en partant du haut correspond à la fraction enrichie en synaptosomes (voir le schéma ci-contre) : elle est facilement prélevée à l'aide d'une pipette Pasteur.

La fraction prélevée est lavée dans du tampon KRB glacé (dans environ dix fois son volume), puis centrifugée dans les mêmes conditions que précédemment. Le surnageant est retiré précautionneusement à la pipette Pasteur, et le culot lavé est repris, au final, dans du tampon KRB glacé, de manière à obtenir une suspension à environ 1 mg de protéines/ml. La suspension obtenue (SYN) constitue une fraction synaptosomale enrichie en synaptosomes.

Pour les expériences de stimulation des terminaisons nerveuses, les fractions P_2' ou SYN (éventuellement diluées dans du tampon KRB, de manière à obtenir une concentration finale de 1-2 mg de protéines par ml) sont incubées à 37°C, pendant 15 min, puis dépolarisées pendant 1 min, à 37°C, par 55 mM de KCl. La dépolarisation est réalisée en ajoutant un volume de tampon de dépolarisation aux fractions P_2' ou SYN (tampon KRB dans lequel le NaCl est à 31,6 mM et le KCl à 105,5 mM, de telle sorte que la concentration finale en KCl soit de 55 mM dans un tampon KRB isotonique). Dans nos expériences, nous arrêtions la dépolarisation en ajoutant du tampon de Laemmli 4X, puisque les fractions étaient destinées à être analysées par immunotransfert.

2. Préparation de vésicules synaptiques

Il existe deux types de protocoles de purification de vésicules synaptiques. Le premier protocole consiste à isoler des synaptosomes selon la méthode décrite ci-dessus, qui sont ensuite lysés afin d'en libérer les vésicules synaptiques (Huttner *et al.*, 1983). Ce protocole a l'avantage de fournir une fraction très pure de vésicules synaptiques, mais avec un rendement plutôt médiocre. Le second protocole ne passe pas par l'obtention de synaptosomes et permet l'isolement direct des vésicules synaptiques, à partir des homogénats de cerveaux (Hell *et al.*, 1988 ; Hell et Jahn, 1998). Si ce protocole possède un facteur d'enrichissement en vésicules synaptiques moins élevé que celui obtenu par le protocole précédent (Hell *et al.*, 1988), il fournit, en revanche, un rendement beaucoup plus élevé et, de surcroît, présente l'avantage d'être plus rapidement mis en œuvre. C'est ce protocole que nous avons utilisé pour isoler les vésicules synaptiques, dont nous avons ensuite testé la capacité à accumuler les acides aminés.

Les cerveaux sont prélevés sur des rattes tuées par décapitation. Après avoir retiré les zones riches en myéline (tronc cérébral, substance blanche) et les bulbes olfactifs[19], les cerveaux sont découpés en tranches d'environ 3 mm d'épaisseur, congelés dans de l'azote liquide et stockés à -80°C (pas plus de 4 mois).

Pour purifier les vésicules synaptiques, les cerveaux congelés sont d'abord déposés dans un mortier refroidi, au préalable, avec de l'azote liquide. Ils sont ensuite couverts avec de la gaze, puis broyés au piston dans l'azote liquide, jusqu'à obtention d'une fine poudre (similaire à de la farine). Les étapes suivantes sont toutes réalisées sur glace ou à 4°C. Après évaporation de l'azote liquide, la poudre est suspendue, par agitation mécanique, dans une solution glacée de saccharose (320 mM, préalablement dégazée et contenant 100 nM d'acide okadaïque ; typiquement, nous comptions 8 ml de solution pour 1,5 g de cerveau congelé), puis homogénéisée dans un Potter verre-téflon (8 allers-retours à 1000 tours/min.). Cette première étape d'homogénéisation très brutale permet de casser un maximum de terminaisons nerveuses, et est à l'origine du bon rendement obtenu par ce protocole.

L'homogénat est centrifugé pendant 10 min, à 47 000 g_{max}, et le surnageant S_1 est conservé. Le culot P_1, constitué en majorité de débris nucléaires et de gros fragments cellulaires, peut encore contenir des vésicules synaptiques piégées. Pour augmenter le rendement, le culot P_1 est donc être réextrait

---

[19] VIAAT est majoritairement déphosphorylé dans le bulbe olfactif. Aussi, mettions-nous les bulbes olfactifs à l'écart, afin d'obtenir une plus grande proportion globale de VIAAT sous forme phosphorylé.

---

dans un volume moitié moindre de tampon saccharose 320 mM, homogénéisé au Potter verre-téflon (2-3 allers-retours à 500 tours/min) et centrifugé dans les mêmes conditions que précédemment. Le surnageant S_1' obtenu est ensuite combiné à S_1.

Après centrifugation du mélange $S_1 + S_1$' pendant 40 min, à 120 000 g_{max}, le surnageant S_2 est récupéré précautionneusement à la pipette électrique, en s'assurant que le culot P_2 n'est pas entraîné. Il est en effet important de ne pas contaminer S_2 par les fragments membranaires contenus dans P_2.

Les vésicules synaptiques sont ensuite sédimentées pendant 2 h à 260 000 g_{max} à travers un coussin de saccharose (700 mM saccharose, 10 mM HEPES/KOH pH=7,3), déposé sous le surnageant S_2 au moyen d'une pompe péristaltique (nous déposions typiquement 5 ml de coussin sous 15 ml de S_2). Le surnageant est retiré et le culot P_3 est resuspendu, par pipetage à l'aide d'une aiguille (18-gauge), dans du tampon de transport (320 mM saccharose ; 2 mM $MgCl_2$; 10 mM HEPES/KOH pH=7,3) contenant 100 nM d'acide okadaïque et 0,2 mM de PMSF. Typiquement, nous resuspendions le culot P_3 à raison de 150 µl de tampon pour 1,5 g de cerveau au départ, pour obtenir une fraction finale, enrichie en vésicules synaptiques, contenant 5 mg de protéines/ml (déterminée en utilisant le réactif *Coomassie Protein Assay*).

TESTS DE TRANSPORTS DE NEUROMEDIATEURS

Pour mesurer les activités de transport de VMAT ou de VIAAT, nous avons utilisé soit des préparations purifiées de vésicules synaptiques contenant le transporteur natif (cas de VIAAT), soit des homogénats cellulaires exprimant la protéine recombinante (cas de VMAT).

1. Transport des acides aminés dans les vésicules synaptiques

La fraction P_3, enrichie en vésicules synaptiques (50 µg de protéines/ml dans un volume final de 100 µl), est préincubée pendant 5 min, à 30°C, dans du tampon de transport (voir composition ci-dessus) supplémenté en ATP (2,5 mM) et en $MgCl_2$ (1,25 mM), avec ou sans bafilomycine A1 (100 nM, *Sigma*). Cette étape de préincubation permet l'établissement du gradient de proton, nécessaire au transport des neuromédiateurs ; la bafilomycine A1, qui inhibe l'ATPase, permet de mesurer le transport non spécifique. Le transport est initié par l'addition de 0,25 mM de [^{3}H]GABA ou de [^{3}H]glycine (1 µCi). Après 5 min, la réaction est stoppée par dilution avec 3 ml de tampon de transport glacé puis filtration sous vide (filtres de cellulose de type MF et de diamètre 0,45 µm, *Millipore*) ; les filtres sont lavés 3 fois dans ce même tampon. La radioactivité est ensuite comptée par scintillation liquide dans du réactif Ready Protein$^+$ (*Beckman*).

Pour les expériences dans lesquelles les vésicules synaptiques étaient traitées par la phosphatase alcaline (CIP, *New England Biolabs*), le test de transport était réalisé dans un tampon contenant 50 mM de phosphate, afin d'inhiber l'activité de la CIP envers l'ATPase. Pour maintenir l'isotonicité, les 320 mM de saccharose étaient remplacés par 180 mM de saccharose et 50 mM de phosphate de potassium.

2. Tests d'activité de VMAT

Nous avons utilisé deux tests pour mesurer l'activité du VMAT recombinant : un test de liaison de ligand, à savoir, la dihydrotétrabénazine (TBZOH), ou un test de transport de substrat, à savoir, la sérotonine (5-HT). Dans les deux cas, les préparations utilisées étaient des homogénats de cellules COS. Trois jours après transfection avec l'ADNc de VMAT (pcDNA3-bVMAT2), les cellules sont récupérées par grattage dans du ''PBS+Inhib'' glacé, homogénéisées par 15 passages manuels au Potter verre-téflon et centrifugées pendant 5 min, au froid, à 100 g. Le surnageant est ensuite utilisé dans les deux tests d'activité décrits ci-après.

La liaison de [^{3}H]TBZOH (150 Ci/mmol) est réalisée sur 200 µl d'homogénat. Ceux-ci sont incubés pendant 2 h, à 30°C, avec de la [^{3}H]TBZOH (3 nM, 1 µCi), en présence ou non de tétrabénazine froide (TBZ, 1 µM), qui permet de mesurer la liaison non spécifique. La réaction est stoppée par dilution rapide avec 2 ml de tampon glacé (PBS + TBZOH à 20 µM) puis filtration sous vide (filtres *Millipore*, identiques à ceux utilisés pour le transport des acides aminés, préincubés dans du polyéthylènimine à 1% dans de l'eau) ; les filtres sont lavés 2 fois dans le même tampon. La radioactivité est comptée par scintillation liquide.
Le transport de [^{3}H]5-HT (17,9 Ci/mmol) est réalisé sur 100 ou 200 µl d'homogénat. Les homogénats sont préincubés pendant 15 min à 30°C avec 2,5 mM d'ATP et 1,25 mM de MgSO$_4$, avec ou sans TBZ froide (1µM). Le transport est initié par l'addition de [^{3}H]5HT (0,6 µM, 1µCi). Après une incubation de 10 min à 30°C, la réaction est stoppée et analysée comme précédemment.

LISTE DES FIGURES

Figure 16 alignements VMAT cterminal

Ref des notes de bas de page et figures

(Dunn *et al.*, 2000) (Bruss *et al.*, 1997; Melikian and Buckley, 1999; Noji *et al.*, 1997)

III. FIGURES CHAPITRE III

Figure III.1 Hétérogénéité de VIAAT dans le cerveau de rat

Figure III.2 Effet de la CIP sur la mobilité électrophorétique de VIAAT

Figure III.3 Digestion ménagée par l'endoprotéinase V8

Figure III.4 Sites potentiels de phosphorylation CASEINES KINASES et PKC

Figure III.5 Phosphorylation in vitro du domaine n-ter de VIAAT

Figure III.6 Phosphorylation in vitro des mutants

Figure III.7 VIAAT pas phosphorylé dans les COS

Figure III.8 marquage métabolique dans PC12

Figure III.9 Effet d'inhibiteurs de kinases perméants sur l'état de phosphorylation de VIAAT dans les neurones en culture

Figure III.10 Dynamique du cycle de phosphorylation/déphosphorylation de VIAAT dans les neurones en culture

Figure III.11 VIAAT est déphosphorylé in vitro par une phosphatase endogène

Figure III.12 Effet de l'acide okadaïque sur les neurones en culture

Figure III.13 Purification des vésicules synaptiques

Figure III.14 Caractérisation transport de GABA

Figure III.15 Effet de la phosphorylation de VIAAT sur le transport de GABA

Figure III.16 Effet de la phosphorylation de VIAAT sur le transport de glycine

Figure III.17 Effet de la phosphorylation de VIAAT sur l'IC50 de GABA et de glycine

Figure III.18 Orientation topologique des résidus phosphorylés de VIAAT

Tableau III.4 Composés à tester sur des cultures de neurones pour distinguer les différentes voies de signalisation candidates dans la phosphorylation de VIAAT.

Ref biblio des notes de bas de pages
(Missler *et al.*, 1998; Musti *et al.*, 1997; Ushkaryov *et al.*, 1992)
et des composés pour le tableau 4 :
(Bruns et al., 1987; Curtis et al., 1970; Curtis et al., 1971; Davies et al., 1993; Eaton et al., 1993; Evans et al., 1982; Gill et al., 1992; Jane et al., 1993; Kao, 1972; Zeman et Lodge, 1992) penser aussi au tableau 3 sur les prot des VÉSICULES SYNAPTIQUESet des ref du tableau 3 : (Barnekow *et al.*, 1990; Baumert *et al.*, 1990; Davletov *et al.*, 1993; Janz and Sudhof, 1998; Linstedt *et al.*, 1992; Nielander *et al.*, 1995; Pang *et al.*, 1988; Popoli, 1993; Rubenstein *et al.*, 1993)

Citations MAT et MET
(Béchade *et al.*, 1996; Brewer *et al.*, 1993; Dunkley *et al.*, 1986; Hell et Jahn, 1998; Hell *et al.*, 1988; Huttner *et al.*, 1983; Krueger *et al.*, 1977)

REFERENCES BIBLIOGRAPHIQUES

Abrahams, J.P., Leslie, A.G., Lutter, R. and Walker, J.E. (1994) Structure at 2.8 A resolution of F1-ATPase from bovine heart mitochondria. *Nature*, **370**, 621-8.

Ahmari, S.E., Buchanan, J. and Smith, S.J. (2000) Assembly of presynaptic active zones from cytoplasmic transport packets. *Nat Neurosci*, **3**, 445-51.

Ahnert-Hilger, G., Nurnberg, B., Exner, T., Schafer, T. and Jahn, R. (1998) The heterotrimeric G protein Go2 regulates catecholamine uptake by secretory vesicles. *Embo J*, **17**, 406-13.

Ahnert-Hilger, G., Schafer, T., Spicher, K., Grund, C., Schultz, G. and Wiedenmann, B. (1994) Detection of G-protein heterotrimers on large dense core and small synaptic vesicles of neuroendocrine and neuronal cells. *Eur J Cell Biol*, **65**, 26-38.

Aihara, Y., Mashima, H., Onda, H., Hisano, S., Kasuya, H., Hori, T., Yamada, S., Tomura, H., Yamada, Y., Inoue, I., Kojima, I. and Takeda, J. (2000) Molecular cloning of a novel brain-type Na(+)-dependent inorganic phosphate cotransporter. *J Neurochem*, **74**, 2622-5.

Alfonso, A., Grundahl, K., Duerr, J.S., Han, H.P. and Rand, J.B. (1993) The Caenorhabditis elegans unc-17 gene: a putative vesicular acetylcholine transporter. *Science*, **261**, 617-9.

Alfonso, A., Grundahl, K., McManus, J.R., Asbury, J.M. and Rand, J.B. (1994) Alternative splicing leads to two cholinergic proteins in Caenorhabditis elegans. *J Mol Biol*, **241**, 627-30.

Anderson, D.C., King, S.C. and Parsons, S.M. (1983) Pharmacological characterization of the acetylcholine transport system in purified Torpedo electric organ synaptic vesicles. *Mol Pharmacol*, **24**, 48-54.

Avery, L. (1993a) The genetics of feeding in Caenorhabditis elegans. *Genetics*, **133**, 897-917.

Avery, L. (1993b) Motor neuron M3 controls pharyngeal muscle relaxation timing in Caenorhabditis elegans. *J Exp Biol*, **175**, 283-97.

Bagrodia, S. and Cerione, R.A. (1999) Pak to the future. *Trends Cell Biol*, **9**, 350-5.

Bahl, R., Bradley, K.C., Thompson, K.J., Swain, R.A., Rossie, S. and Meisel, R.L. (2001) Localization of protein Ser/Thr phosphatase 5 in rat brain. *Brain Res Mol Brain Res*, **90**, 101-9.

Bahler, M., Klein, R.L., Wang, J.K., Benfenati, F. and Greengard, P. (1991) A novel synaptic vesicle-associated phosphoprotein: SVAPP-120. *J Neurochem*, **57**, 423-30.

Bahr, B.A. and Parsons, S.M. (1986) Acetylcholine transport and drug inhibition kinetics in Torpedo synaptic vesicles. *J Neurochem*, **46**, 1214-8.

Bai, L., Xu, H., Collins, J.F. and Ghishan, F.K. (2001) Molecular and functional analysis of a novel neuronal vesicular glutamate transporter. *J Biol Chem*, **276**, 36764-9.

Bankston, L.A. and Guidotti, G. (1996) Characterization of ATP transport into chromaffin granule ghosts. Synergy of ATP and serotonin accumulation in chromaffin granule ghosts. *J Biol Chem*, **271**, 17132-8.

Barbosa, J., Jr., Clarizia, A.D., Gomez, M.V., Romano-Silva, M.A., Prado, V.F. and Prado, M.A. (1997) Effect of protein kinase C activation on the release of [3H]acetylcholine in the presence of vesamicol. *J Neurochem*, **69**, 2608-11.

Barnekow, A., Jahn, R. and Schartl, M. (1990) Synaptophysin: a substrate for the protein tyrosine kinase pp60c-src in intact synaptic vesicles. *Oncogene*, **5**, 1019-24.

Bauerfeind, R., Takei, K. and De Camilli, P. (1997) Amphiphysin I is associated with coated endocytic intermediates and undergoes stimulation-dependent dephosphorylation in nerve terminals. *J Biol Chem*, **272**, 30984-92.

Baumert, M., Takei, K., Hartinger, J., Burger, P.M., Fischer von Mollard, G., Maycox, P.R., De Camilli, P. and Jahn, R. (1990) P29: a novel tyrosine-phosphorylated membrane protein present in small clear vesicles of neurons and endocrine cells. *J Cell Biol*, **110**, 1285-94.

Bayer, S.A. and Altman, J. (1995) The rat nervous system. In Paxinos, G. (ed.). Academic Press, pp. 1041-1078.

Béchade, C., Colin, I., Kirsch, J., Betz, H. and Triller, A. (1996) Expression of glycine receptor alpha subunits and gephyrin in cultured spinal neurons. *Eur J Neurosci*, **8**, 429-35.

Bedet, C., Isambert, M.F., Henry, J.P. and Gasnier, B. (2000) Constitutive phosphorylation of the vesicular inhibitory amino acid transporter in rat central nervous system. *J Neurochem*, **75**, 1654-63.

Bellocchio, E.E., Hu, H., Pohorille, A., Chan, J., Pickel, V.M. and Edwards, R.H. (1998) The localization of the brain-specific inorganic phosphate transporter suggests a specific presynaptic role in glutamatergic transmission. *J Neurosci*, **18**, 8648-59.

Bellocchio, E.E., Reimer, R.J., Fremeau, R.T., Jr. and Edwards, R.H. (2000) Uptake of glutamate into synaptic vesicles by an inorganic phosphate transporter. *Science*, **289**, 957-60.

Bennett, M.K., Miller, K.G. and Scheller, R.H. (1993) Casein kinase II phosphorylates the synaptic vesicle protein p65. *J Neurosci*, **13**, 1701-7.

Bialojan, C. and Takai, A. (1988) Inhibitory effect of a marine-sponge toxin, okadaic acid, on protein phosphatases. Specificity and kinetics. *Biochem J*, **256**, 283-90.

Biederer, T., Volkwein, C. and Sommer, T. (1996) Degradation of subunits of the Sec61p complex, an integral component of the ER membrane, by the ubiquitin-proteasome pathway. *Embo J*, **15**, 2069-76.

Bito, H., Furuyashiki, T., Ishihara, H., Shibasaki, Y., Ohashi, K., Mizuno, K., Maekawa, M., Ishizaki, T. and Narumiya, S. (2000) A critical role for a Rho-associated kinase, p160ROCK, in determining axon outgrowth in mammalian CNS neurons. *Neuron*, **26**, 431-41.

Bonifacino, J.S. and Weissman, A.M. (1998) Ubiquitin and the control of protein fate in the secretory and endocytic pathways. *Annu Rev Cell Dev Biol*, **14**, 19-57.

Borle, A.B. and Studer, R. (1978) Effects of calcium ionophores on the transport and distribution of calcium in isolated cells and in liver and kidney slices. *J Membr Biol*, **38**, 51-72.

Bowman, E.J., Siebers, A. and Altendorf, K. (1988) Bafilomycins: a class of inhibitors of membrane ATPases from microorganisms, animal cells, and plant cells. *Proc Natl Acad Sci U S A*, **85**, 7972-6.

Bradke, F. and Dotti, C.G. (1999) The role of local actin instability in axon formation. *Science*, **283**, 1931-4.

Bradke, F. and Dotti, C.G. (2000) Establishment of neuronal polarity: lessons from cultured hippocampal neurons. *Curr Opin Neurobiol*, **10**, 574-81.

Brenner, S. (1974) The genetics of Caenorhabditis elegans. *Genetics*, **77**, 71-94.

Brewer, G.J., Torricelli, J.R., Evege, E.K. and Price, P.J. (1993) Optimized survival of hippocampal neurons in B27-supplemented Neurobasal, a new serum-free medium combination. *J Neurosci Res*, **35**, 567-76.

Brodin, L., Low, P., Gad, H., Gustafsson, J., Pieribone, V.A. and Shupliakov, O. (1997) Sustained neurotransmitter release: new molecular clues. *Eur J Neurosci*, **9**, 2503-11.

Broer, S. and Brookes, N. (2001) Transfer of glutamine between astrocytes and neurons. *J Neurochem*, **77**, 705-19.

Brown, M.D., Cornejo, B.J., Kuhn, T.B. and Bamburg, J.R. (2000) Cdc42 stimulates neurite outgrowth and formation of growth cone filopodia and lamellipodia. *J Neurobiol*, **43**, 352-64.

Bruns, D. and Jahn, R. (1995) Real-time measurement of transmitter release from single synaptic vesicles. *Nature*, **377**, 62-5.

Bruns, R.F., Fergus, J.H., Badger, E.W., Bristol, J.A., Santay, L.A., Hartman, J.D., Hays, S.J. and Huang, C.C. (1987) Binding of the A1-selective adenosine antagonist 8-cyclopentyl-1,3- dipropylxanthine to rat brain membranes. *Naunyn Schmiedebergs Arch Pharmacol*, **335**, 59-63.

Bruss, M., Porzgen, P., Bryan-Lluka, L.J. and Bonisch, H. (1997) The rat norepinephrine transporter: molecular cloning from PC12 cells and functional expression. *Brain Res Mol Brain Res*, **52**, 257-62.

Bunin, M.A. and Wightman, R.M. (1998) Quantitative evaluation of 5-hydroxytryptamine (serotonin) neuronal release and uptake: an investigation of extrasynaptic transmission. *J Neurosci*, **18**, 4854-60.

Burden, S.J. (2000) Wnts as retrograde signals for axon and growth cone differentiation. *Cell*, **100**, 495-7.

Burger, P.M., Hell, J., Mehl, E., Krasel, C., Lottspeich, F. and Jahn, R. (1991) GABA and glycine in synaptic vesicles: storage and transport characteristics. *Neuron*, **7**, 287-93.

Campagna, J.A., Ruegg, M.A. and Bixby, J.L. (1995) Agrin is a differentiation-inducing "stop signal" for motoneurons in vitro. *Neuron*, **15**, 1365-74.

Cantallops, I. and Cline, H.T. (2000) Synapse formation: if it looks like a duck and quacks like a duck. *Curr Biol*, **10**, R620-3.

Capasso, J.M., Keenan, T.W., Abeijon, C. and Hirschberg, C.B. (1989) Mechanism of phosphorylation in the lumen of the Golgi apparatus. Translocation of adenosine 5'-triphosphate into Golgi vesicles from rat liver and mammary gland. *J Biol Chem*, **264**, 5233-40.

Carlson, M.D., Kish, P.E. and Ueda, T. (1989) Characterization of the solubilized and reconstituted ATP-dependent vesicular glutamate uptake system. *J Biol Chem*, **264**, 7369-76.

Chang, Q. and Balice-Gordon, R.J. (2000) Highwire, rpm-1, and futsch: balancing synaptic growth and stability. *Neuron*, **26**, 287-90.

Chaudhry, F.A., Reimer, R.J., Bellocchio, E.E., Danbolt, N.C., Osen, K.K., Edwards, R.H. and Storm-Mathisen, J. (1998) The vesicular GABA transporter, VGAT, localizes to synaptic vesicles in sets of glycinergic as well as GABAergic neurons. *J Neurosci*, **18**, 9733-50.

Chavis, P. and Westbrook, G. (2001) Integrins mediate functional pre- and postsynaptic maturation at a hippocampal synapse. *Nature*, **411**, 317-21.

Chinkers, M. (2001) Protein phosphatase 5 in signal transduction. *Trends Endocrinol Metab*, **12**, 28-32.

Cho, G.W., Kim, M.H., Chai, Y.G., Gilmor, M.L., Levey, A.I. and Hersh, L.B. (2000) Phosphorylation of the rat vesicular acetylcholine transporter. *J Biol Chem*, **275**, 19942-8.

Christensen, H. and Fonnum, F. (1991) Uptake of glycine, GABA and glutamate by synaptic vesicles isolated from different regions of rat CNS. *Neurosci Lett*, **129**, 217-20.

Christensen, H., Fykse, E.M. and Fonnum, F. (1991) Inhibition of gamma-aminobutyrate and glycine uptake into synaptic vesicles. *Eur J Pharmacol*, **207**, 73-9.

Cidon, S., Tamir, H., Nunez, E.A. and Gershon, M.D. (1991) ATP-dependent uptake of 5-hydroxytryptamine by secretory granules isolated from thyroid parafollicular cells. *J Biol Chem*, **266**, 4392-400.

Clarkson, E.D., Rogers, G.A. and Parsons, S.M. (1992) Binding and active transport of large analogues of acetylcholine by cholinergic synaptic vesicles in vitro. *J Neurochem*, **59**, 695-700.

Clements, J.D., Lester, R.A., Tong, G., Jahr, C.E. and Westbrook, G.L. (1992) The time course of glutamate in the synaptic cleft. *Science*, **258**, 1498-501.

Cochet, C., Job, D., Pirollet, F. and Chambaz, E.M. (1981) Cyclic nucleotide independent casein kinase (G type) in bovine adrenal cortex: purification and properties of two molecular forms. *Biochim Biophys Acta*, **658**, 191-201.

Cohen, P. (1991) Classification of protein-serine/threonine phosphatases: identification and quantitation in cell extracts. *Methods Enzymol*, **201**, 389-98.

Cohen, P., Holmes, C.F. and Tsukitani, Y. (1990) Okadaic acid: a new probe for the study of cellular regulation. *Trends Biochem Sci*, **15**, 98-102.

Colliver, T.L., Pyott, S.J., Achalabun, M. and Ewing, A.G. (2000) VMAT-Mediated changes in quantal size and vesicular volume. *J Neurosci*, **20**, 5276-82.

Cousin, M.A. and Robinson, P.J. (2001) The dephosphins: dephosphorylation by calcineurin triggers synaptic vesicle endocytosis. *Trends Neurosci*, **24**, 659-65.

Coux, O., Tanaka, K. and Goldberg, A.L. (1996) Structure and functions of the 20S and 26S proteasomes. *Annu Rev Biochem*, **65**, 801-47.

Craig, A.M. (1998) Activity and synaptic receptor targeting: the long view. *Neuron*, **21**, 459-62.

Crump, J.G., Zhen, M., Jin, Y. and Bargmann, C.I. (2001) The SAD-1 kinase regulates presynaptic vesicle clustering and axon termination. *Neuron*, **29**, 115-29.

Curtis, D.R., Duggan, A.W., Felix, D. and Johnston, G.A. (1970) GABA, bicuculline and central inhibition. *Nature*, **226**, 1222-4.

Curtis, D.R., Duggan, A.W. and Johnston, G.A. (1971) The specificity of strychnine as a glycine antagonist in the mammalian spinal cord. *Exp Brain Res*, **12**, 547-65.

Dale, H.H. (1935) *Proc.R.Soc.Med.*, **28**, 319-332.

Daniels, A.J. and Reinhard, J.F., Jr. (1988) Energy-driven uptake of the neurotoxin 1-methyl-4-phenylpyridinium into chromaffin granules via the catecholamine transporter. *J Biol Chem*, **263**, 5034-6.

Darchen, F., Scherman, D., Desnos, C. and Henry, J.P. (1988) Characteristics of the transport of the quaternary ammonium 1-methyl-4-phenylpyridinium by chromaffin granules. *Biochem Pharmacol*, **37**, 4381-7.

Davies, C.H., Pozza, M.F. and Collingridge, G.L. (1993) CGP 55845A: a potent antagonist of GABAB receptors in the CA1 region of rat hippocampus. *Neuropharmacology*, **32**, 1071-3.

Davies, S.P., Reddy, H., Caivano, M. and Cohen, P. (2000) Specificity and mechanism of action of some commonly used protein kinase inhibitors. *Biochem J*, **351**, 95-105.

Davis, G.W. (2000) The making of a synapse: target-derived signals and presynaptic differentiation. *Neuron*, **26**, 551-4.

Davletov, B., Sontag, J.M., Hata, Y., Petrenko, A.G., Fykse, E.M., Jahn, R. and Sudhof, T.C. (1993) Phosphorylation of synaptotagmin I by casein kinase II. *J Biol Chem*, **268**, 6816-22.

De Robertis, E.D.P. and Benett, H.S. (1954) *Fed. Proc*, **13**, 35.

Del Castillo, J.a.K., B. (1956) Biophysical aspects of neuromuscular transmission. *Prog. Biophys. Chem.*, **6**, 121-170.

Dent, J.A., Davis, M.W. and Avery, L. (1997) avr-15 encodes a chloride channel subunit that mediates inhibitory glutamatergic neurotransmission and ivermectin sensitivity in Caenorhabditis elegans. *Embo J*, **16**, 5867-79.

Derkach, V., Surprenant, A. and North, R.A. (1989) 5-HT3 receptors are membrane ion channels. *Nature*, **339**, 706-9.

Desnos, C., Laran, M.P., Langley, K., Aunis, D. and Henry, J.P. (1995) Long term stimulation changes the vesicular monoamine transporter content of chromaffin granules. *J Biol Chem*, **270**, 16030-8.

Desnos, C., Raynaud, B., Vidal, S., Weber, M.J. and Scherman, D. (1990) Induction of the vesicular monoamine transporter by elevated potassium concentration in cultures of rat sympathetic neurons. *Brain Res Dev Brain Res*, **52**, 161-6.

Dickson, B.J. (2001) Rho GTPases in growth cone guidance. *Curr Opin Neurobiol*, **11**, 103-10.

Doetsch, F., Caille, I., Lim, D.A., Garcia-Verdugo, J.M. and Alvarez-Buylla, A. (1999) Subventricular zone astrocytes are neural stem cells in the adult mammalian brain. *Cell*, **97**, 703-16.

Doetsch, F., Garcia-Verdugo, J.M. and Alvarez-Buylla, A. (1997) Cellular composition and three-dimensional organization of the subventricular germinal zone in the adult mammalian brain. *J Neurosci*, **17**, 5046-61.

Drewes, G., Ebneth, A. and Mandelkow, E.M. (1998) MAPs, MARKs and microtubule dynamics. *Trends Biochem Sci*, **23**, 307-11.

Duerr, J.S., Frisby, D.L., Gaskin, J., Duke, A., Asermely, K., Huddleston, D., Eiden, L.E. and Rand, J.B. (1999) The cat-1 gene of Caenorhabditis elegans encodes a vesicular monoamine transporter required for specific monoamine-dependent behaviors. *J Neurosci*, **19**, 72-84.

Dumoulin, A., Levi, S., Riveau, B., Gasnier, B. and Triller, A. (2000) Formation of mixed glycine and GABAergic synapses in cultured spinal cord neurons. *Eur J Neurosci*, **12**, 3883-92.

Dumoulin, A., Rostaing, P., Bedet, C., Levi, S., Isambert, M.F., Henry, J.P., Triller, A. and Gasnier, B. (1999) Presence of the vesicular inhibitory amino acid transporter in GABAergic and glycinergic synaptic terminal boutons. *J Cell Sci*, **112**, 811-23.

Dumoulin, A., Triller, A. and Dieudonne, S. (2001) IPSC kinetics at identified GABAergic and mixed GABAergic and glycinergic synapses onto cerebellar Golgi cells. *J Neurosci*, **21**, 6045-57.

Dunkley, P.R., Jarvie, P.E., Heath, J.W., Kidd, G.J. and Rostas, J.A. (1986) A rapid method for isolation of synaptosomes on Percoll gradients. *Brain Res*, **372**, 115-29.

Dunn, S.D., McLachlin, D.T. and Revington, M. (2000) The second stalk of Escherichia coli ATP synthase. *Biochim Biophys Acta*, **1458**, 356-63.

Eaton, S.A., Jane, D.E., Jones, P.L., Porter, R.H., Pook, P.C., Sunter, D.C., Udvarhelyi, P.M., Roberts, P.J., Salt, T.E. and Watkins, J.C. (1993) Competitive antagonism at metabotropic glutamate receptors by (S)-4-carboxyphenylglycine and (RS)-alpha-methyl-4-carboxyphenylglycine. *Eur J Pharmacol*, **244**, 195-7.

Edwards, F.A., Konnerth, A. and Sakmann, B. (1990) Quantal analysis of inhibitory synaptic transmission in the dentate gyrus of rat hippocampal slices: a patch-clamp study. *J Physiol*, **430**, 213-49.

Enan, E. and Matsumura, F. (1992) Specific inhibition of calcineurin by type II synthetic pyrethroid insecticides. *Biochem Pharmacol*, **43**, 1777-84.

Erickson, J.D. and Eiden, L.E. (1993) Functional identification and molecular cloning of a human brain vesicle monoamine transporter. *J Neurochem*, **61**, 2314-7.

Erickson, J.D., Eiden, L.E. and Hoffman, B.J. (1992) Expression cloning of a reserpine-sensitive vesicular monoamine transporter. *Proc Natl Acad Sci U S A*, **89**, 10993-7.

Erickson, J.D., Schafer, M.K., Bonner, T.I., Eiden, L.E. and Weihe, E. (1996) Distinct pharmacological properties and distribution in neurons and endocrine cells of two isoforms of the human vesicular monoamine transporter. *Proc Natl Acad Sci U S A*, **93**, 5166-71.

Erickson, J.D. and Varoqui, H. (2000) Molecular analysis of vesicular amine transporter function and targeting to secretory organelles. *Faseb J*, **14**, 2450-8.

Erickson, J.D., Varoqui, H., Schafer, M.K., Modi, W., Diebler, M.F., Weihe, E., Rand, J., Eiden, L.E., Bonner, T.I. and Usdin, T.B. (1994) Functional identification of a vesicular acetylcholine transporter and its expression from a "cholinergic" gene locus. *J Biol Chem*, **269**, 21929-32.

Evans, R.H., Francis, A.A., Jones, A.W., Smith, D.A. and Watkins, J.C. (1982) The effects of a series of omega-phosphonic alpha-carboxylic amino acids on electrically evoked and excitant amino acid-induced responses in isolated spinal cord preparations. *Br J Pharmacol*, **75**, 65-75.

Evers, B.M., Townsend, C.M., Jr., Upp, J.R., Allen, E., Hurlbut, S.C., Kim, S.W., Rajaraman, S., Singh, P., Reubi, J.C. and Thompson, J.C. (1991) Establishment and characterization of a human carcinoid in nude mice and effect of various agents on tumor growth. *Gastroenterology*, **101**, 303-11.

Falkenburger, B.H., Barstow, K.L. and Mintz, I.M. (2001) Dendrodendritic inhibition through reversal of dopamine transport. *Science*, **293**, 2465-70.

Fatt, P. and Katz, B. (1952) Spontaneous subthreshold activity at motor nerve endings. *J. Physiol. (London)*, **117**, 109-128.

Favre, B., Turowski, P. and Hemmings, B.A. (1997) Differential inhibition and posttranslational modification of protein phosphatase 1 and 2A in MCF7 cells treated with calyculin-A, okadaic acid, and tautomycin. *J Biol Chem*, **272**, 13856-63.

Fernandez-Chacon, R. and Sudhof, T.C. (1999) Genetics of synaptic vesicle function: toward the complete functional anatomy of an organelle. *Annu Rev Physiol*, **61**, 753-76.

Ferreira, A. (1999) Abnormal synapse formation in agrin-depleted hippocampal neurons. *J Cell Sci*, **112**, 4729-38.

Fischer, I. and Romano-Clarke, G. (1990) Changes in microtubule-associated protein MAP1B phosphorylation during rat brain development. *J Neurochem*, **55**, 328-33.

Foletti, D.L., Lin, R., Finley, M.A. and Scheller, R.H. (2000) Phosphorylated syntaxin 1 is localized to discrete domains along a subset of axons. *J Neurosci*, **20**, 4535-44.

Fon, E.A., Pothos, E.N., Sun, B.C., Killeen, N., Sulzer, D. and Edwards, R.H. (1997) Vesicular transport regulates monoamine storage and release but is not essential for amphetamine action. *Neuron*, **19**, 1271-83.

Fonnum, F. (1993) Regulation of the synthesis of the transmitter glutamate pool. *Prog Biophys Mol Biol*, **60**, 47-57.

Forti, L., Bossi, M., Bergamaschi, A., Villa, A. and Malgaroli, A. (1997) Loose-patch recordings of single quanta at individual hippocampal synapses. *Nature*, **388**, 874-8.

Fremeau, R.T., Jr., Troyer, M.D., Pahner, I., Nygaard, G.O., Tran, C.H., Reimer, R.J., Bellocchio, E.E., Fortin, D., Storm-Mathisen, J. and Edwards, R.H. (2001) The expression of vesicular glutamate transporters defines two classes of excitatory synapse. *Neuron*, **31**, 247-60.

Frerking, M. and Wilson, M. (1996) Saturation of postsynaptic receptors at central synapses? *Curr Opin Neurobiol*, **6**, 395-403.

Fu, W.M., Chen, Y.H., Lee, K.F. and Liou, J.C. (1997) Regulation of quantal transmitter secretion by ATP and protein kinases at developing neuromuscular synapses. *Eur J Neurosci*, **9**, 676-85.

Fujita, K., Omura, S. and Silver, J. (1997) Rapid degradation of CD4 in cells expressing human immunodeficiency virus type 1 Env and Vpu is blocked by proteasome inhibitors. *J Gen Virol*, **78**, 619-25.

Fujiyama, F., Furuta, T. and Kaneko, T. (2001) Immunocytochemical localization of candidates for vesicular glutamate transporters in the rat cerebral cortex. *J Comp Neurol*, **435**, 379-87.

Futai, M., Omote, H., Sambongi, Y. and Wada, Y. (2000) Synthase (H(+) ATPase): coupling between catalysis, mechanical work, and proton translocation. *Biochim Biophys Acta*, **1458**, 276-88.

Fykse, E.M. (1998) Depolarization of cerebellar granule cells increases phosphorylation of rabphilin-3A. *J Neurochem*, **71**, 1661-9.

Fykse, E.M., Christensen, H. and Fonnum, F. (1989) Comparison of the properties of gamma-aminobutyric acid and L-glutamate uptake into synaptic vesicles isolated from rat brain. *J Neurochem*, **52**, 946-51.

Garris, P.A., Ciolkowski, E.L., Pastore, P. and Wightman, R.M. (1994) Efflux of dopamine from the synaptic cleft in the nucleus accumbens of the rat brain. *J Neurosci*, **14**, 6084-93.

Gasnier, B. (2000) The loading of neurotransmitters into synaptic vesicles. *Biochimie*, **82**, 327-37.

Ghoda, L., van Daalen Wetters, T., Macrae, M., Ascherman, D. and Coffino, P. (1989) Prevention of rapid intracellular degradation of ODC by a carboxyl- terminal truncation. *Science*, **243**, 1493-5.

Gill, R., Nordholm, L. and Lodge, D. (1992) The neuroprotective actions of 2,3-dihydroxy-6-nitro-7-sulfamoyl- benzo(F)quinoxaline (NBQX) in a rat focal ischaemia model. *Brain Res*, **580**, 35-43.

Gilmor, M.L., Nash, N.R., Roghani, A., Edwards, R.H., Yi, H., Hersch, S.M. and Levey, A.I. (1996) Expression of the putative vesicular acetylcholine transporter in rat brain and localization in cholinergic synaptic vesicles. *J Neurosci*, **16**, 2179-90.

Girault, J.A., Hemmings, H.C., Jr., Zorn, S.H., Gustafson, E.L. and Greengard, P. (1990) Characterization in mammalian brain of a DARPP-32 serine kinase identical to casein kinase II. *J Neurochem*, **55**, 1772-83.

Glotzer, M., Murray, A.W. and Kirschner, M.W. (1991) Cyclin is degraded by the ubiquitin pathway. *Nature*, **349**, 132-8.

Gordon, J.A. (1991) Use of vanadate as protein-phosphotyrosine phosphatase inhibitor. *Methods Enzymol*, **201**, 477-82.

Greene, L.A. and Tischler, A.S. (1976) Establishment of a noradrenergic clonal line of rat adrenal pheochromocytoma cells which respond to nerve growth factor. *Proc Natl Acad Sci U S A*, **73**, 2424-8.

Greengard, P., Valtorta, F., Czernik, A.J. and Benfenati, F. (1993) Synaptic vesicle phosphoproteins and regulation of synaptic function. *Science*, **259**, 780-5.

Gross, S.D., Hoffman, D.P., Fisette, P.L., Baas, P. and Anderson, R.A. (1995) A phosphatidylinositol 4,5-bisphosphate-sensitive casein kinase I alpha associates with synaptic vesicles and phosphorylates a subset of vesicle proteins. *J Cell Biol*, **130**, 711-24.

Gupta, R., Birch, H., Rapacki, K., Brunak, S. and Hansen, J.E. (1999) O-GLYCBASE version 4.0: a revised database of O-glycosylated proteins. *Nucleic Acids Res*, **27**, 370-2.

Hall, A. (1994) Small GTP-binding proteins and the regulation of the actin cytoskeleton. *Annu Rev Cell Biol*, **10**, 31-54.

Hall, A.C., Lucas, F.R. and Salinas, P.C. (2000) Axonal remodeling and synaptic differentiation in the cerebellum is regulated by WNT-7a signaling. *Cell*, **100**, 525-35.

Hampton, R.Y. and Rine, J. (1994) Regulated degradation of HMG-CoA reductase, an integral membrane protein of the endoplasmic reticulum, in yeast. *J Cell Biol*, **125**, 299-312.

Hartinger, J. and Jahn, R. (1993) An anion binding site that regulates the glutamate transporter of synaptic vesicles. *J Biol Chem*, **268**, 23122-7.

Hayashi, M., Otsuka, M., Morimoto, R., Hirota, S., Yatsushiro, S., Takeda, J., Yamamoto, A. and Moriyama, Y. (2001) Differentiation-associated Na+-dependent inorganic phosphate cotransporter (DNPI) is a vesicular glutamate transporter in endocrine glutamatergic systems. *J Biol Chem*, **276**, 43400-6.

Heeringa, M.J. and Abercrombie, E.D. (1995) Biochemistry of somatodendritic dopamine release in substantia nigra: an in vivo comparison with striatal dopamine release. *J Neurochem*, **65**, 192-200.

Helenius, A. and Aebi, M. (2001) Intracellular functions of N-linked glycans. *Science*, **291**, 2364-9.

Hell, J.W. and Jahn, R. (1998) Preparation of synaptic vesicles from mammalian brain. In Celis, J.E. (ed.) *Cell Biology: A Laboratory Handbook*. Academic Press, London, Vol. 2, pp. 102-110.

Hell, J.W., Maycox, P.R. and Jahn, R. (1990) Energy dependence and functional reconstitution of the gamma- aminobutyric acid carrier from synaptic vesicles. *J Biol Chem*, **265**, 2111-7.

Hell, J.W., Maycox, P.R., Stadler, H. and Jahn, R. (1988) Uptake of GABA by rat brain synaptic vesicles isolated by a new procedure. *Embo J*, **7**, 3023-9.

Henry, J.P., Gasnier, B., Roisin, M.P., Isambert, M.F. and Scherman, D. (1987) Molecular pharmacology of the monoamine transporter of the chromaffin granule membrane. *Ann N Y Acad Sci*, **493**, 194-206.

Henry, J.P., Sagne, C., Bedet, C. and Gasnier, B. (1998) The vesicular monoamine transporter: from chromaffin granule to brain. *Neurochem Int*, **32**, 227-46.

Henry, J.P. and Scherman, D. (1989) Radioligands of the vesicular monoamine transporter and their use as markers of monoamine storage vesicles. *Biochem Pharmacol*, **38**, 2395-404.

Herzog, E., Bellenchi, G.C., Gras, C., Bernard, V., Ravassard, P., Bedet, C., Gasnier, B., Giros, B. and El Mestikawy, S. (2001) The existence of a second vesicular glutamate transporter specifies subpopulations of glutamatergic neurons. *J Neurosci*, **21**, RC181.

Hicke, L. (1997) Ubiquitin-dependent internalization and down-regulation of plasma membrane proteins. *Faseb J*, **11**, 1215-26.

Hilfiker, S., Pieribone, V.A., Czernik, A.J., Kao, H.T., Augustine, G.J. and Greengard, P. (1999a) Synapsins as regulators of neurotransmitter release. *Philos Trans R Soc Lond B Biol Sci*, **354**, 269-79.

Hilfiker, S., Pieribone, V.A., Nordstedt, C., Greengard, P. and Czernik, A.J. (1999b) Regulation of synaptotagmin I phosphorylation by multiple protein kinases. *J Neurochem*, **73**, 921-32.

Hiller, M.M., Finger, A., Schweiger, M. and Wolf, D.H. (1996) ER degradation of a misfolded luminal protein by the cytosolic ubiquitin-proteasome pathway. *Science*, **273**, 1725-8.

Hisano, S., Hoshi, K., Ikeda, Y., Maruyama, D., Kanemoto, M., Ichijo, H., Kojima, I., Takeda, J. and Nogami, H. (2000) Regional expression of a gene encoding a neuron-specific Na(+)- dependent inorganic phosphate cotransporter (DNPI) in the rat forebrain. *Brain Res Mol Brain Res*, **83**, 34-43.

Hodgkin, J.A. and Brenner, S. (1977) Mutations causing transformation of sexual phenotype in the nematode Caenorhabditis elegans. *Genetics*, **86**, 275-87.

Hoffman, B.J., Mezey, E. and Brownstein, M.J. (1991) Cloning of a serotonin transporter affected by antidepressants. *Science*, **254**, 579-80.

Holtje, M., von Jagow, B., Pahner, I., Lautenschlager, M., Hortnagl, H., Nurnberg, B., Jahn, R. and Ahnert-Hilger, G. (2000) The neuronal monoamine transporter VMAT2 is regulated by the trimeric GTPase Go(2). *J Neurosci*, **20**, 2131-41.

Howell, M., Shirvan, A., Stern-Bach, Y., Steiner-Mordoch, S., Strasser, J.E., Dean, G.E. and Schuldiner, S. (1994) Cloning and functional expression of a tetrabenazine sensitive vesicular monoamine transporter from bovine chromaffin granules. *FEBS Lett*, **338**, 16-22.

Hummel, T., Krukkert, K., Roos, J., Davis, G. and Klambt, C. (2000) Drosophila Futsch/22C10 is a MAP1B-like protein required for dendritic and axonal development. *Neuron*, **26**, 357-70.

Huttner, W.B., Schiebler, W., Greengard, P. and De Camilli, P. (1983) Synapsin I (protein I), a nerve terminal-specific phosphoprotein. III. Its association with synaptic vesicles studied in a highly purified synaptic vesicle preparation. *J Cell Biol*, **96**, 1374-88.

Imoto, M., Kakeya, H., Sawa, T., Hayashi, C., Hamada, M., Takeuchi, T. and Umezawa, K. (1993) Dephostatin, a novel protein tyrosine phosphatase inhibitor produced by Streptomyces. I. Taxonomy, isolation, and characterization. *J Antibiot (Tokyo)*, **46**, 1342-6.

Isaacson, J.S. (2001) Mechanisms governing dendritic gamma-aminobutyric acid (GABA) release in the rat olfactory bulb. *Proc Natl Acad Sci U S A*, **98**, 337-42.

Isahara, K., Ohsawa, Y., Kanamori, S., Shibata, M., Waguri, S., Sato, N., Gotow, T., Watanabe, T., Momoi, T., Urase, K., Kominami, E. and Uchiyama, Y. (1999) Regulation of a novel pathway for cell death by lysosomal aspartic and cysteine proteinases. *Neuroscience*, **91**, 233-49.

Isambert, M.F., Gasnier, B., Botton, D. and Henry, J.P. (1992) Characterization and purification of the monoamine transporter of bovine chromaffin granules. *Biochemistry*, **31**, 1980-6.

Jahn, R., Schiebler, W., Ouimet, C. and Greengard, P. (1985) A 38,000-dalton membrane protein (p38) present in synaptic vesicles. *Proc Natl Acad Sci U S A*, **82**, 4137-41.

Jane, D.E., Jones, P.L., Pook, P.C., Salt, T.E., Sunter, D.C. and Watkins, J.C. (1993) Stereospecific antagonism by (+)-alpha-methyl-4-carboxyphenylglycine (MCPG) of (1S,3R)-ACPD-induced effects in neonatal rat motoneurones and rat thalamic neurones. *Neuropharmacology*, **32**, 725-7.

Janssens, V. and Goris, J. (2001) Protein phosphatase 2A: a highly regulated family of serine/threonine phosphatases implicated in cell growth and signalling. *Biochem J*, **353**, 417-39.

Janz, R. and Sudhof, T.C. (1998) Cellugyrin, a novel ubiquitous form of synaptogyrin that is phosphorylated by pp60c-src. *J Biol Chem*, **273**, 2851-7.

Jentoft, N. (1990) Why are proteins O-glycosylated? *Trends Biochem Sci*, **15**, 291-4.

Jentsch, T.J., Friedrich, T., Schriever, A. and Yamada, H. (1999) The CLC chloride channel family. *Pflugers Arch*, **437**, 783-95.

Johnson, R.G., Jr. (1988) Accumulation of biological amines into chromaffin granules: a model for hormone and neurotransmitter transport. *Physiol Rev*, **68**, 232-307.

Johnson, R.G., Carty, S.E. and Scarpa, A. (1981) Proton: substrate stoichiometries during active transport of biogenic amines in chromaffin ghosts. *J Biol Chem*, **256**, 5773-80.

Jonas, P., Bischofberger, J. and Sandkuhler, J. (1998) Corelease of two fast neurotransmitters at a central synapse [see comments]. *Science*, **281**, 419-24.

Jovanovic, J.N., Benfenati, F., Siow, Y.L., Sihra, T.S., Sanghera, J.S., Pelech, S.L., Greengard, P. and Czernik, A.J. (1996) Neurotrophins stimulate phosphorylation of synapsin I by MAP kinase and regulate synapsin I-actin interactions. *Proc Natl Acad Sci U S A*, **93**, 3679-83.

Jovanovic, J.N., Sihra, T.S., Nairn, A.C., Hemmings, H.C., Jr., Greengard, P. and Czernik, A.J. (2001) Opposing changes in phosphorylation of specific sites in synapsin I during Ca2+-dependent glutamate release in isolated nerve terminals. *J Neurosci*, **21**, 7944-53.

Kalivas, P.W. and Duffy, P. (1993) Time course of extracellular dopamine and behavioral sensitization to cocaine. II. Dopamine perikarya. *J Neurosci*, **13**, 276-84.

Kao, C.Y. (1972) Pharmacology of tetrodotoxin and saxitoxin. *Fed Proc*, **31**, 1117-23.

Kase, H., Iwahashi, K. and Matsuda, Y. (1986) K-252a, a potent inhibitor of protein kinase C from microbial origin. *J Antibiot (Tokyo)*, **39**, 1059-65.

Kim, T., Tao-Cheng, J.H., Eiden, L.E. and Loh, Y.P. (2001) Chromogranin A, an "on/off" switch controlling dense-core secretory granule biogenesis. *Cell*, **106**, 499-509.

Kish, P.E., Fischer-Bovenkerk, C. and Ueda, T. (1989) Active transport of gamma-aminobutyric acid and glycine into synaptic vesicles. *Proc Natl Acad Sci U S A*, **86**, 3877-81.

Kitamoto, T., Wang, W. and Salvaterra, P.M. (1998) Structure and organization of the Drosophila cholinergic locus. *J Biol Chem*, **273**, 2706-13.

Knaus, P., Betz, H. and Rehm, H. (1986) Expression of synaptophysin during postnatal development of the mouse brain. *J Neurochem*, **47**, 1302-4.

Knoth, J., Zallakian, M. and Njus, D. (1981) Stoichiometry of H+-linked dopamine transport in chromaffin granule ghosts. *Biochemistry*, **20**, 6625-9.

Kopell, W.N. and Westhead, E.W. (1982) Osmotic pressures of solutions of ATP and catecholamines relating to storage in chromaffin granules. *J Biol Chem*, **257**, 5707-10.

Kornitzer, D., Raboy, B., Kulka, R.G. and Fink, G.R. (1994) Regulated degradation of the transcription factor Gcn4. *Embo J*, **13**, 6021-30.

Kozminski, K.D., Gutman, D.A., Davila, V., Sulzer, D. and Ewing, A.G. (1998) Voltammetric and pharmacological characterization of dopamine release from single exocytotic events at rat pheochromocytoma (PC12) cells. *Anal Chem*, **70**, 3123-30.

Krantz, D.E., Peter, D., Liu, Y. and Edwards, R.H. (1997) Phosphorylation of a vesicular monoamine transporter by casein kinase II. *J Biol Chem*, **272**, 6752-9.

Krantz, D.E., Waites, C., Oorschot, V., Liu, Y., Wilson, R.I., Tan, P.K., Klumperman, J. and Edwards, R.H. (2000) A phosphorylation site regulates sorting of the vesicular acetylcholine transporter to dense core vesicles. *J Cell Biol*, **149**, 379-96.

Kreegipuu, A., Blom, N., Brunak, S. and Jarv, J. (1998) Statistical analysis of protein kinase specificity determinants. *FEBS Lett*, **430**, 45-50.

Krejci, E., Gasnier, B., Botton, D., Isambert, M.F., Sagne, C., Gagnon, J., Massoulie, J. and Henry, J.P. (1993) Expression and regulation of the bovine vesicular monoamine transporter gene. *FEBS Lett*, **335**, 27-32.

Krueger, B.K., Forn, J. and Greengard, P. (1977) Depolarization-induced phosphorylation of specific proteins, mediated by calcium ion influx, in rat brain synaptosomes. *J Biol Chem*, **252**, 2764-73.

Kuan, S.F., Byrd, J.C., Basbaum, C. and Kim, Y.S. (1989) Inhibition of mucin glycosylation by aryl-N-acetyl-alpha- galactosaminides in human colon cancer cells. *J Biol Chem*, **264**, 19271-7.

Kumer, S.C. and Vrana, K.E. (1996) Intricate regulation of tyrosine hydroxylase activity and gene expression. *J Neurochem*, **67**, 443-62.

Lambert, J.J., Peters, J.A., Hales, T.G. and Dempster, J. (1989) The properties of 5-HT3 receptors in clonal cell lines studied by patch- clamp techniques. *Br J Pharmacol*, **97**, 27-40.

Laney, J.D. and Hochstrasser, M. (1999) Substrate targeting in the ubiquitin system. *Cell*, **97**, 427-30.

Lee, D.H. and Goldberg, A.L. (1998) Proteasome inhibitors: valuable new tools for cell biologists. *Trends Cell Biol*, **8**, 397-403.

Lee, R.Y., Sawin, E.R., Chalfie, M., Horvitz, H.R. and Avery, L. (1999) EAT-4, a homolog of a mammalian sodium-dependent inorganic phosphate cotransporter, is necessary for glutamatergic neurotransmission in caenorhabditis elegans. *J Neurosci*, **19**, 159-67.

Lesch, K.P., Gross, J., Wolozin, B.L., Murphy, D.L. and Riederer, P. (1993) Extensive sequence divergence between the human and rat brain vesicular monoamine transporter: possible molecular basis for species differences in the susceptibility to MPP+. *J Neural Transm Gen Sect*, **93**, 75-82.

Linstedt, A.D., Vetter, M.L., Bishop, J.M. and Kelly, R.B. (1992) Specific association of the proto-oncogene product pp60c-src with an intracellular organelle, the PC12 synaptic vesicle. *J Cell Biol*, **117**, 1077-84.

Liou, J.C., Chen, Y.H. and Fu, W.M. (1999) Target-dependent regulation of acetylcholine secretion at developing motoneurons in Xenopus cell cultures. *J Physiol*, **517**, 721-30.

Liou, J.C. and Fu, W.M. (1997) Regulation of quantal secretion from developing motoneurons by postsynaptic activity-dependent release of NT-3. *J Neurosci*, **17**, 2459-68.

Liou, J.C., Yang, R.S. and Fu, W.M. (1997) Regulation of quantal secretion by neurotrophic factors at developing motoneurons in Xenopus cell cultures. *J Physiol*, **503**, 129-39.

Liu, G., Choi, S. and Tsien, R.W. (1999a) Variability of neurotransmitter concentration and nonsaturation of postsynaptic AMPA receptors at synapses in hippocampal cultures and slices. *Neuron*, **22**, 395-409.

Liu, Y. and Edwards, R.H. (1997) The role of vesicular transport proteins in synaptic transmission and neural degeneration. *Annu Rev Neurosci*, **20**, 125-56.

Liu, Y., Krantz, D.E., Waites, C. and Edwards, R.H. (1999b) Membrane trafficking of neurotransmitter transporters in the regulation of synaptic transmission. *Trends Cell Biol*, **9**, 356-63.

Liu, Y., Peter, D., Roghani, A., Schuldiner, S., Prive, G.G., Eisenberg, D., Brecha, N. and Edwards, R.H. (1992a) A cDNA that suppresses MPP+ toxicity encodes a vesicular amine transporter. *Cell*, **70**, 539-51.

Liu, Y., Roghani, A. and Edwards, R.H. (1992b) Gene transfer of a reserpine-sensitive mechanism of resistance to N- methyl-4-phenylpyridinium. *Proc Natl Acad Sci U S A*, **89**, 9074-8.

Lohmann, S.M., Ueda, T. and Greengard, P. (1978) Ontogeny of synaptic phosphoproteins in brain. *Proc Natl Acad Sci U S A*, **75**, 4037-41.

Lois, C. and Alvarez-Buylla, A. (1994) Long-distance neuronal migration in the adult mammalian brain. *Science*, **264**, 1145-8.

Lois, C., Garcia-Verdugo, J.M. and Alvarez-Buylla, A. (1996) Chain migration of neuronal precursors. *Science*, **271**, 978-81.

Lonart, G. and Sudhof, T.C. (1998) Region-specific phosphorylation of rabphilin in mossy fiber nerve terminals of the hippocampus. *J Neurosci*, **18**, 634-40.

Luo, L., Hensch, T.K., Ackerman, L., Barbel, S., Jan, L.Y. and Jan, Y.N. (1996a) Differential effects of the Rac GTPase on Purkinje cell axons and dendritic trunks and spines. *Nature*, **379**, 837-40.

Luo, L., Jan, L. and Jan, Y.N. (1996b) Small GTPases in axon outgrowth. *Perspect Dev Neurobiol*, **4**, 199-204.

Luo, L., Liao, Y.J., Jan, L.Y. and Jan, Y.N. (1994) Distinct morphogenetic functions of similar small GTPases: Drosophila Drac1 is involved in axonal outgrowth and myoblast fusion. *Genes Dev*, **8**, 1787-802.

Lupa, M.T. (1988) Effects of an inhibitor of the synaptic vesicle acetylcholine transport system on quantal neurotransmitter release: an electrophysiological study. *Brain Res*, **461**, 118-26.

Ma, D., Himes, B.T., Shea, T.B. and Fischer, I. (2000) Axonal transport of microtubule-associated protein 1B (MAP1B) in the sciatic nerve of adult rat: distinct transport rates of different isoforms. *J Neurosci*, **20**, 2112-20.

Mackay, D.J., Nobes, C.D. and Hall, A. (1995) The Rho's progress: a potential role during neuritogenesis for the Rho family of GTPases. *Trends Neurosci*, **18**, 496-501.

Maekawa, M., Ishizaki, T., Boku, S., Watanabe, N., Fujita, A., Iwamatsu, A., Obinata, T., Ohashi, K., Mizuno, K. and Narumiya, S. (1999) Signaling from Rho to the actin cytoskeleton through protein kinases ROCK and LIM-kinase. *Science*, **285**, 895-8.

Marchal, C., Haguenauer-Tsapis, R. and Urban-Grimal, D. (2000) Casein kinase I-dependent phosphorylation within a PEST sequence and ubiquitination at nearby lysines signal endocytosis of yeast uracil permease. *J Biol Chem*, **275**, 23608-14.

Marty, S., Wehrle, R. and Sotelo, C. (2000) Neuronal activity and brain-derived neurotrophic factor regulate the density of inhibitory synapses in organotypic slice cultures of postnatal hippocampus. *J Neurosci*, **20**, 8087-95.

Matsubara, M., Kusubata, M., Ishiguro, K., Uchida, T., Titani, K. and Taniguchi, H. (1996) Site-specific phosphorylation of synapsin I by mitogen-activated protein kinase and Cdk5 and its effects on physiological functions. *J Biol Chem*, **271**, 21108-13.

Maycox, P.R., Deckwerth, T., Hell, J.W. and Jahn, R. (1988) Glutamate uptake by brain synaptic vesicles. Energy dependence of transport and functional reconstitution in proteoliposomes. *J Biol Chem*, **263**, 15423-8.

Maycox, P.R., Hell, J.W. and Jahn, R. (1990) Amino acid neurotransmission: spotlight on synaptic vesicles. *Trends Neurosci*, **13**, 83-7.

McIntire, S.L., Jorgensen, E. and Horvitz, H.R. (1993a) Genes required for GABA function in Caenorhabditis elegans [see comments]. *Nature*, **364**, 334-7.

McIntire, S.L., Jorgensen, E., Kaplan, J. and Horvitz, H.R. (1993b) The GABAergic nervous system of Caenorhabditis elegans [see comments]. *Nature*, **364**, 337-41.

McIntire, S.L., Reimer, R.J., Schuske, K., Edwards, R.H. and Jorgensen, E.M. (1997) Identification and characterization of the vesicular GABA transporter. *Nature*, **389**, 870-6.

Meggio, F., Brunati, A.M. and Pinna, L.A. (1983) Autophosphorylation of type 2 casein kinase TS at both its alpha- and beta-subunits. Influence of different effectors. *FEBS Lett*, **160**, 203-8.

Meggio, F., Donella Deana, A., Ruzzene, M., Brunati, A.M., Cesaro, L., Guerra, B., Meyer, T., Mett, H., Fabbro, D., Furet, P. and et al. (1995) Different susceptibility of protein kinases to staurosporine inhibition. Kinetic studies and molecular bases for the resistance of protein kinase CK2. *Eur J Biochem*, **234**, 317-22.

Meggio, F., Shugar, D. and Pinna, L.A. (1990) Ribofuranosyl-benzimidazole derivatives as inhibitors of casein kinase- 2 and casein kinase-1. *Eur J Biochem*, **187**, 89-94.

Mehdi, S. (1991) Cell-penetrating inhibitors of calpain. *Trends Biochem Sci*, **16**, 150-3.

Meijer, L., Thunnissen, A.M., White, A.W., Garnier, M., Nikolic, M., Tsai, L.H., Walter, J., Cleverley, K.E., Salinas, P.C., Wu, Y.Z., Biernat, J., Mandelkow, E.M., Kim, S.H. and Pettit, G.R. (2000) Inhibition of cyclin-dependent kinases, GSK-3beta and CK1 by hymenialdisine, a marine sponge constituent. *Chem Biol*, **7**, 51-63.

Melikian, H.E. and Buckley, K.M. (1999) Membrane trafficking regulates the activity of the human dopamine transporter. *J Neurosci*, **19**, 7699-710.

Mellman, I., Fuchs, R. and Helenius, A. (1986) Acidification of the endocytic and exocytic pathways. *Annu Rev Biochem*, **55**, 663-700.

Micheva, K.D. and Beaulieu, C. (1996) Quantitative aspects of synaptogenesis in the rat barrel field cortex with special reference to GABA circuitry. *J Comp Neurol*, **373**, 340-54.

Millward, T.A., Zolnierowicz, S. and Hemmings, B.A. (1999) Regulation of protein kinase cascades by protein phosphatase 2A. *Trends Biochem Sci*, **24**, 186-91.

Missler, M., Fernandez-Chacon, R. and Sudhof, T.C. (1998) The making of neurexins. *J Neurochem*, **71**, 1339-47.

Mitchell, P. (1961) Coupling of phosphorylation to electron and hydrogen transfert by a chemi-osmotic type of mechanism. *Nature*, **191**, 144-146.

Molloy, S.S., Anderson, E.D., Jean, F. and Thomas, G. (1999) Bi-cycling the furin pathway: from TGN localization to pathogen activation and embryogenesis. *Trends Cell Biol*, **9**, 28-35.

Molloy, S.S., Thomas, L., Kamibayashi, C., Mumby, M.C. and Thomas, G. (1998) Regulation of endosome sorting by a specific PP2A isoform. *J Cell Biol*, **142**, 1399-411.

Monlauzeur, L., Breuza, L. and Le Bivic, A. (1998) Putative O-glycosylation sites and a membrane anchor are necessary for apical delivery of the human neurotrophin receptor in Caco-2 cells. *J Biol Chem*, **273**, 30263-70.

Morioka, M., Fukunaga, K., Kawano, T., Hasegawa, S., Korematsu, K., Kai, Y., Hamada, J., Miyamoto, E. and Ushio, Y. (1998) Serine/threonine phosphatase activity of calcineurin is inhibited by sodium orthovanadate and dithiothreitol reverses the inhibitory effect. *Biochem Biophys Res Commun*, **253**, 342-5.

Mumby, M.C. and Walter, G. (1993) Protein serine/threonine phosphatases: structure, regulation, and functions in cell growth. *Physiol Rev*, **73**, 673-99.

Musial, A. and Eissa, N.T. (2001) Inducible nitric-oxide synthase is regulated by the proteasome degradation pathway. *J Biol Chem*, **276**, 24268-73.

Musti, A.M., Treier, M. and Bohmann, D. (1997) Reduced ubiquitin-dependent degradation of c-Jun after phosphorylation by MAP kinases. *Science*, **275**, 400-2.

Naito, S. and Ueda, T. (1985) Characterization of glutamate uptake into synaptic vesicles. *J Neurochem*, **44**, 99-109.

Nakanishi, N., Onozawa, S., Matsumoto, R., Hasegawa, H. and Yamada, S. (1995) Cyclic AMP-dependent modulation of vesicular monoamine transport in pheochromocytoma cells. *J Neurochem*, **64**, 600-7.

Nelson, N. (1989) Structure, molecular genetics, and evolution of vacuolar H+-ATPases. *J Bioenerg Biomembr*, **21**, 553-71.

Nelson, N. (1992) Structure and function of V-ATPases in endocytic and secretory organelles. *J Exp Biol*, **172**, 149-53.

Nelson, N. (1998) The family of Na+/Cl- neurotransmitter transporters. *J Neurochem*, **71**, 1785-803.

Nguyen, M.L., Cox, G.D. and Parsons, S.M. (1998) Kinetic parameters for the vesicular acetylcholine transporter: two protons are exchanged for one acetylcholine. *Biochemistry*, **37**, 13400-10.

Ni, B., Rosteck, P.R., Jr., Nadi, N.S. and Paul, S.M. (1994) Cloning and expression of a cDNA encoding a brain-specific Na(+)- dependent inorganic phosphate cotransporter. *Proc Natl Acad Sci U S A*, **91**, 5607-11.

Nielander, H.B., Onofri, F., Valtorta, F., Schiavo, G., Montecucco, C., Greengard, P. and Benfenati, F. (1995) Phosphorylation of VAMP/synaptobrevin in synaptic vesicles by endogenous protein kinases. *J Neurochem*, **65**, 1712-20.

Nikolic, M., Chou, M.M., Lu, W., Mayer, B.J. and Tsai, L.H. (1998) The p35/Cdk5 kinase is a neuron-specific Rac effector that inhibits Pak1 activity. *Nature*, **395**, 194-8.

Nikolic, M., Dudek, H., Kwon, Y.T., Ramos, Y.F. and Tsai, L.H. (1996) The cdk5/p35 kinase is essential for neurite outgrowth during neuronal differentiation. *Genes Dev*, **10**, 816-25.

Nikolic, M. and Tsai, L.H. (2000) Activity and regulation of p35/Cdk5 kinase complex. *Methods Enzymol*, **325**, 200-13.

Nirenberg, M.J., Chan, J., Liu, Y., Edwards, R.H. and Pickel, V.M. (1996) Ultrastructural localization of the vesicular monoamine transporter-2 in midbrain dopaminergic neurons: potential sites for somatodendritic storage and release of dopamine. *J Neurosci*, **16**, 4135-45.

Nirenberg, M.J., Chan, J., Liu, Y., Edwards, R.H. and Pickel, V.M. (1997) Vesicular monoamine transporter-2: immunogold localization in striatal axons and terminals. *Synapse*, **26**, 194-8.

Nirenberg, M.J., Liu, Y., Peter, D., Edwards, R.H. and Pickel, V.M. (1995) The vesicular monoamine transporter 2 is present in small synaptic vesicles and preferentially localizes to large dense core vesicles in rat solitary tract nuclei. *Proc Natl Acad Sci U S A*, **92**, 8773-7.

Nishizuka, Y. (1984) The role of protein kinase C in cell surface signal transduction and tumour promotion. *Nature*, **308**, 693-8.

Njus, D., Kelley, P.M. and Harnadek, G.J. (1986) Bioenergetics of secretory vesicles. *Biochim Biophys Acta*, **853**, 237-65.

Noji, H., Yasuda, R., Yoshida, M. and Kinosita, K., Jr. (1997) Direct observation of the rotation of F1-ATPase. *Nature*, **386**, 299-302.

Nusser, Z., Cull-Candy, S. and Farrant, M. (1997) Differences in synaptic GABA(A) receptor number underlie variation in GABA mini amplitude. *Neuron*, **19**, 697-709.

O'Brien, J.A. and Berger, A.J. (1999) Cotransmission of GABA and glycine to brain stem motoneurons. *J Neurophysiol*, **82**, 1638-41.

Otis, T.S. (2001) Vesicular glutamate transporters in cognito. *Neuron*, **29**, 11-4.

Otis, T.S. and Mody, I. (1992) Modulation of decay kinetics and frequency of GABAA receptor-mediated spontaneous inhibitory postsynaptic currents in hippocampal neurons. *Neuroscience*, **49**, 13-32.

Ottersen, O.P., Storm-Mathisen, J. and Somogyi, P. (1988) Colocalization of glycine-like and GABA-like immunoreactivities in Golgi cell terminals in the rat cerebellum: a postembedding light and electron microscopic study. *Brain Res*, **450**, 342-53.

Ozkan, E.D., Lee, F.S. and Ueda, T. (1997) A protein factor that inhibits ATP-dependent glutamate and gamma- aminobutyric acid accumulation into synaptic vesicles: purification and initial characterization. *Proc Natl Acad Sci U S A*, **94**, 4137-42.

Ozkan, E.D. and Ueda, T. (1998) Glutamate transport and storage in synaptic vesicles. *Jpn J Pharmacol*, **77**, 1-10.

Paglini, G. and Caceres, A. (2001) The role of the Cdk5--p35 kinase in neuronal development. *Eur J Biochem*, **268**, 1528-33.

Palacin, M., Estevez, R., Bertran, J. and Zorzano, A. (1998) Molecular biology of mammalian plasma membrane amino acid transporters. *Physiol Rev*, **78**, 969-1054.

Pang, D.T., Wang, J.K., Valtorta, F., Benfenati, F. and Greengard, P. (1988) Protein tyrosine phosphorylation in synaptic vesicles. *Proc Natl Acad Sci U S A*, **85**, 762-6.

Parsons, S.M. (2000) Transport mechanisms in acetylcholine and monoamine storage. *Faseb J*, **14**, 2423-34.

Parsons, S.M., Prior, C. and Marshall, I.G. (1993) Acetylcholine transport, storage, and release. *Int Rev Neurobiol*, **35**, 279-390.

Peifer, M. and Polakis, P. (2000) Wnt signaling in oncogenesis and embryogenesis--a look outside the nucleus. *Science*, **287**, 1606-9.

Pelech, S. and Cohen, P. (1985) The protein phosphatases involved in cellular regulation. 1. Modulation of protein phosphatases-1 and 2A by histone H1, protamine, polylysine and heparin. *Eur J Biochem*, **148**, 245-51.

Peter, D., Finn, J.P., Klisak, I., Liu, Y., Kojis, T., Heinzmann, C., Roghani, A., Sparkes, R.S. and Edwards, R.H. (1993) Chromosomal localization of the human vesicular amine transporter genes. *Genomics*, **18**, 720-3.

Peter, D., Liu, Y., Sternini, C., de Giorgio, R., Brecha, N. and Edwards, R.H. (1995) Differential expression of two vesicular monoamine transporters. *J Neurosci*, **15**, 6179-88.

Peter, D., Vu, T. and Edwards, R.H. (1996) Chimeric vesicular monoamine transporters identify structural domains that influence substrate affinity and sensitivity to tetrabenazine. *J Biol Chem*, **271**, 2979-86.

Pigino, G., Paglini, G., Ulloa, L., Avila, J. and Caceres, A. (1997) Analysis of the expression, distribution and function of cyclin dependent kinase 5 (cdk5) in developing cerebellar macroneurons. *J Cell Sci*, **110**, 257-70.

Pleasure, S.J. (2001) An arrow hits the Wnt signaling pathway. *Trends Neurosci*, **24**, 69-71.

Popoli, M. (1993) Synaptotagmin is endogenously phosphorylated by Ca2+/calmodulin protein kinase II in synaptic vesicles. *FEBS Lett*, **317**, 85-8.

Pothos, E., Desmond, M. and Sulzer, D. (1996) L-3,4-dihydroxyphenylalanine increases the quantal size of exocytotic dopamine release in vitro. *J Neurochem*, **66**, 629-36.

Pothos, E.N., Davila, V. and Sulzer, D. (1998a) Presynaptic recording of quanta from midbrain dopamine neurons and modulation of the quantal size. *J Neurosci*, **18**, 4106-18.

Pothos, E.N., Larsen, K.E., Krantz, D.E., Liu, Y., Haycock, J.W., Setlik, W., Gershon, M.D., Edwards, R.H. and Sulzer, D. (2000) Synaptic vesicle transporter expression regulates vesicle phenotype and quantal size. *J Neurosci*, **20**, 7297-306.

Pothos, E.N., Przedborski, S., Davila, V., Schmitz, Y. and Sulzer, D. (1998b) D2-Like dopamine autoreceptor activation reduces quantal size in PC12 cells. *J Neurosci*, **18**, 5575-85.

Price, N.E. and Mumby, M.C. (1999) Brain protein serine/threonine phosphatases. *Curr Opin Neurobiol*, **9**, 336-42.

Prior, C., Marshall, I.G. and Parsons, S.M. (1992) The pharmacology of vesamicol: an inhibitor of the vesicular acetylcholine transporter. *Gen Pharmacol*, **23**, 1017-22.

Pyle, R.A., Schivell, A.E., Hidaka, H. and Bajjalieh, S.M. (2000) Phosphorylation of synaptic vesicle protein 2 modulates binding to synaptotagmin. *J Biol Chem*, **275**, 17195-200.

Qi, Y., Wang, J.K., McMillian, M. and Chikaraishi, D.M. (1997) Characterization of a CNS cell line, CAD, in which morphological differentiation is initiated by serum deprivation. *J Neurosci*, **17**, 1217-25.

Raizen, D.M. and Avery, L. (1994) Electrical activity and behavior in the pharynx of Caenorhabditis elegans. *Neuron*, **12**, 483-95.

Rand, J.B. and Russell, R.L. (1984) Choline acetyltransferase-deficient mutants of the nematode Caenorhabditis elegans. *Genetics*, **106**, 227-48.

Realini, C., Rogers, S.W. and Rechsteiner, M. (1994) KEKE motifs. Proposed roles in protein-protein association and presentation of peptides by MHC class I receptors. *FEBS Lett*, **348**, 109-13.

Rechsteiner, M. (1990) PEST sequences are signals for rapid intracellular proteolysis. *Semin Cell Biol*, **1**, 433-40.

Reimer, R.J., Fon, E.A. and Edwards, R.H. (1998) Vesicular neurotransmitter transport and the presynaptic regulation of quantal size. *Curr Opin Neurobiol*, **8**, 405-12

Reimer, R.J., Fremeau, R.T., Jr., Bellocchio, E.E. and Edwards, R.H. (2001) The essence of excitation. *Curr Opin Cell Biol*, **13**, 417-21.

Rock, K.L., Gramm, C., Rothstein, L., Clark, K., Stein, R., Dick, L., Hwang, D. and Goldberg, A.L. (1994) Inhibitors of the proteasome block the degradation of most cell proteins and the generation of peptides presented on MHC class I molecules. *Cell*, **78**, 761-71.

Roghani, A., Feldman, J., Kohan, S.A., Shirzadi, A., Gundersen, C.B., Brecha, N. and Edwards, R.H. (1994) Molecular cloning of a putative vesicular transporter for acetylcholine. *Proc Natl Acad Sci U S A*, **91**, 10620-4.

Roisin, M.P., Scherman, D. and Henry, J.P. (1980) Synthesis of ATP by an artificially imposed electrochemical proton gradient in chromaffin granule ghosts. *FEBS Lett*, **115**, 143-7.

Roos, J., Hummel, T., Ng, N., Klambt, C. and Davis, G.W. (2000) Drosophila Futsch regulates synaptic microtubule organization and is necessary for synaptic growth. *Neuron*, **26**, 371-82.

Roseth, S., Fykse, E.M. and Fonnum, F. (1995) Uptake of L-glutamate into rat brain synaptic vesicles: effect of inhibitors that bind specifically to the glutamate transporter. *J Neurochem*, **65**, 96-103.

Rubenstein, J.L., Greengard, P. and Czernik, A.J. (1993) Calcium-dependent serine phosphorylation of synaptophysin. *Synapse*, **13**, 161-72.

Ruegg, U.T. and Burgess, G.M. (1989) Staurosporine, K-252 and UCN-01: potent but nonspecific inhibitors of protein kinases. *Trends Pharmacol Sci*, **10**, 218-20.

Sagné, C., Agulhon, C., Ravassard, P., Darmon, M., Hamon, M., El Mestikawy, S., Gasnier, B. and Giros, B. (2001) Identification and characterization of a lysosomal transporter for small neutral amino acids. *Proc Natl Acad Sci U S A*, **98**, 7206-11.

Sagné, C., El Mestikawy, S., Isambert, M.F., Hamon, M., Henry, J.P., Giros, B. and Gasnier, B. (1997a) Cloning of a functional vesicular GABA and glycine transporter by screening of genome databases. *FEBS Lett*, **417**, 177-83.

Sagné, C., Isambert, M.F., Vandekerckhove, J., Henry, J.P. and Gasnier, B. (1997b) The photoactivatable inhibitor 7-azido-8-iodoketanserin labels the N terminus of the vesicular monoamine transporter from bovine chromaffin granules. *Biochemistry*, **36**, 3345-52.

Sakata-Haga, H., Kanemoto, M., Maruyama, D., Hoshi, K., Mogi, K., Narita, M., Okado, N., Ikeda, Y., Nogami, H., Fukui, Y., Kojima, I., Takeda, J. and Hisano, S. (2001) Differential localization and colocalization of two neuron-types of sodium-dependent inorganic phosphate cotransporters in rat forebrain. *Brain Res*, **902**, 143-55.

Salah, R.S., Kuhn, D.M. and Galloway, M.P. (1989) Dopamine autoreceptors modulate the phosphorylation of tyrosine hydroxylase in rat striatal slices. *J Neurochem*, **52**, 1517-22.

Sanes, J.R. and Lichtman, J.W. (1999) Development of the vertebrate neuromuscular junction. *Annu Rev Neurosci*, **22**, 389-442.

Schaefer, A.M. and Nonet, M.L. (2001) Cellular and molecular insights into presynaptic assembly. *Curr Opin Neurobiol*, **11**, 127-34.

Schafer, M.K., Weihe, E., Varoqui, H., Eiden, L.E. and Erickson, J.D. (1994) Distribution of the vesicular acetylcholine transporter (VAChT) in the central and peripheral nervous systems of the rat. *J Mol Neurosci*, **5**, 1-26.

Scheiffele, P., Fan, J., Choih, J., Fetter, R. and Serafini, T. (2000) Neuroligin expressed in nonneuronal cells triggers presynaptic development in contacting axons. *Cell*, **101**, 657-69.

Scherman, D. and Henry, J.P. (1980) Effect of drugs on the ATP-induced and pH-gradient-driven monoamine transport by bovine chromaffin granules. *Biochem Pharmacol*, **29**, 1883-90.

Scherman, D., Jaudon, P. and Henry, J.P. (1981) [Binding of a tetrabenazine derivative to the monoamine transporter of the chromaffin granule membrane]. *C R Seances Acad Sci III*, **293**, 221-4.

Scherman, D., Jaudon, P. and Henry, J.P. (1983) Characterization of the monoamine carrier of chromaffin granule membrane by binding of [2-3H]dihydrotetrabenazine. *Proc Natl Acad Sci U S A*, **80**, 584-8.

Schonthal, A.H. (1998) Role of PP2A in intracellular signal transduction pathways. *Front Biosci*, **3**, D1262-73.

Schuldiner, S., Shirvan, A. and Linial, M. (1995) Vesicular neurotransmitter transporters: from bacteria to humans. *Physiol Rev*, **75**, 369-92.

Schuster, C.M., Davis, G.W., Fetter, R.D. and Goodman, C.S. (1996) Genetic dissection of structural and functional components of synaptic plasticity. I. Fasciclin II controls synaptic stabilization and growth. *Neuron*, **17**, 641-54.

Searles, C.D. and Singer, H.S. (1988) The identification and characterization of a GABAergic system in the cholinergic neuroblastoma x glioma hybrid clone NG108-15. *Brain Res*, **448**, 373-6.

Shimohama, S., Fujimoto, S., Sumida, Y., Akagawa, K., Shirao, T., Matsuoka, Y. and Taniguchi, T. (1998) Differential expression of rat brain synaptic proteins in development and aging. *Biochem Biophys Res Commun*, **251**, 394-8.

Shupliakov, O., Atwood, H.L., Ottersen, O.P., Storm-Mathisen, J. and Brodin, L. (1995) Presynaptic glutamate levels in tonic and phasic motor axons correlate with properties of synaptic release. *J Neurosci*, **15**, 7168-80.

Silver, R.A., Cull-Candy, S.G. and Takahashi, T. (1996) Non-NMDA glutamate receptor occupancy and open probability at a rat cerebellar synapse with single and multiple release sites. *J Physiol*, **494**, 231-50.

Sim, A.T., Ratcliffe, E., Mumby, M.C., Villa-Moruzzi, E. and Rostas, J.A. (1994) Differential activities of protein phosphatase types 1 and 2A in cytosolic and particulate fractions from rat forebrain. *J Neurochem*, **62**, 1552-9.

Slepnev, V.I., Ochoa, G.C., Butler, M.H., Grabs, D. and Camilli, P.D. (1998) Role of phosphorylation in regulation of the assembly of endocytic coat complexes. *Science*, **281**, 821-4.

Son, Y.J., Patton, B.L. and Sanes, J.R. (1999) Induction of presynaptic differentiation in cultured neurons by extracellular matrix components. *Eur J Neurosci*, **11**, 3457-67.

Song, H., Ming, G., Fon, E., Bellocchio, E., Edwards, R.H. and Poo, M. (1997) Expression of a putative vesicular acetylcholine transporter facilitates quantal transmitter packaging [see comments]. *Neuron*, **18**, 815-26.

Song, J.Y., Ichtchenko, K., Sudhof, T.C. and Brose, N. (1999) Neuroligin 1 is a postsynaptic cell-adhesion molecule of excitatory synapses. *Proc Natl Acad Sci U S A*, **96**, 1100-5.

Sontag, E. (2001) Protein phosphatase 2A: the Trojan Horse of cellular signaling. *Cell Signal*, **13**, 7-16.

Steward, O. and Falk, P.M. (1991) Selective localization of polyribosomes beneath developing synapses: a quantitative analysis of the relationships between polyribosomes and developing synapses in the hippocampus and dentate gyrus. *J Comp Neurol*, **314**, 545-57.

Stobrawa, S.M., Breiderhoff, T., Takamori, S., Engel, D., Schweizer, M., Zdebik, A.A., Bosl, M.R., Ruether, K., Jahn, H., Draguhn, A., Jahn, R. and Jentsch, T.J. (2001) Disruption of ClC-3, a chloride channel expressed on synaptic vesicles, leads to a loss of the hippocampus. *Neuron*, **29**, 185-96.

Strub, J.M., Sorokine, O., Van Dorsselaer, A., Aunis, D. and Metz-Boutigue, M.H. (1997) Phosphorylation and O-glycosylation sites of bovine chromogranin A from adrenal medullary chromaffin granules and their relationship with biological activities. *J Biol Chem*, **272**, 11928-36.

Sudhof, T.C. (1995) The synaptic vesicle cycle: a cascade of protein-protein interactions. *Nature*, **375**, 645-53.

Sulzer, D., Chen, T.K., Lau, Y.Y., Kristensen, H., Rayport, S. and Ewing, A. (1995) Amphetamine redistributes dopamine from synaptic vesicles to the cytosol and promotes reverse transport. *J Neurosci*, **15**, 4102-8.

Sulzer, D. and Pothos, E.N. (2000) Regulation of quantal size by presynaptic mechanisms. *Rev Neurosci*, **11**, 159-212.

Sun, T.Q., Lu, B., Feng, J.J., Reinhard, C., Jan, Y.N., Fantl, W.J. and Williams, L.T. (2001) PAR-1 is a Dishevelled-associated kinase and a positive regulator of Wnt signalling. *Nat Cell Biol*, **3**, 628-36.

Surratt, C.K., Persico, A.M., Yang, X.D., Edgar, S.R., Bird, G.S., Hawkins, A.L., Griffin, C.A., Li, X., Jabs, E.W. and Uhl, G.R. (1993) A human synaptic vesicle monoamine transporter cDNA predicts posttranslational modifications, reveals chromosome 10 gene localization and identifies TaqI RFLPs. *FEBS Lett*, **318**, 325-30.

Tabb, J.S., Kish, P.E., Van Dyke, R. and Ueda, T. (1992) Glutamate transport into synaptic vesicles. Roles of membrane potential, pH gradient, and intravesicular pH. *J Biol Chem*, **267**, 15412-8.

Tachibana, M. and Kaneko, A. (1988) Retinal bipolar cells receive negative feedback input from GABAergic amacrine cells. *Vis Neurosci*, **1**, 297-305.

Takahashi, N., Miner, L.L., Sora, I., Ujike, H., Revay, R.S., Kostic, V., Jackson-Lewis, V., Przedborski, S. and Uhl, G.R. (1997) VMAT2 knockout mice: heterozygotes display reduced amphetamine- conditioned reward, enhanced amphetamine locomotion, and enhanced MPTP toxicity. *Proc Natl Acad Sci U S A*, **94**, 9938-43.

Takamori, S., Rhee, J.S., Rosenmund, C. and Jahn, R. (2000a) Identification of a vesicular glutamate transporter that defines a glutamatergic phenotype in neurons. *Nature*, **407**, 189-94.

Takamori, S., Rhee, J.S., Rosenmund, C. and Jahn, R. (2001) Identification of differentiation-associated brain-specific phosphate transporter as a second vesicular glutamate transporter (VGLUT2). *J Neurosci*, **21**, RC182.

Takamori, S., Riedel, D. and Jahn, R. (2000b) Immunoisolation of GABA-specific synaptic vesicles defines a functionally distinct subset of synaptic vesicles. *J Neurosci*, **20**, 4904-11.

Tamaoki, T., Nomoto, H., Takahashi, I., Kato, Y., Morimoto, M. and Tomita, F. (1986) Staurosporine, a potent inhibitor of phospholipid/Ca++dependent protein kinase. *Biochem Biophys Res Commun*, **135**, 397-402.

Tamir, H., Liu, K.P., Adlersberg, M., Hsiung, S.C. and Gershon, M.D. (1996) Acidification of serotonin-containing secretory vesicles induced by a plasma membrane calcium receptor. *J Biol Chem*, **271**, 6441-50.

Tamura, Y., Ozkan, E.D., Bole, D.G. and Ueda, T. (2001) IPF, a vesicular uptake inhibitory protein factor, can reduce the Ca(2+)-dependent, evoked release of glutamate, GABA and serotonin. *J Neurochem*, **76**, 1153-64.

Tan, P.K., Waites, C., Liu, Y., Krantz, D.E. and Edwards, R.H. (1998) A leucine-based motif mediates the endocytosis of vesicular monoamine and acetylcholine transporters. *J Biol Chem*, **273**, 17351-60.

Tanaka, E., Ho, T. and Kirschner, M.W. (1995) The role of microtubule dynamics in growth cone motility and axonal growth. *J Cell Biol*, **128**, 139-55.

Tanaka, E. and Sabry, J. (1995) Making the connection: cytoskeletal rearrangements during growth cone guidance. *Cell*, **83**, 171-6.

Tang, C.M., Margulis, M., Shi, Q.Y. and Fielding, A. (1994) Saturation of postsynaptic glutamate receptors after quantal release of transmitter. *Neuron*, **13**, 1385-93.

Tipton, K.F. and Singer, T.P. (1993) Advances in our understanding of the mechanisms of the neurotoxicity of MPTP and related compounds. *J Neurochem*, **61**, 1191-206.

Todd, A.J. and Sullivan, A.C. (1990) Light microscope study of the coexistence of GABA-like and glycine-like immunoreactivities in the spinal cord of the rat. *J Comp Neurol*, **296**, 496-505.

Travis, E.R., Wang, Y.M., Michael, D.J., Caron, M.G. and Wightman, R.M. (2000) Differential quantal release of histamine and 5-hydroxytryptamine from mast cells of vesicular monoamine transporter 2 knockout mice. *Proc Natl Acad Sci U S A*, **97**, 162-7.

Triller, A., Cluzeaud, F. and Korn, H. (1987) gamma-Aminobutyric acid-containing terminals can be apposed to glycine receptors at central synapses. *J Cell Biol*, **104**, 947-56.

Tsubuki, S., Kawasaki, H., Saito, Y., Miyashita, N., Inomata, M. and Kawashima, S. (1993) Purification and characterization of a Z-Leu-Leu-Leu-MCA degrading protease expected to regulate neurite formation: a novel catalytic activity in proteasome. *Biochem Biophys Res Commun*, **196**, 1195-201.

Turner, K.M., Burgoyne, R.D. and Morgan, A. (1999) Protein phosphorylation and the regulation of synaptic membrane traffic. *Trends Neurosci*, **22**, 459-64.

Ulloa, L., Avila, J. and Diaz-Nido, J. (1993) Heterogeneity in the phosphorylation of microtubule-associated protein MAP1B during rat brain development. *J Neurochem*, **61**, 961-72.

Ushkaryov, Y.A., Petrenko, A.G., Geppert, M. and Sudhof, T.C. (1992) Neurexins: synaptic cell surface proteins related to the alpha- latrotoxin receptor and laminin. *Science*, **257**, 50-6.

Van den Steen, P., Rudd, P.M., Dwek, R.A. and Opdenakker, G. (1998) Concepts and principles of O-linked glycosylation. *Crit Rev Biochem Mol Biol*, **33**, 151-208.

Van der Kloot, W. (1991) The regulation of quantal size. *Prog Neurobiol*, **36**, 93-130.

Van der Kloot, W. and Branisteanu, D.D. (1992) Effects of activators and inhibitors of protein kinase A on increases in quantal size at the frog neuromuscular junction. *Pflugers Arch*, **420**, 336-41.

Vannier, C. and Triller, A. (1997) Biology of the postsynaptic glycine receptor. *Int Rev Cytol*, **176**, 201-44.

Varoqui, H., Diebler, M.F., Meunier, F.M., Rand, J.B., Usdin, T.B., Bonner, T.I., Eiden, L.E. and Erickson, J.D. (1994) Cloning and expression of the vesamicol binding protein from the marine ray Torpedo. Homology with the putative vesicular acetylcholine transporter UNC-17 from Caenorhabditis elegans. *FEBS Lett*, **342**, 97-102.

Varoqui, H. and Erickson, J.D. (1996) Active transport of acetylcholine by the human vesicular acetylcholine transporter. *J Biol Chem*, **271**, 27229-32.

Varoqui, H. and Erickson, J.D. (1998) The cytoplasmic tail of the vesicular acetylcholine transporter contains a synaptic vesicle targeting signal. *J Biol Chem*, **273**, 9094-8.

Varoqui, H., Schafer, M.K., Zhu, H., Weihe, E. and Erickson, J.D. (2002) Identification of the differentiation-associated Na+/PI transporter as a novel vesicular glutamate transporter expressed in a distinct set of glutamatergic synapses. *J Neurosci*, **22**, 142-55.

Vaughn, J.E., Famiglietti, E.V., Jr., Barber, R.P., Saito, K., Roberts, E. and Ribak, C.E. (1981) GABAergic amacrine cells in rat retina: immunocytochemical identification and synaptic connectivity. *J Comp Neurol*, **197**, 113-27.

Verona, M., Zanotti, S., Schafer, T., Racagni, G. and Popoli, M. (2000) Changes of synaptotagmin interaction with t-SNARE proteins in vitro after calcium/calmodulin-dependent phosphorylation. *J Neurochem*, **74**, 209-21.

Videen, J.S., Mezger, M.S., Chang, Y.M. and O'Connor, D.T. (1992) Calcium and catecholamine interactions with adrenal chromogranins. Comparison of driving forces in binding and aggregation. *J Biol Chem*, **267**, 3066-73.

Waites, C.L., Mehta, A., Tan, P.K., Thomas, G., Edwards, R.H. and Krantz, D.E. (2001) An Acidic Motif Retains Vesicular Monoamine Transporter 2 on Large Dense Core Vesicles. *J Cell Biol*, **152**, 1159-1168.

Wan, L., Molloy, S.S., Thomas, L., Liu, G., Xiang, Y., Rybak, S.L. and Thomas, G. (1998) PACS-1 defines a novel gene family of cytosolic sorting proteins required for trans-Golgi network localization. *Cell*, **94**, 205-16.

Wang, Y.M., Gainetdinov, R.R., Fumagalli, F., Xu, F., Jones, S.R., Bock, C.B., Miller, G.W., Wightman, R.M. and Caron, M.G. (1997) Knockout of the vesicular monoamine transporter 2 gene results in neonatal death and supersensitivity to cocaine and amphetamine. *Neuron*, **19**, 1285-96.

Ward, C.L., Omura, S. and Kopito, R.R. (1995) Degradation of CFTR by the ubiquitin-proteasome pathway. *Cell*, **83**, 121-7.

Weber, A. and Winkler, H. (1981) Specificity and mechanism of nucleotide uptake by adrenal chromaffin granules. *Neuroscience*, **6**, 2269-76.

Weihe, E., Tao-Cheng, J.H., Schafer, M.K., Erickson, J.D. and Eiden, L.E. (1996) Visualization of the vesicular acetylcholine transporter in cholinergic nerve terminals and its targeting to a specific population of small synaptic vesicles. *Proc Natl Acad Sci U S A*, **93**, 3547-52.

Wells, L., Vosseller, K. and Hart, G.W. (2001) Glycosylation of nucleocytoplasmic proteins: signal transduction and O- GlcNAc. *Science*, **291**, 2376-8.

Wiedenmann, B. and Franke, W.W. (1985) Identification and localization of synaptophysin, an integral membrane glycoprotein of Mr 38,000 characteristic of presynaptic vesicles. *Cell*, **41**, 1017-28.

Wiertz, E.J., Jones, T.R., Sun, L., Bogyo, M., Geuze, H.J. and Ploegh, H.L. (1996a) The human cytomegalovirus US11 gene product dislocates MHC class I heavy chains from the endoplasmic reticulum to the cytosol. *Cell*, **84**, 769-79.

Wiertz, E.J., Tortorella, D., Bogyo, M., Yu, J., Mothes, W., Jones, T.R., Rapoport, T.A. and Ploegh, H.L. (1996b) Sec61-mediated transfer of a membrane protein from the endoplasmic reticulum to the proteasome for destruction. *Nature*, **384**, 432-8.

Wigge, P. and McMahon, H.T. (1998) The amphiphysin family of proteins and their role in endocytosis at the synapse. *Trends Neurosci*, **21**, 339-44.

Williams, J. (1997) How does a vesicle know it is full? *Neuron*, **18**, 683-6.

Wilson, I.B., Gavel, Y. and von Heijne, G. (1991) Amino acid distributions around O-linked glycosylation sites. *Biochem J*, **275**, 529-34.

Wodarz, A. and Nusse, R. (1998) Mechanisms of Wnt signaling in development. *Annu Rev Cell Dev Biol*, **14**, 59-88.

Wolf, M.E. and Roth, R.H. (1990) Autoreceptor regulation of dopamine synthesis. *Ann N Y Acad Sci*, **604**, 323-43.

Wolosker, H., de Souza, D.O. and de Meis, L. (1996) Regulation of glutamate transport into synaptic vesicles by chloride and proton gradient. *J Biol Chem*, **271**, 11726-31.

Yaglom, J., Linskens, M.H., Sadis, S., Rubin, D.M., Futcher, B. and Finley, D. (1995) p34Cdc28-mediated control of Cln3 cyclin degradation. *Mol Cell Biol*, **15**, 731-41.

Yang, S.I., Lickteig, R.L., Estes, R., Rundell, K., Walter, G. and Mumby, M.C. (1991) Control of protein phosphatase 2A by simian virus 40 small-t antigen. *Mol Cell Biol*, **11**, 1988-95.

Yeaman, C., Le Gall, A.H., Baldwin, A.N., Monlauzeur, L., Le Bivic, A. and Rodriguez-Boulan, E. (1997) The O-glycosylated stalk domain is required for apical sorting of neurotrophin receptors in polarized MDCK cells. *J Cell Biol*, **139**, 929-40.

Yelin, R., Steiner-Mordoch, S., Aroeti, B. and Schuldiner, S. (1998) Glycosylation of a vesicular monoamine transporter: a mutation in a conserved proline residue affects the activity, glycosylation, and localization of the transporter. *J Neurochem*, **71**, 2518-27.

Yonekawa, Y., Harada, A., Okada, Y., Funakoshi, T., Kanai, Y., Takei, Y., Terada, S., Noda, T. and Hirokawa, N. (1998) Defect in synaptic vesicle precursor transport and neuronal cell death in KIF1A motor protein-deficient mice. *J Cell Biol*, **141**, 431-41.

Young, G.B., Jack, D.L., Smith, D.W. and Saier, M.H., Jr. (1999) The amino acid/auxin:proton symport permease family. *Biochim Biophys Acta*, **1415**, 306-22.

Yu, H., Kaung, G., Kobayashi, S. and Kopito, R.R. (1997) Cytosolic degradation of T-cell receptor alpha chains by the proteasome. *J Biol Chem*, **272**, 20800-4.

Zeman, S. and Lodge, D. (1992) Pharmacological characterization of non-NMDA subtypes of glutamate receptor in the neonatal rat hemisected spinal cord in vitro. *Br J Pharmacol*, **106**, 367-72.

Zhai, R.G., Vardinon-Friedman, H., Cases-Langhoff, C., Becker, B., Gundelfinger, E.D., Ziv, N.E. and Garner, C.C. (2001) Assembling the presynaptic active zone: a characterization of an active one precursor vesicle. *Neuron*, **29**, 131-43.

Zhou, Q., Petersen, C.C. and Nicoll, R.A. (2000) Effects of reduced vesicular filling on synaptic transmission in rat hippocampal neurones. *J Physiol*, **525 Pt 1**, 195-206.

Zwickl, P., Voges, D. and Baumeister, W. (1999) The proteasome: a macromolecular assembly designed for controlled proteolysis. *Philos Trans R Soc Lond B Biol Sci*, **354**, 1501-11.

LISTE DES PUBLICATIONS

Articles originaux présentés dans cette section:

Article 1:
Bedet C., Bellenchi G.C., Saller F., Henry J.P. and Gasnier B., Presence of mucin-type *O*-glycosylations sites in vesicular monoamine transporters, *manuscrit*.

Article 2:
Dumoulin A., Rostaing P., Bedet C., Lévi S., Isambert M.F., Henry J.P., Triller A. and Gasnier B. (1999) Presence of the vesicular inhibitory amino acid transporter in GABAergic and glycinergic synaptic terminal boutons. *Journal of Cell Science* **112**, 811-823.

Article 3:
Bedet C., Isambert M.F., Henry J.P. and Gasnier B. (2000) Constitutive phosphorylation of the Vesicular Inhibitory Amino Acid Transporter in rat central nervous system. *Journal of Neurochemistry* **75**, 1654-1663.

Article 4:
Herzog E., Bellenchi G.C., Gras C., Bernard V., Ravassard P., Bedet C., Gasnier B., Giros B. and El Mestikawy S. (2001) The existence of a second vesicular glutamate transporter specifies subpopulations of glutamatergic neurons. *Journal of Neuroscience* **21**, RC181.

Revue :
Henry J.P., Sagné C., Bedet C. and Gasnier B. (1998) The vesicular monoamine transporter: from chromaffin granule to brain. *Neurochemistry International* **32**, 227-246.

www.ingramcontent.com/pod-product-compliance
Lightning Source LLC
Chambersburg PA
CBHW021032210326
41598CB00016B/989